绿色发展研究论丛　教育部人文社会科学研究青年基金项目研究成果（项目编号：20YJC630231）

基于多目标空间决策的
湿地自然保护区农业面源污染防治生态补偿研究

JIYU DUOMUBIAO KONGJIAN JUECE DE
SHIDI ZIRAN BAOHUQU NONGYE MIANYUAN
WURAN FANGZHI SHENGTAI BUCHANG YANJIU

郑宇梅　著

图书在版编目(CIP)数据

基于多目标空间决策的湿地自然保护区农业面源污染防治生态补偿研究 / 郑宇梅著. — 西安 : 西安交通大学出版社，2023.11

ISBN 978-7-5693-2115-9

Ⅰ. ①基… Ⅱ. ①郑… Ⅲ. ①沼泽化地—自然保护区—农业污染源—面源污染—污染防治—生态环境—补偿—研究—湖南 Ⅳ. ①X501②S759.992.64

中国国家版本馆 CIP 数据核字(2023)第 216784 号

书　　名　基于多目标空间决策的湿地自然保护区农业面源污染防治生态补偿研究
著　　者　郑宇梅
责任编辑　郭　剑
责任校对　李逢国
封面设计　任加盟

出版发行　西安交通大学出版社
(西安市兴庆南路 1 号　邮政编码 710048)
网　　址　http://www.xjtupress.com
电　　话　(029)82668357　82667874(市场营销中心)
(029)82668315(总编办)
传　　真　(029)82668280
印　　刷　西安明瑞印务有限公司

开　　本　700mm×1000mm　1/16　**印张**　16　**字数**　320 千字
版次印次　2023 年 11 月第 1 版　2024 年 5 月第 1 次印刷
书　　号　ISBN 978-7-5693-2115-9
定　　价　98.00 元

如发现印装质量问题，请与本社市场营销中心联系。
订购热线：(029)82665248　(029)82667874
投稿热线：(029)82664840
读者信箱：xj_rwjg@126.com

版权所有　侵权必究

前 言

生态补偿是自然保护地建设与发展的重要政策工具。在自然保护地生态系统保护逐渐转为人与自然和谐的保护趋势和中国自然保护生态补偿全面实施的背景下，从生态环境保护、社会经济可持续发展、生态补偿瞄准等角度开展自然保护地区域生态补偿实证研究具有理论拓展、方法创新和政策支持等多重意义。本书以湖南毛里湖国家湿地公园农地面源污染防治为目标，根据湿地型自然保护地的保护与发展需求，构建多目标协同的农地生态补偿综合效应评估框架，并通过研究农地面源污染情景模拟、田野调查、农户调查等构建了以贝叶斯网络为核心的研究工具集，进而结合特定数学软件和 GIS（地理信息系统）平台开发了空间化生态补偿综合效应评估模型，最终实现湖南毛里湖国家湿地公园所在流域农地生态补偿最佳方案确定和优先实施区域识别。本书的主要研究结果如下：

（1）农地面源污染流失现状与生态补偿情景模拟。构建了毛里湖流域 SWAT（流域水文分析）模型，以 2011—2018 年为模拟期进行农地利用面源污染现状分析与情景模拟。研究发现，农地利用是毛里湖流域面源污染主要来源，其中水田和旱地的面源污染贡献最大。各生态补偿情景在流域尺度上均具有面源污染负荷削减效应，各情景年均氮、磷流失负荷削减量排序为：农地休耕＞减施化肥＞退耕还林。不同类型农地在单位面积尺度下的面源污染负荷削减对不同生态补偿情景的响应各异，其中旱地和水田的负荷在休耕和减施中较现状大幅下降，在退耕还林中出现了小幅增加；林地和草地在休耕和减施中不变，在退耕中小幅减少。此外，研究区现状和各生态补偿情景下农地面源污染负荷的空间分布均具有显著差异。

（2）农户参与生态补偿意愿分析和补偿标准估算。在毛里湖流域开展了大范围农户问卷调查。有效样本统计显示，有 84.6%的受访农户愿意参加生态补偿情景项目，不同情景参与意愿排序为：减施化肥＞农地休耕＞退耕还林＞水塘转产，其中减施和休耕的农户接纳度分别为 62.5%和 45.5%；农户接纳程度按其所属乡镇的排序为：白衣镇＞其他乡镇＞药山镇＞毛里湖镇。采用机会成本法估算不同生态补偿情景下各类农地年补偿标准从 9428.8 元/公顷到 21278.9 元/公顷不等。

（3）农地生态补偿情景综合效应评估与优选。构建了毛里湖流域农地利用综合效应评估贝叶斯网络模型，运用该模型开展各生态补偿情景下农地利用综合效应节点后验概率推理。对各类农地在不同生态补偿情景与补偿标准下的综合效应为高的概率推理值比较得到以下结果。①水田型农地的情景优劣排序为：农地休耕＞减施化肥＞退耕还林，其中2级补偿标准下休耕为最优；②旱地型农地的情景优劣排序为：农地休耕＞减施化肥≈退耕还林，其中2级补偿标准下休耕为最优；③果园型农地在减施情景下补偿标准为4级时为最优；④坑塘型农地在转产情景下补偿标准为5级时为最优；⑤研究区最佳生态补偿方案为：旱地和水田在2级补偿标准下实施农地休耕。

(4)毛里湖流域农地面源污染防治生态补偿优先区域识别。以行政区与经费为约束条件，识别毛里湖流域农地生态补偿优先开展区。以最佳生态补偿方案为场景，筛选有经费约束下(0.5亿元/年)优选补偿区域，在所有行政村中根据综合效应为高的概率值排序，获得24个优先实施村，相比无经费约束下(2.18亿元/年)全流域补偿，其效率提升了1.048倍。

(5)生态补偿综合效应关键影响因素分析。开展贝叶斯网络环境效应和社会效应可控节点敏感性分析发现，在最佳方案的基础上进一步提升环境效应和综合效应，可依次从降低投肥量、减少农药用量着手；在最佳方案基础上进一步提升社会效应和综合效应，可依次从拓展农户非农收入来源、推行规模化农地利用方式、加强农业环保宣传着手。

本书以改善国家湿地公园水环境为最终目标，开展了毛里湖流域农地生态补偿问题研究。面向自然保护地生态补偿问题分析和微观决策提出了一套以贝叶斯网络为核心的多模型/平台集成工具集，研究结果可为湖南毛里湖国家湿地公园农地面源污染防治生态补偿决策提供科学依据，研究思路和方法可为自然保护地区域生态补偿问题分析与政策设计提供借鉴。

著者

2023年10月

目 录

第1章 导论

1.1 研究背景

自然保护地在人类的自然保护事业中承担着重要的作用。中国自1956年建立第一个自然保护区以来，历经60多年的发展已经逐步成立了包括自然保护区、风景名胜区、森林公园、地质公园、湿地公园等十多类形式的自然保护地12000多个，覆盖全国陆域近18%的面积，自然保护事业取得显著成效(唐小平 等，2017)。然而由于中国社会经济活动的日益加剧，自然保护地的建设和发展亦受到了一定影响，不仅表现为生态系统的破碎化，还造成自然保护地生态功能等方面的退化或丧失(王伟 等，2017)，这一现象在湿地型自然保护地更为突出。湿地是单位面积生态系统服务价值和自然资本价值最高的生态系统，也是全球范围内消失和退化速度最快的生态系统(Finlayson et al.，2005)。中国的湿地总面积为5660公顷，约占世界湿地面积的10%，是世界上湿地生物多样性最丰富的国家之一。湿地型自然保护地以湿地生态系统为主要保护对象，中国现已形成包括湿地自然保护区、湿地公园、水产种质资源保护区、水利风景区和海洋特别保护区等的湿地保护地体系(马童慧 等，2019)，目前我国共有国际重要湿地64个、湿地自然保护区602个、国家湿地公园898个，湿地保护率达到50%以上(国家林业和草原局，2021)。这些保护措施使得中国湿地面积锐减趋势得到了有效控制，目前湿地保护和恢复的面积不断扩大，但从湿地生态功能恢复和生物多样性保护来看，仍面临一系列严峻问题，其中比较突出的是湿地水环境污染问题(雷光春 等，2014)。

湿地型保护区的水环境问题一直受到多方关注(贾刚 等，2019；张治宇，2020)，其研究热点之一是水环境的治理与修复(付永志，2016；付可 等，2016)。这与中国湖泊流域水环境现状相关：自20世纪80年代以来，中国重要水域、湖泊的水质一直处于持续下降的趋势，目前仍面临着严重的富营养化问题(张维理，2004；王艳分 等，2018)。《2017中国生态环境状态公报》显示，中国主要湖泊中有78.6%属于富营养湖泊，主要污染项目是总磷、化学需氧量和氨氮。《第二次全国污染源普查公报》显示，中国水污染物排放农业源中总氮、总磷排放较首次普查分别下降了48%、25%，但农业源总磷排放量仍位居榜首，为21.20万吨，占总排放量的67.22%；农业源总氮排放量为141.49万吨，与生活源的146.52万吨基本相当,占总排放量的46.52%。这表明农业源污染物仍是中国水污染的主要源头,其中由农地利用形成的污染是最为重要且分布最广泛的农业面源污染(贺缠生 等,1998;李晓平,2019)。

为治理农地面源污染,包括中国在内的世界各国开展了大量探索与努力,目前面源污染最佳管理措施(best management practices, BMPs)被普遍认为是有较高效率的治理方式,这种方式通过综合技术、政策、规章和立法等手段减少农地面源污染,以污染源管控替代污染物的末端处理,最终达到提高营养物的利用效率、有效控制面源污染、改善水质的目标(Sharpley et al., 2011)。以面源污染源头防控为目标的大量BMPs实践表明,这些措施经常需要较大范围内的农户广泛参与,因此往往与农业生态补偿紧密联系(Xiong et al., 2017;Botelho et al., 2018)。

从20世纪后半期开始,生态补偿(eco-compensation)也被表述为生态系统/环境服务付费(payment for ecosystem/enviromental services,PES),其逐渐成为应对人类社会经济发展与资源环境间矛盾的重要政策工具(Wunder et al., 2010)。作为统筹兼顾环境保护与经济发展的机制,生态补偿将生态学与经济学结合起来(Daily et al., 2010; Chen, 2014),成为解决环境问题的一种有效手段。生态补偿在全球多个区域被应用于农业环境保护和修复工程,并取得了显著成效(Chen et al., 2014; Aguilar et al., 2018),其在农业面源污染防治领域的应用被认为是面源污染最佳管理措施最有效的集成方式之一(凌文翠,2019)。中国政府从20世纪90年代开始采用生态补偿工具开展了一系列大规模的生态环境修复工程,如退耕还林、天然林保护、退田还湖工程等,这些工程取得了令人瞩目的成效,对中国乃至全球环境改善起到了有益作用(Liu, 2010)。近年来生态补偿工具在自然保护地建设与发展中受到重视,国务院办公厅(2016)提出健全国家级自然保护区、世界文化自然遗产、国家级风景名胜区、国家森林公园和国家地质公园等各类禁止开发区域的生态保护补偿政策,到2020年实现森林、草原、湿地、荒漠、海洋、水流、耕地等重点领域和禁止开发区域、重点生态功能区等重要区域生态保护补偿全覆盖。因此开展自然保护地区域生态补偿问题研究已成为协调自然保护地建设与区域社会经济发展亟须解决的重要课题。

湖南毛里湖国家湿地公园位于湖南省常德市津市市,具有重要的湿地生物多样性保护功能,还为周边社会经济发展提供居民饮用水源、洪水调蓄、水源涵养、气候调节、产品供给等多类生态系统服务。该湿地公园所在流域——毛里湖流域是本书研究区,是湖南省最大的山溪型流域,隶属于洞庭湖水系。毛里湖流域产业以农业为主,自20世纪90年代开始,受该地区农业持续高强度、集约化发展的影响,区内水系富营养化程度不断增高,毛里湖水质曾一度降到劣V类(湖南日报,2015)。自2013年开始,当地政府针对点源污染开展了一系列整治措施,包括转移、关停、合并畜禽养殖场、食品加工企业、饲料加工企业,居民生活污水处理设施改造等，这些措施在一定程度上改善了毛里湖水质。但由于毛里湖流域属于中亚热带向北亚热带过渡的潮湿气候区，降雨量大且集中，农地面积占全域面积70%以上，使得农地面源污染极易形成，所以毛里湖水环境改善进程停滞不前。2018年津市市环保局对毛里湖水质的监测结果显示，总体水质为Ⅲ～Ⅳ类，主要超标污染物为总氮、总磷，表明水体环境未从根本上得到改善，水体富营养化威胁仍然存在，严重影响着湖南毛里湖国家湿地公园生态功能健康和生态服务供给，不利于区域社会经济的可持续发展。

因此，本书以湖南毛里湖国家湿地公园农地面源污染防治为目标，设计生态补偿方案情景，并综合考虑毛里湖流域自然社会背景，尝试构建一套多学科协同的生态补偿效应评估工具，开展生态补偿方案优选和精细空间尺度上的生态补偿区域优选。这对制定毛里湖流域生态补偿政策，改善毛里湖国家湿地公园水生态环境，保障湿地生态功能健康，保护生物多样性，实现保护地与周边社区协同发展具有重要意义；而且，从面源污染防治角度进行湿地水环境改善是湿地型自然保护地生态系统保护与修复中亟须研究的重要课题。

1.2　研究目标与意义

1.2.1　研究目标

本书总体目标是改善湖南毛里湖国家湿地公园水环境，从"生态环境-社会-经济"综合效应出发，开展毛里湖流域面源污染防治农地生态补偿情景分析，通过对生态补偿实施综合效应进行评估来实现农地生态补偿优先方案选择与区域识别，为毛里湖流域农地面源污染防治生态补偿政策制定提供科学依据，并最终实现湖南毛里湖国家湿地公园水环境的根本改善和湿地公园的可持续发展与建设。具体来说可划分为以下三点：

(1)结合自然保护地需求，构建将生态环境目标、社会目标、经济目标同时纳入生态补偿问题分析的多目标协同分析框架。

(2)为研究区农地面源污染治理生态补偿决策优选提出一整套纳入多学科知识、多模型、多平台的可视化方法/工具集。

(3)实现以毛里湖湿地公园面源污染防治为目标的流域农地生态补偿优先方案确定与优先区域识别。

1.2.2　研究意义

本研究是对自然保护地环境决策问题的有益探索，具有以下两方面的研究意义：

(1)科学研究意义。农业生态补偿已被广泛用于解决各类环境问题的实践中，是目前多学科交叉研究的前沿和热点问题之一，也是中国自然保护地建设与发展的重要政策工具。以往研究多关注生态补偿机制构建、补偿标准计算、补偿效应评价、农户受偿意愿等，忽视了自然保护地生态功能诉求，以及中国广大农区自然和社会的复杂异质性背景对生态补偿差异化及精准化的客观需求。因此，结合多目标协同决策与空间分析技术开展湿地型保护地农业面源治理生态补偿方案与补偿区域的瞄准研究，是对农业生态补偿以及保护地生态补偿研究视野的拓宽和研究方法的丰富，具有重要的学术价值和意义。

(2)实践应用意义。污染防治是当前中国生态文明建设三大攻坚战之一，其中农业面源污染治理是中国湿地资源保护和可持续利用亟须解决的重大问题。因此，在人力、物力、财力有限的客观约束下开展农业面源污染治理生态补偿方案设计与补偿区域的决策优选研究，对提升生态补偿的资金运用效率、生态环境效益和促进乡村社会和谐都具有重要的现实意义。本书研究成果可以直接为湖南毛里湖国家湿地公园所在区域提供决策依据，经验和方法还可以为其他自然保护地区域生态补偿项目借鉴，具有积极的推广价值和实践意义。

1.3 科学问题与研究内容

1.3.1 科学问题

本书拟解决的主要科学问题是：如何实现毛里湖流域面源污染防治农地生态补偿的综合效应评估、方案优选以及优先补偿区域识别。具体包括以下两个方面：

(1)如何表达和评估自然保护地区域农地生态补偿的综合效应？

(2)毛里湖国家湿地公园农地面源污染防治生态补偿的最优方案和优先区域是什么？

1.3.2 研究内容

本书的研究内容主要包括以下六个方面：

(1)自然保护地区域生态补偿综合效应评估概念框架搭建。综合自然环境、社会经济背景、自然保护地保护需求、农地面源污染防治需求与乡村经济社会发展客观需求，从生态环境、社会、经济三个维度构建自然保护地区域农地生态补偿综合效应评估概念框架。

(2)生态补偿情景下研究区农地面源污染负荷模拟与分析。构建毛里湖流域面源污染模型，模拟分析毛里湖流域农地利用现状的面源污染分布特征，在此基础上根据生态补偿情景设计，模拟不同类型农地面源污染削减情况，并开展情景时空特征分析与减污效应比较。

(3)研究区农地生态补偿标准估算与农户参与意愿分析。在毛里湖流域开展农地田野调查和大范围农户问卷调查，收集一手数据分析研究区农地利用模式、农地收入情况、农地生产资料与劳动力投入情况，以及农地生境特征、农户基本特征、农户生产特征等，并基于农户问卷调查数据开展生态补偿农户参与意愿分析与不同情景下各类农地生态补偿标准估算。

(4)农地利用综合效应评估贝叶斯网络模型构建。在自然保护地区域生态补偿综合效应评估概念框架基础上，结合机理分析、文献分析、专家知识遴选贝叶斯网络节点变量，分析关联节点因果关系，实现贝叶斯网络拓扑结构搭建；基于各生态补偿情景面源污染模拟结果和研究区田野调查、社会调查、经验公式等开展贝叶斯网络模型参数估计，完成基于贝叶斯网络的毛里湖流域农地利用综合效应评估模型构建。

(5)研究区农地生态补偿情景综合效应评估。采用特定数学软件开发贝叶斯网络空间化运算集成处理工具，划分研究区农地生态补偿效应评估基本单元。从本书构建的数据库中摘取各生态补偿情景对应证据，结合 ArcGIS 平台采用集成处理工具开展模型推理，实现全流域每个目标评价单元的生态补偿综合效应推理，实现不同“农地利用调整措施＋农地类型＋补偿标准”组合下的流域农地生态补偿综合效应估算和空间特征分析。

(6)研究区农地生态补偿情景方案优选与优先区域识别。在前几部分研究基础上，以单位补偿费用产生的综合效应高概率值增量为依据，对各生态补偿情景下的农地利用综合效应进行对比，确定研究区农地面源污染防治最佳生态补偿方案，进而以行政区划和政策经费为约束条件，识别研究区农地面源污染防治生态补偿优先区域。

1.4　研究方法与技术路线

1.4.1　研究方法

根据已识别的生态补偿问题，结合理论分析、文献分析、专家经验等进行本书研究方法与工具的选取。

1. 情景模拟法

情景模拟法通常基于对特定场景的现状和历史开展调查分析，面向未来设定可能出现的各类情景，如区域发展计划、生态修复措施、环境政策实施等，采用分析工具模拟一定社会自然条件下特定场景的形成或响应，如土地利用变化、生态系统响应、环境状态响应等(Peterson et al.，2003；陈宜瑜 等，2011)，这一方法通常与多种工具模型结合使用(孙传淳 等,2015),为管理策略制定提供假设验证和科学依据。目前情景模拟法已被广泛应用于环境政策效应评估、自然资源保护成效分析以及生态修复管理规划中(Matchett et al.,2017;李莹 等,2016)。该方法可以在不同时间、空间尺度上预测不同外部条件和政策模式下生态系统及其服务功能的变化,在处理不确定性上具有很大优势(Isik et al.,2013;Matchett et al.,2017)。

本书以改善湖南毛里湖国家湿地公园水环境为目的,开展针对农地面源污染防治的生态补偿研究,研究目标旨在确定最佳生态补偿方案和生态补偿优先区域。选择情景分析法作为本书研究的基础性方法,通过构建具有现实可行性的多个生态补偿情景,在此基础上应用分析工具、软件平台等开展情景模拟分析以实现研究目标。

2. 农地利用综合效应多属性评价方法

农地利用综合效应被划分为生态环境效应、社会效应、经济效应等多个属性,其核心目标是解决农地生态补偿情景效果评价问题,其科学本质是多属性综合评价(multiple attribute evaluation, MAE)。多属性综合评价属于离散的多目标决策问题(宋庆克 等,1997),该方法被广泛用于生态环境措施/政策/工程的评价/评估/预估中(Brown et al.,2013;邓远建 等,2015;莫泓铭 等,2017)。目前多属性综合评价建模方法可按是否考虑不确定性分为确定性分析方法与不确定性分析方法。确定性分析方法主要有以下几种:

(1)简单多属性数学方法。该方法包括简单加权和法(simple additive weighting, SAW)、加权积法(weighted product, WP)等。

(2)灰色关联分析法(grey correlation analysis, GCA)。该方法通过衡量各指标间相似或相斥的程度,以确定系统中各因素间的量化关系,多用于动态系统分析,但不善于解决不同性质的属性间的整合、异质性数据的整合。

(3)层次分析法(analytic hierarchy process, AHP)。该方法把复杂系统分解为具有阶梯层次结构的因子集,并通过构造因素间关系的判断矩阵来确定各层次中各因子的权重,最终得到各因子相对于评价目标重要性的总排序,从而实现多属性系统综合评价。该方法具有系统性、综合性、简洁性等特点,在不同领域得到了广泛应用。

(4)数据包络分析法(data envelopment analysis, DEA)。该方法将输入输出指标的权重作为变量,因此无须确定各指标优先意义下的权重,在很大程度上避免了主观因素的影响。通常用于相同领域同质性数据的多属性分析,较少用于不同领域或学科的综合应用场景。

随着多属性评价/决策研究的进一步深入与应用需求,人们发现现实世界中的决策评估场景充斥着不确定性、犹豫性和模糊性等特点,决策与评价正逐步被"可能"替代，而非"确定"。考虑评价决策过程和结果的不确定性已成为当前研究的热点，这类不确定性的分析方法主要有：

(1)区间数、模糊数法。基于模糊数学理论的模糊综合评判(fuzzy comprehensive assessment) (Andras et al.，1995)是其中的一种重要方法，它通过确定问题目标集和评定集的隶属度向量，基于各个单目标评判通过模糊映射得出多目标综合评价结果(刘宁元 等，2018)。

(2)贝叶斯方法。基于概率统计理论的贝叶斯方法可以量化随机不确定性，是近年来多属性评价热点方法之一。其核心贝叶斯网络(bayesian network，BN)又被称为信念网络，是一种图形化和概率化地表达变量间关系的概率图模型。该方法由 Pearl(1988)首次提出，贝叶斯方法可用于受多种因素影响的概率性事件的表达和对事件的发生概率进行推理(Landuyt et al.，2016)。贝叶斯网络可以综合考虑先验信息和实测数据，采用贝叶斯概率理论来处理因不同知识成分间条件相关而产生的描述障碍，能够从不完全、不精确或不确定的知识或信息中做出推理，被认为是最有效的描述事件多态性和非确定性逻辑关系表达及推理的数理模型之一(慕春棣，2000)。

3. 本书评价方法的选择

经过不同方法间的对比分析发现，基于概率理论的 BN(批量归一化)可较好解决不确定性和不完整性问题，它在应对复杂背景下的不确定性和关联性上有很大的优势。本书研究面临复杂社会-生态系统背景下学科交叉、数据异质性、尺度差异性、关系不确定性等多个挑战。另外研究背景存在多种不确定性因素：农地面源污染具有复杂运移机理，其产生不仅受气候、地理等自然因素影响，还与农地利用活动等因素紧密相关；农地生态补偿更涉及区域经济发展、社会和谐、未来发展规划、区域可持续发展等多方面的因素，这些给决策评价带来了很大的不确定性。

综合考虑本书研究背景、数据条件、研究目标等，选择 BN 建模来开展研究区农地生态补偿综合效应评估，主要理由如下：

(1)BN 具有坚实的理论依据和广泛的应用范围。作为知识表达与推理的模型，贝叶斯推理基于坚实的概率理论，具有严格的理论依据和良好的理解性、逻辑性(Aguilera et al.，2011)。基于其灵活的网络结构，贝叶斯网络可以方便地实现多种变量关系，如线性关系、非线性关系、隐函数、分段函数等的综合处理，可以实现因果推理、诊断推理、查询推理等多个推理功能。

(2)BN 可将不确定信息在各级节点间依次传递，其结果表达包含了该节点中所有叶节点的不确定性信息。因此在开展概率推理时，能同时直观地描述节点不同状态的分布概率(即不确定性)。其优势还在于更充分地保留了观测值的真实情况，相较于 AHP 等，BN 通过条件概率表的形式对原始数据进行了更全面、更准确的描述，其参数是一个概率表而非一个单一系数，因此能在一定程度上避免数据丢失，且这种对数据更完整的保留可一直传递至推理结果。

(3)BN融合了图论和概率论，可更为直观地表达变量间的因果关系和条件相关关系。与其他多元分析模型不同，BN是一种将多元知识图解可视化的概率推理模型，其因果图形的结构提供了简明清晰的节点关系表达方式。此外，网络根据不同节点可轻松拆分为相对独立的子网，且由于其具有节点间条件独立假设，可实现相对简单快捷地处理特定目标节点的概率推理。

(4)贝叶斯网络对于多源、异质性、不完整数据和信息具有很强的包容性。现实应用场景往往会面临数据集不完善的情况，如数据缺失、模糊性、异质性等，贝叶斯网络可“平滑”处理这些障碍(莫定源，2017)，便捷纳入各种状态的数据集，并通过节点链接灵活开展各变量间多种关系分析。在网络节点条件独立的假设下，这些处理可在网络局部开展，采用并行、双向推理等多种方式，可有效减少计算工作量，提升处理效率。

4. 本书研究采用的其他主要方法

本书采用的其他主要研究方法与工具简介如下：① 采用分布式面源污染模型开展生态补偿情景下研究区农地面源污染的响应研究；② 采用开放式农户访谈法开展研究区生态补偿的农户调查研究；③ 采用机会成本法开展生态补偿标准估算；④ 采用单变量逐项优化法开展生态补偿方案优选；⑤ 采用特定数学软件平台开展贝叶斯网络参数估计以及高精度空间化推理；⑥ 采用变量约束法开展生态补偿优先区域识别。本书将在后文中各相应章节对以上方法与工具展开详述。

1.4.2 技术路线

本书以湖南毛里湖国家湿地公园水环境改善为最终目标，以国家湿地公园所在流域——毛里湖流域为研究区，以流域农地面源污染治理生态补偿为研究内容，搭建了“问题分析—方法构建—问题解决”级联框架开展研究，本书的技术路线见图1-1，具体可分为四个步骤。

(1)采用田野调查、资料收集、开放式座谈、问卷调查、文献统计等方法收集各类数据资料，构建基础数据库。

(2)构建生态补偿综合效应的实证数据集，主要包括三个部分：① 研究区面源污染模型的情景模拟数据集；②研究区农地特征数据集；③研究区农户生态补偿参与意愿和补偿标准数据集。

(3)在搭建自然保护地区域生态补偿综合效应评价概念框架的基础上，遴选研究区面源污染防治农地生态补偿综合效应评价的多目标评价指标集；结合理论分析和经验知识搭建贝叶斯网络拓扑关系，进一步开展贝叶斯网络节点条件概率表计算，最终建立基于贝叶斯网络的研究区农地利用综合效应评估模型。

(4)运用贝叶斯网络模型推理估算不同生态补偿情景下毛里湖流域农地利用

综合效应后验概率分布；设计生态补偿方案优选模型，基于空间化模型推理结果确定研究区生态补偿优先方案，进一步识别研究区生态补偿优先区域。最终提出以防治毛里湖国家湿地公园面源污染为目标的农地生态补偿政策建议与科学依据。

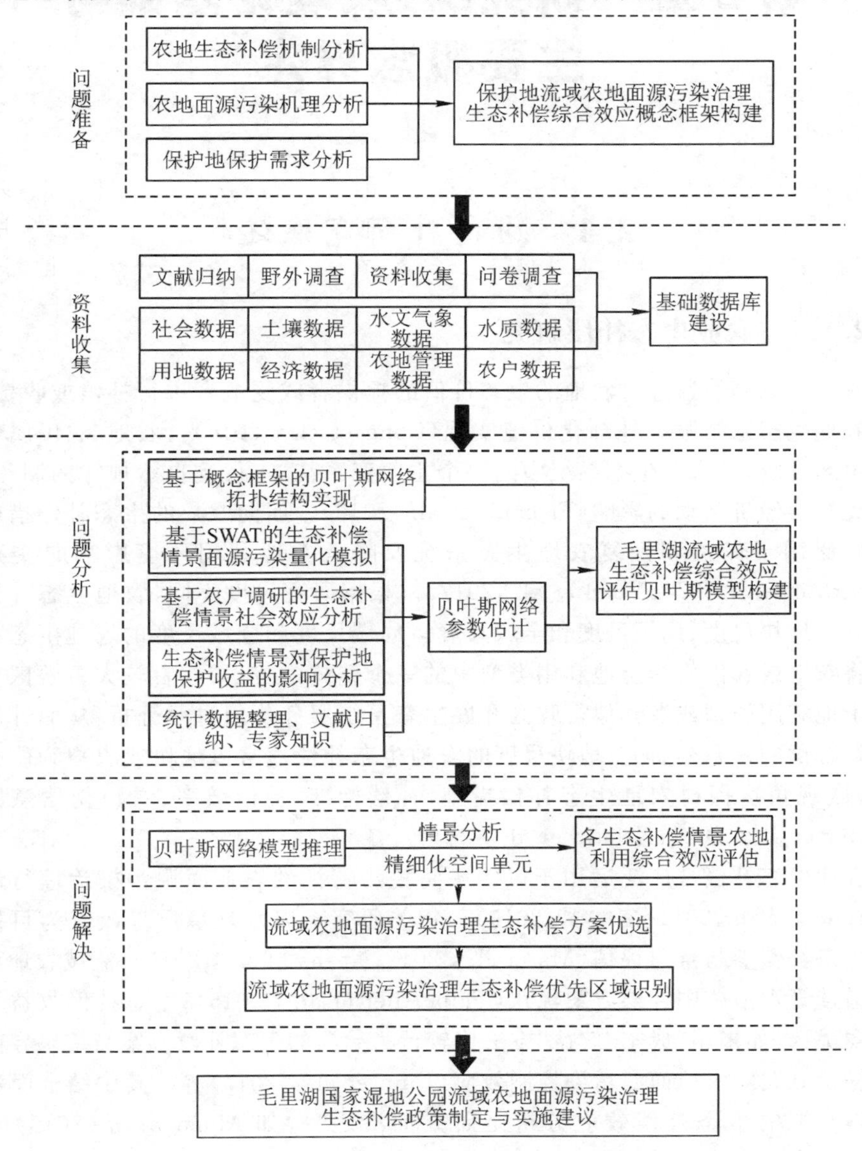

图1-1　技术路线

第2章　研究综述、理论基础与主要概念界定

2.1　国内外研究综述

2.1.1　农业生态补偿研究

农业生态补偿通过对农地的生态价值的提供者或受益者进行补偿或收费，得以将农地生态系统服务外部化价值实现(Cong et al.，2014)。农地/农田属于半自然生态系统，是农业生态系统中的一个主要亚系统，不仅受自然规律的制约，还受人类社会经济活动的影响(Firbank et al.，2013)。面向农户的生态补偿措施已经被广泛用于保护和恢复农地生态系统及降低农地利用环境影响的实践中(Mcgurk et al.，2020；Yuan et al.，2017)。根据研究尺度不同，农地生态补偿研究可分为地块尺度、局域尺度和全域尺度。局域尺度和全域尺度的农地生态补偿通常将农地或农田作为土地利用类型中的一个整体，在流域或者较大行政区内与其他土地利用类型或者其他行政区开展生态系统服务价值盈亏分析，从而开展农地生态补偿的一系列研究；地块尺度的农地生态补偿通常以地块或农户为研究对象，从微观角度探讨农地生态补偿措施、补偿标准、补偿效率、农户受偿意愿等(Bremer et al.，2014；Kristin et al.，2014)。

农业生态补偿被广泛运用于以源头防控为特征的农业面源污染治理行动中(Sharpley，et al.，2011；凌文翠，2019)。相关研究有以水环境质量改善为目标的农户生态补偿参与意愿评估(Ma et al.，2012；Nesha et al.，2013)；流域农地面源污染最佳管理措施中补偿方案优化(Talberthet et al.，2015)；生态补偿收益评估与方案优选，如采用“成本-效益”方法比较行为导向的生态补偿方案与结果导向的生态补偿方案对农地面源污染控制效应(John et al.，2015)等。其中结合面源污染机理模拟的生态补偿效应分析是研究前沿之一，如Muenich等(2017)采用SWAT模拟美国伊利湖西部流域不同农地利用防控措施对流域氮素污染削减情况，发现补偿方案对田块尺度的控制效应大于流域尺度。

国内以农业面源污染防控为主要目标的生态补偿研究多关注生态补偿机制的构建(崔艳智 等，2017)、农户补偿意愿分析(曾维军，2014；林杰 等，2018)、不同类

型农地补偿标准的估算(张印 等,2012;王芊 等,2017)等。其中,补偿标准、意愿、机制等是农业生态补偿研究的核心问题。面源污染治理补偿标准核定思路包括考虑农户开展环境保护行动的直接与机会成本(余亮亮 等, 2015; 袁惊柱, 2016)、面源污染治理的环境收益价值化(王芊 等, 2017)以及综合考虑成本补偿、生态价值补偿和相关者参与激励等多因素(张印 等, 2012)。农户受偿意愿研究多基于微观调研数据,采用数理统计和回归模型来开展,有学者直接关注农户对既定补偿标准的受偿意愿(余亮亮, 2015),还有学者认为农户对面源污染治理补偿的受偿意愿分为参与意愿和受偿额度,农户的资源禀赋差异会对其受偿意愿产生不同程度的影响(李晓平, 2018)。林杰(2018)发现在水源地面源污染治理中,强调基于农户导向的自愿保护激励机制对政策的推行具有积极意义,故应从公平和效率两方面提出改进策略。

近年来还有研究开始关注农地生态补偿方案优化。通过权衡环境效应与政策成本间的关系来进行农地生态补偿方案优选是国内外学者的共识。方案优选多基于效应评价来开展,如通过生态补偿的“成本-收益”对比分析,比较行为导向的生态补偿方案与结果导向的生态补偿方案的面源污染控制效果(John et al., 2015),从而确定优效方案。王轩等(2017)采用线性优化模型,统筹考虑经济收益最大和污染排放总量控制,通过设置多种植业结构调整情景,根据不同情景下氮素流失量与相对净收益进行方案择优,提出了区域内种植业结构调整的生态补偿政策建议。值得注意的是,近年来开始有国外学者关注农业生态补偿的“多效应”,如Fales等(2016)讨论了北美五大湖密集农业区3个面源污染治理措施案例,认为方案的成功取决于景观尺度上影响控制效应的多个因素集合,通过决策工具结合不同情景下面源污染的削减量与农业补偿方案可以提高生态补偿的效率;Engel等(2016)认为应考虑区域生态和经济背景,通过在多个目标间进行权衡和选择来实施生态补偿方案的设计。

另外值得一提的是近年来出现的对生态补偿瞄准问题的关注。事实上我国农村复杂的自然、人文异质性背景使得农业生态补偿政策瞄准成为客观的现实需求。有学者提出农地面源污染补偿需要考虑面源污染形成、自然资源禀赋、社会经济发展等区域性差异、公众意识觉悟及农户种植经营等个体差异,实施差别化的生态补偿(崔艳智等, 2017)。因此,如何从系统的角度,权衡协同农地生态补偿措施的生态环境效应与区域社会、经济响应,提出社会、经济、环境综合效应最优的生态补偿瞄准方案以及识别优先补偿区域,已成为开展符合我国国情的农地面源污染防控亟待解决的关键问题。

2.1.2　农地面源污染及防治

农业面源污染产生机理复杂、类型多样,加上水体污染负荷的影响复杂繁多,导致农业面源污染具有随机性、广泛性、滞后性、难监测性、研究和控制难度大等特点(Cherry et al.,2008;Smith et al.,2015)。围绕农业面源污染及防治的国内外相关研究主要包括面源污染特征及其影响因素研究、农业面源污染关键源区识别、面源污染最佳管理措施等方面。

(1)农地面源污染特征研究。目前的农地面源污染研究中,流域尺度上污染负荷分布规律的定量刻画是污染防治和治理的重要依据,因此它一直是农业面源污染中的热点问题(Knook et al.,2020;Arianna et al.,2019)。由于流域地形地貌、水文、气候等自然因素(Maguire et al.,2009),以及农药化肥施用、农田灌溉及管理措施等人为因素(Besalatpour et al.,2012;向霄 等,2013)均会对水文及营养元素的传输过程产生重要影响,因此农业面源污染产生和运移过程非常复杂。目前能实现对其开展全面完整定量描述的面源污染模型,被认为是分析面源污染特征、识别污染关键影响因子的最佳途径之一(张汪寿 等,2013)。从20世纪60年代发展至今,面源污染模型主要包括两大类:一是通过对输入输出数据进行统计分析建立的经验模型(龙天渝 等,2016),比较有代表性的是SCS(流域水文模型)、USLE(通用土壤流失方程)、输出系数模型等,这类模型主要是利用污染物输出系数估算流域输出的面源污染负荷,多用于评价土地利用和湖泊富营养化之间的关系;二是考虑了面源污染发生、迁移转化和环境影响的内在机制的机理模型,代表性的有SWAT、CREAMS、ANSWERS、HSPF等。其中的SWAT(soil and water assessment tool)模型最初由美国农业部农业研究所在20世纪90年代开发(Besalatpour et al.,2012),历经发展,目前该模型可模拟流域中气候变化、土地利用变化、农业管理措施对流域水循环、泥沙、营养物和作物的复杂影响,是一种典型的分布式水文模型,被广泛用于在流域尺度上对面源污染进行长期预测和模拟研究。从20世纪90年代中后期开始,随着3S技术的快速发展,结合GIS、RS(遥感)以及计算机技术的面源污染模型得到快速发展,实现了农地面源污染高精度空间分布特征模拟,这极大地推动了面源污染防控分区和风险识别研究的发展。

(2)面源污染防控分区研究。对面源污染进行合理区划,是将具体治理措施纳入面源污染控制方案中的有效方法(耿润哲 等,2016)。其主要研究内容包括农业面源污染关键源区识别(Sivertun et al., 2003)以及基于BMPs(最佳管理措施)的优先防控区域识别(Endreny et al., 2010)等。关键源区是严重威胁水体安全的风险区,治理关键源区能以最小成本达到最大程度遏制非点源污染的目的,这是治理非点源污染的重要思路之一(周慧平 等,2005)。根据划分依据的不同,按影响源的人为或自然属性,农地面源污染空间分布及风险分区可分为按行政区划(卢少勇等,2017)、土地利用类型(耿润哲,2016)以及土壤、气候和地形地貌条件(薛菲 等,2017)等。

(3)农地面源污染最佳管理措施研究。BMPs在1976年由美国国家环保局首次发布。BMPs通过综合技术、政策、规章和立法等手段尝试以污染源的管理替代污染物的末端处理，以达到提高营养物的利用效率，改善土壤环境、水质，有效控制流域面源污染的目标(韩洪云等，2016)。这一思路认为面源污染防控是具有跨学科特征的复杂环境问题，应综合考虑管理措施的经济效应、环境效应以及社会效应(Boiral et al.，2011)。目前主要的研究热点包括BMPs成本-效益分析(Gaddis et al.，2014；Dakhlalla et al.，2015)、优化配置(Shen et al.，2013)以及效果评价(耿润哲 等，2015)等方面。BMPs把实用的面源污染模型和大量工程措施、管理措施集成在一起，而生态补偿也作为重要的集成工具被广泛用于BMPs的措施设计中(Shortle et al.，2012；Liu et al.，2020)。

2.1.3 自然保护地生态补偿研究

自然保护地是“通过法律及其他有效方式用以保护和维护生物多样性、自然及文化资源的土地或海洋”(世界保护联盟)。自然保护地以保护代表性自然生态系统、濒危动植物及其栖息地为目标，对于保障区域生态系统完整性具有重要意义(侯鹏 等，2017)。20世纪以来，针对这一特殊的生态环境区域的生态补偿实践和研究在国内外引起了学者们的广泛关注。从研究内容上看，国外的研究主要包括生态补偿政策对当地居民行为的影响(Wang et al.，2020)，保护地生态补偿的社区参与与农户参与(Rodriguez et al.，2012；Min et al.，2018；Kwayu et al.，2014)，探讨保护地生态补偿合法性、公平性和有效性(Gross-Camp et al.，2012)，保护地生态补偿价值评估(Oh et al.，2019)，以及民众的支付意愿(Forleo et al.，2018)等。

目前国内自然保护地生态补偿研究主要集中于理论性探讨和研究，包括生态补偿机制(欧阳志云 等，2013)、补偿主体、补偿方式确定、补偿标准估算、补偿融资等(闵庆文 等，2006)。刘某承等(2019)认为生态补偿是构建以国家公园为主体的自然保护地体系的重要制度保障。胡曾曾等(2018)从补偿主体、资金来源、补偿机制等3个方面总结国外自然保护地生态保护补偿的实践和经验，认为建立中国湿地保护交易制度、推动国家公园管理部门统一行使生态保护补偿职责等是未来国家公园湿地生态补偿的重点方向。王蕾(2010)认为生态补偿是解决自然保护区与保护区社区之间保护与利用矛盾的重要措施，提出通过起到生态补偿作用的生态效益补助控制保护区社区对自然保护区的干扰从而改善保护区管理的思路，并综合运用生态学、经济学方法对补助对象、主体、数量、方式四个方面进行了系统分析。此外，还有学者从保护地生态补偿管理机构、法律政策、补偿机制等方面开展了相关研究(潘志伟 等，2016；王作全 等，2006)。综合来看，目前我国自然保护地生态补偿研究仍在关注机制、规律、制度等理论性问题，缺乏系统性、科学性、综合性的实证研究。这与我国自然保护生态补偿制度的建设和研究仍然处于起步阶段相关，因此针对不同类型、不同区域、不同目标的保护地生态补偿实证研究亟待开展。

2.1.4 生态环境多目标决策研究

生态环境治理应在不同尺度上考虑生态系统服务的类型特征、形成机制和时空格局，在区域可持续发展框架下做出科学决策（彭建 等，2017），其决策目标需要充分考虑来自特定人-地关系中的多个子系统在多个时空尺度上的需求而开展综合权衡，继而制订科学合理的生物多样性保护和生态补偿方案（Zheng et al.，2013；徐建新 等，2015）。目前情景分析与多目标分析是生态环境治理决策的有效手段和研究热点（彭建 等，2017）。其中多目标决策（multiple objective decision-making）已被广泛运用于生态环境治理、保护、修复等影响因子复杂问题的分析中（Grošelj et al.，2016；Langemeyer et al.，2016）。该方法能够综合考虑生态环境治理中的多个维度的影响因素，兼顾与之相关的多个利益群体的意愿和需求，是生态环境优化治理的有效工具（Langemeyer et al.，2016）。

决策的多目标性最早由经济学家 Pareto（1896）提出，他认为人类需求的多元性需要决策尽量满足多个目标。Kuhn 和 Tucker（1951）从数学规划的角度提出了多目标优选的问题，从而推动了多目标决策方法的发展。我国的叶秉如（1957）在水资源利用的管理与规划中首次引入多目标决策。发展至今，多目标决策方法体系已日益完善，较常见的有简单加权法、层次分析法、逼近法、灰色关联度法、非劣解解法等（Xiao et al.，2007；蔡志强 等，2010）。农业面源污染治理中的生态补偿活动不仅会带来区域水体环境的变化，还与农户生计依赖、农户发展意愿、措施经济成本等因素息息相关，是典型的多目标协同决策。目前面源污染治理的多目标决策研究多采用“环境效应＋经济效应”优化求解的方法，通过将水文模型与最优化的数学方法进行耦合来解决农业面源污染治理多目标优化配置问题（Panagopoulos et al.，2012；Haas et al.，2017；耿润哲 等，2019）。国际上还有通过构建以污染物输出为约束目标的流域决策支持系统［Elbe-DSS（Lautenbach et al.，2009），FLUMAGIS DSS（Mcintosh et al.，2011）］来实现面源污染防控措施的多目标优化配置。此外，还有研究关注到“社会效应”面，如生态补偿项目对农户生计与福祉的影响，包括其收入、意愿与反馈等；加拿大农业部将生物物理模型、经济评价模型以及农民参与意愿整合成为多目标决策框架用于在 Thomas Brook 流域进行面源污染管理决策分析（Afarisefa et al.，2008）。Mtibaa 等（2017）通过设计农户层面的收入效应因子，将参加 BMPs 对农户的影响纳入最佳管理措施决策研究中。

近年来，一种基于概率理论的贝叶斯方法被越来越多用于多目标决策的研究中。贝叶斯网络的概念由 Pearl（1988）首次提出，早期运用于信息处理中的机器学习领域。Stassopoulou 等（1998）正式提出将贝叶斯网络和多目标决策进行结合是一个很好的研究方向，认为决策者在贝叶斯网络的帮助下可以用更合理的方式分析异质数据。随后贝叶斯网络作为一种决策支持工具,广泛用于多个学科领域(Landuyt et al., 2016;Pérez-Miñana et al., 2016;Landuyt et al., 2013)。Carriger 等(2016)认为在环境决策领域中,采用贝叶斯网络的优势在于可以克服传统的权重规则法未考虑环境决策中的不确定性及表达的问题;贝叶斯的网络结构还有助于整合决策涉及的多系统带来的多源异质数据以及数据缺失问题,并克服了决策结果不确定性这一重要信息丢失。此外,贝叶斯网络的优势还在于能以概率分布代替参数确定值来模拟系统中因果关系不确定性的同时减少数据需求(施海洋 等,2020)。

目前贝叶斯网络在生态环境治理中的应用研究非常广泛,如 Barton(2008)采用贝叶斯方法构建多目标评价模型,分析了流域综合管理中氮素削减方案的不确定性。Carpani 等(2010)构建概念框架与贝叶斯评估模型,从多个维度分析威尼斯潟湖流域农业源面源污染控制与湖泊生态系统间的内在联系,并基于此对污染控制措施有效性进行评估。我国自 20 世纪 90 年代开始渐有研究运用贝叶斯网络开展生态环境决策分析。传统研究包括生态环境风险评估(倪玲玲 等,2017;郑国臣 等,2019)、水环境质量评价(孙玲玲 等,2017;邓渠成 等,2019;李韶慧 等,2020)等;还有实证研究关注特定区域社会经济背景下的生态环境治理,如流域用水决策(施海洋 等,2020)、城镇发展与环境耦合(崔学刚等,2019)等。可以看到贝叶斯网络方法在生态环境决策分析中具有广泛的应用领域。

值得注意的是,近年来贝叶斯网络整合地理信息系统形成的空间决策分析已成为多目标空间决策的重要方法,相关应用研究不断出现。如 Cossalter 等(2011)研究大规模空间范围的贝叶斯网络可视化,优化了大规模网络中多节点的比较分析。Gonzalez、Luque 等(2016)用空间贝叶斯网络模型权衡林业生产和生物多样性的关系,结合专家意见、自然因子和人为因子为林业管理者提供了不同决策方案。Jo、Müller 等(2017)分析东南亚夏季降水密度函数时,提出新的空间结构密度估计的贝叶斯非参数模型。我国的贝叶斯空间决策研究也在进一步跟进,如结合空间规划的生态环境脆弱性评估(秦克玉,2019)、基本农田划定决策(关小东等,2016)、水源涵养空间格局优化(曾莉 等,2018)。

2.1.5 已有研究评价

已有研究的不足和完善思路主要包括以下几个方面。

1. 缺乏将自然保护地需求纳入生态补偿分析框架的研究

生态补偿作为重要的环境政策工具已被广泛用于我国自然保护地生态环境修复和保护。目前我国进一步提出将生态保护补偿作为建立国家公园体制试点的重要内容,探索建立湿地生态效益补偿制度,率先在国家级湿地自然保护区、国际重要湿地、国家重要湿地开展补偿试点(国务院办公厅,2016)。由此可见我国湿地型自然保护地生态补偿开展的现实需求迫切。但从已有国内外研究可以看出，目前与自然保护地相关的生态补偿研究尚停留在基于理论框架讨论参与主体、权责、范围界定等生态补偿机制问题，或仅关注生态补偿利益相关方意愿、行为，或仅考虑生态补偿标准估算等。大多数与自然保护地相关的生态补偿研究并未将“自然保护地”建设与保护需求纳入研究框架，使得自然保护地区域生态补偿研究缺乏鲜明特征和辨识度，因此急需在从这一角度拓展研究范畴和视界。

2. 缺乏跨学科的多目标生态补偿研究

流域水环境污染源的分散性、广域性特征决定了其治理的复杂性与系统性。面向广大农田的面源污染治理既需要考虑措施的环境效应，同时也需要考虑其经济效应和参与农户的福祉，因此具有明显的学科交叉特点。具体来说，保护地流域面源污染生态补偿涉及区域经济发展、乡村社会和谐、生态环境修复、生物多样性保护等多方面的因素。其总体目标可被划分为改善水生态环境（于贵瑞 等，2002）、增强保护地生态系统服务（韩鹏 等，2010）、农户生计可持续（吴乐 等，2018）、措施经济成本（John et al.，2015）等多个子目标。但目前生态补偿多目标研究多停留在框架设计和理论探讨，相关实证性研究往往只关注多个生态补偿目标或复杂的影响因子中的一类或一种，缺乏从系统的角度同时将多个目标和多个因素同时考虑的研究，更缺乏将自然保护地需求纳入政策制定视野的相关研究。因而从流域生态环境—社会—经济多目标综合协同出发，创新研究方法，开展具有现实可行性的系统性实证研究具有重要价值。

3. 生态补偿空间决策研究薄弱

生态补偿研究发展至今，对其各领域开展进一步创新和深化已成趋势。事实上近年来已有研究开始关注补偿效率提升、决策优选、方案设计等，但从地理空间视角开展生态补偿区域瞄准或优选则鲜有研究涉足。随着以生态环境改善为主要目标的生态补偿实践进一步推广的现实需求不断增强，可以预期结合地理空间系统的生态补偿空间决策将成为深入研究的重要方向之一。特别是在农业面源污治理措施研究中，对污染源区开展合理区划已成为提升面源污染防控措施治理效应的重要途径，将这一思路结合到生态补偿政策制定中是研究思路的进一步拓展。因此开展农业生态补偿空间决策研究，是精准高效的农地面源污染治理生态补偿方案制订的迫切需求，这一方向也为生态补偿决策研究创新提供了重要的突破口。

2.2 主要理论基础

农地利用是人类作用于自然生态系统上的一系列农业活动的总称。面向农业活动的生态补偿活动是解决农地绿色利用等环境友好型行为外部性的重要措施。

农地生态补偿涉及区域生态、环境、社会、经济等多个维度，而在人地关系日益复杂的人地关系背景下，自然与社会系统的不确定性亦成为现今环境政策设计中的重要考虑因素。因此本书以外部性理论、社会-生态系统、人地关系地域系统、不确定理论等为基础开展农地生态补偿问题研究。

2.2.1 外部性理论

外部性概念起源于1920年英国经济学家阿尔弗雷德·马歇尔在《经济学原理》中提出的外部经济这一概念。他认为，可把因任何一种产品的生产规模之扩大而发生的经济分为两类：一类是有赖于该产业的一般发达所形成的经济；另一类是有赖于某产业的具体企业自身资源、组织和经营效率的经济。我们可把前一类称作外部经济（externale economics），将后一类称作内部经济（internale economics）。其后，保罗·萨谬尔森和威廉·诺德豪斯在所著的《经济学》中指出"外部性是指某些生产或消费的行为对其他团体强征了不可补偿的成本或给予了无须补偿的收益的情形"，实质就是一个经济实体给另外一个经济实体带来的利益或损失，而这种利益或损失是不能用市场价格来衡量的。从本质上讲，外部性属于一种成本溢出现象，指的是一种商品的生产者或消费者不能对生产或消费该商品所带来的有利或不利的负面影响承担责任，这与经济主体间多种利益的交集相关，也是经济主体间缺乏合作、利益共享没有实现以及成本负担失衡的一种体现。随着经济学中外部性理论的不断完善以及生态经济学等交叉学科的形成和不断发展，外部性理论逐渐被应用于生态系统和人类社会经济关系的解释中。

生态系统为人类提供物质基础和良好的生存环境，维系着地球的生态平衡和人类的生存发展。在生态系统通过大气、水等组分和光合作用等过程向人类提供生态产品与生态服务的同时，人类的社会经济活动往往会直接或间接地给生态系统带来影响，却没有承担相应的成本和补偿责任，即对生态系统产生了外部性影响（钟茂初，2018）。人类经济行为对生态系统的外部性可包括正外部性和负外部性两方面。正外部性主要表现为某项经济行为改善了自然生态环境，而从事该项经济行为的生产者却没有额外地从市场上得到经济补偿（鲁明川，2015）。如河流上游域内政府、企业、个人等积极参与生态建设，保护水质、涵养水源；从事林业生产的生产者对当地气候、水资源等方面的改善。除此之外，经济主体对生态系统的正外部性还包括经济主体由于不从事某项经济活动而改善了自然生态系统，如居住在水源地、生态保护区的居民，为保护生态环境，不能在当地进行经济开发活动。负外部性则是指经济主体在进行某项经济行为时，使用了自然资源或自然要素而没有为此支付任何成本，或者经济行为破坏了自然生态系统而经济主体没有为此付出相应的代价。如破坏土地利益、草地滥牧以及威胁到区域内的生产生活，还有像过度开发矿产资源导致地下水位下降等（李繁荣，2014）。当人类经济行为对自然生态系统产生正的外部性时，该地区的生态系统对生态产品的供给就越强；当人类经济行为对自然生态系统产生负的外部性时，不仅会使该地区的生态资源供应能力下降，而且还会造成邻近地区的生态损失。要使生态产品的公益价值得到合理的体现，就应该构建起一套行之有效的生态补偿机制(詹琉璐 等，2022)。

生态补偿是一种使生态资源利用外部性内部化的环境经济手段。实施生态补偿的目标是要实现生态资源收益与成本的对等，以确保经济社会可持续发展的自然资源供给和生态伦理上的公平(胡仪元，2010)。生态补偿的本质，一是对生态服务或生态效益的产品的提供者进行补偿；二是既对保护生态环境的行为予以补偿，又对污染和破坏生态环境的行为予以控制，实行污染者付费举措。当自然资源使用产生外部效应时，市场作用难以完全发挥，促进资源合理配置的目的难以达到，利润最大化原则会驱使人们通过开发生态环境资源来提高收入水平，为防止这类经济活动使自然生态系统的负外部性出现，政府作为生态补偿的主体，通过转移支付，给这些不进行经济开发而保护生态系统的居民予以补偿，从而预防并制止负的外部性的发生。当人类的活动超过生态系统的生态承载力，污染、破坏生态环境时，按照"破坏者"付费原则，破坏者要对所破坏的生态环境进行修复，或者支付由其他人修复生态环境所需花费的费用。政府则通过征税、罚款、限定市场准入条件或限期整改的法律政策等措施，限制或约束这些生态破坏的行为，实现生态资源供求平衡(胡仪元 等，2016)。当自然资源使用产生正的外部性时，生态补偿的目的则是鼓励并支持这一具有正外部性的经济行为。对此，政府作为生态补偿的主体，通过补贴或减免税收，对积极参与生态保护与建设的主体进行补偿，如从事自然生态资源性产品生产的经济行为，从事污水处理、废弃物回收利用等减少向自然界排放的经济行为等。其补偿费用应按照不从事某项破坏农业生态的行为(如不使用化肥、农药)以及从事某项改善农业生态的行为(如采用循环农业、有机农业)补贴给农业生产者(张胜旺 等，2015)，以此来激发农业生产者保护生态的积极性，促进绿色农业的发展。

基于外部性理论，生态补偿为人类自然资源的利用过程中产生的正负额外成本的价值化提供解决方案。通过生态补偿的调节纠正因市场缺失而导致的生态外部性不合理问题，避免生态供给者收益受损或搭便车消费行为发生，以促进节约资源、减少污染、保护生态 ，逐渐实现资源的最优配置和社会福利的最大化。

2.2.2 社会-生态系统理论

社会-生态系统(social ecological system，SES)理论起源哈丁(Hardin，1968)关于自然资源治理"公地悲剧"的讨论。哈丁认为自然资源治理中的人类社会和生态环境是一种"直线型"的关系，在免费使用公共资源的情况下，人人都争先恐后在公地上"理性"地追求利益最大化，导致资源被滥用、耗竭。政府应该带头承担起保护环境的责任，对自然资源的公共管理采取一些一般性的对策，强化政府部门职责，防止政府管理失灵，同时还要充分发挥政府、市场和社会公民的共同作用。20世纪中叶开始，随着人类对生态环境的影响范围与程度不断扩大和加深，全球性的生态环境问题变得越来越突出。而哈丁的“公地悲剧”模型也从被视为圣经到被提出质疑，人们不断认识到地球上所有的自然资源已成为嵌入于复杂社会生态系统中的一部分，同时受到生态系统和人类社会系统的双重影响，这就要求我们关注这两个体系的相互作用以及由此产生的非普遍性。20世纪70年代开始，对生态系统理论的研究逐渐成为社会学研究领域内学者们关注的焦点。布朗·芬布伦纳(1979)在《人类发展生态学》中提到了社会生态系统理论，认为社会环境(如家庭、制度、政府、机构、社区等)是一种社会性的生态系统，人的行为是人与环境之间交互作用的结果。该理论的基本思想是将个体放在整个生态系统的核心部分，围绕个体发展的所有环境因素由内向外，按照同心圆的模式依次分为微观系统(microsystem)、中观系统(mesosystem)、外观系统(exosystem)和宏观系统(macrosystem)。它重视生态环境在分析和理解人类行为方面的重要性，重视人与环境各系统之间的相互作用，重视它们对人类行为产生的巨大影响，促进了社会-生态系统理论的系统化发展(孙竞，2023)。

其后，社会-生态系统理论经过了层出不穷的学术讨论与不断深入，出现了如社会-经济-自然复合生态系统(马世俊，1984)、社会-生态耦合系统(coupled society and ecology systems)(Ostrom，2009)等思想分支。如马世俊(1984)提出了社会、经济和自然环境三方面相互制约、相互影响又相互融合的社会-经济-生态复合系统。以农牧园区为例，其是一个由规模化农牧产业、基础设施和自然生态共同构成的人工社会生态复合系统，根据社会生态复合系统理论，农牧园区建设和管理活动应将生态环境保护、经济发展以及社会和谐等因素综合考虑进去。社会-生态耦合系统更进一步强调了社会-生态系统与经济社会之间的联系，表现为生态系统为社会提供支持，并为社会提供服务，其经济属性是生态系统服务价值在人类经济社会中的外部性溢出。为解决这一问题，生态补偿可以通过政府、市场等多种途径，让社会-生态系统服务的受益者和自然资源的使用者付出适当的成本，或对社会-生态系统服务的保护者和培育者进行一定的补偿，使社会-生态系统服务的服务内部化，从而实现对生态环境和自然资源的保护。

21世纪初，美国科学家埃莉诺·奥斯特罗姆(Elinor Ostrom，2009)提出在应对资源环境与人类发展问题上，应该对每个特定的情形都进行个性化处理，不能依赖一剂万能的“灵丹妙药”来解决所有的问题；她基于社会-生态系统理论提出了自然资源管理可持续性的诊断性框架(socail ecological system framework，SESF)(见图2-1)，SESF通常有四个核心子系统：资源系统(RS)、资源单位(RU)、治理系统(GS)、行动者(A)。在治理系统的约束下，行动者会围绕资源的开采和使用展开一系列的互动过程(I)并产生一系列结果(O),对系统产生反馈。该框架自开发以来,不断被学界广泛应用于多个学科领域的不同类型的研究。该框架可应用于平衡生态环境与经济社会发展中的矛盾与冲突,为解决长期困扰学界的生态系统治理问题提出了理论指导,是社会-生态系统理论进一步成熟的标志。近年来社会-生态系统理论被越来越多地应用于自然资源管理及环境政策制定,为理解人类社会与生态系统间的多维交互作用及其相互影响机制奠定了坚实的基础,其核心思想和框架性工具也被国内外学者越来越多地运用于生态保护补偿、生态系统服务付费、政府生态购买等研究领域。

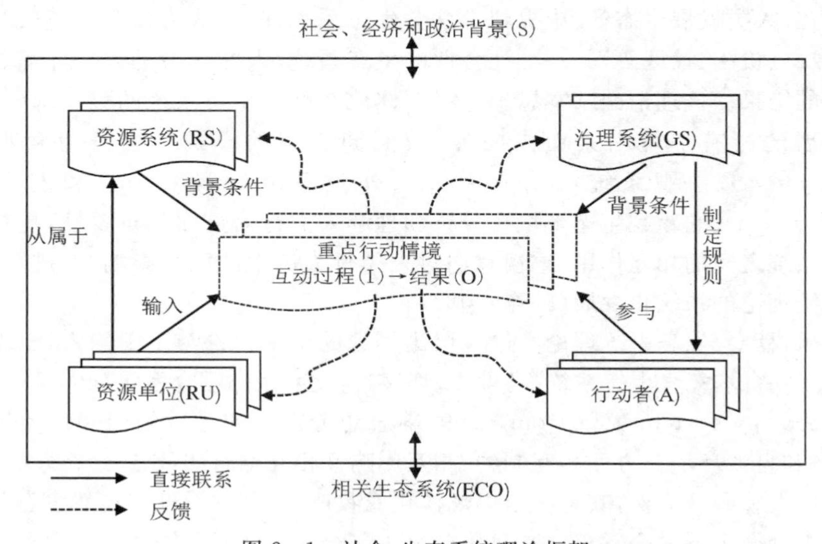

图 2-1 社会-生态系统理论框架

2.2.3 人地关系地域系统理论

人地关系思想最早来源于以法国科学家 De la Blache V 和 Brun-hes J 为代表的人地学派,这一学派从地域的角度分析了人地关系,提出了一种“或然论”。他们主张人地关系是一种相对而非绝对的关系,并且认为人地关系是一种有选择性的资源使用,可以改变调整各种自然现象;随着人类土地利用活动的增加,人地关系会渐趋紧密。在此基础上,人们开始逐渐把“地学”的概念运用到地学的研究之中。吴传钧于 1979 年发表的《地理学的昨日、今日与明日》一文中,又进一步论述了地理环境与人地关系的含义。他认为在地理学科中,“人地关系的地理体系”是地理学科的基本理论。人类社会是在自觉地改造自身所处环境的基础上,进而改造其所处的外部环境的。在这种情况下,人与自然的关系也就产生了一种新的联系,这种联系既有其自身的特点,也有其自身与自然的联系。人地关系地域系统理论即是解释这些相互嵌套关联的理论。

人地关系地域系统理论将人地系统描述为由地理环境和人类活动两个子系统交错构成的复杂的、开放的巨系统，内部具有一定的结构和功能机制。在这个巨系统中，人与自然两大子系统间的物质循环与能量转换共同形成了发展与变迁轨迹（吴传钧，1991），是人与地在特定的地域中相互联系、相互作用而形成的一种动态结构（陆大道，1998）。在这一理论中，“人地关系”被认为是一种人与土地共同合作、共同发展的关系。因为两大子系统要想维持其自身的变化发展，是需要消耗外部环境的物质、能量。此外，在不同的时空状态下，它们之间相互影响的强度也在不断地发生着变化，因此，人地关系地域系统也是一个远离平衡状态的、不稳定的、非线性的耗散结构（魏晋，2012）。但就该系统与外界的关系来说，它是一种半开放的系统。也就是说，任何一个“人地关系地域系统”的内部关联构成了各个区域的不同特征，但同时又都是与外部进行物质、能量、信息交流的，这构成了区域之间的联系和整体性（陆大道，2002）。

人地关系系统发展的因素可归结为人类需求结构因素、人类活动结构因素、地理环境供给结构因素和区际关系结构因素四个方面。在要素及要素流的驱使下，人地关系地域系统构成了错综复杂的结构。在这些结构中，生态环境结构、经济结构和社会结构是起着决定性作用的。这三个结构之间的相互影响和制约，构成了一个完整的人地关系地理体系，并发挥了其整体的作用。图 2－2 展示了由系统结构、动力机制、时空格局、优化调控等内容组成的人地关系地域系统理论模式图。该模式包括人地关系认知、人地系统理论、人地系统协调等循序渐进的三个有机组成部分。可通过探究不同层次的人地关系类型、时空分异及其变化规律，探明人地系统各要素相互影响、系统协调模式及其调控途径，服务于人地系统协调与可持续发展实践。

自然保护地区域是具有重要生态功能和价值的人地关系地域系统。这种类型的地理区域由于其较高的生态环境、文化保护等价值，通常不允许通过高强度的开发来提升经济增长水平。因此，其人地关系在区域内部多在一定程度上是和谐的，但由于自然保护区的经济发展多弱于周边其他区域，故可能在更大尺度上的地域系统中体现出不和谐。所以在自然保护地区域发展中，开发型发展应为保护型发展提供资金、技术等支持，而保护型发展可为开发型发展提供生产要素支持、生态屏障保护等保障要素，这本质上是开发型发展对保护型发展的一种生态补偿形式（樊杰，2007）。生态补偿的实施有利于解决区域经济、社会发展和生态建设、环境保护等问题，最终实现均衡发展和人地关系协调的双重目标。本书研究的农地生态补偿问题是在毛里湖流域这个特定的具有一系列独有特征的综合背景下开展的，因此人地关系地域系统理论为本书研究设计和思路梳理也提供了理论支撑。

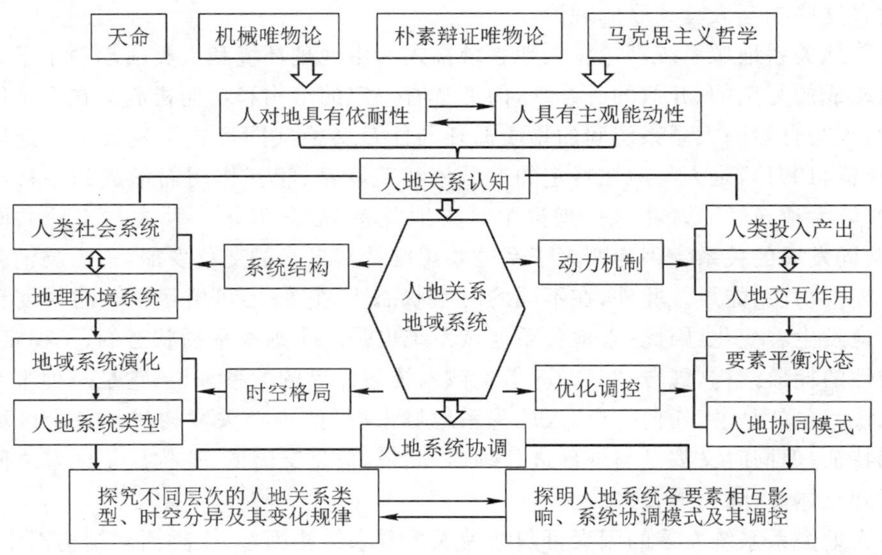

图 2-2　人地关系地域系统理论模式框架

2.2.4　不确定理论

不确定性理论由英国教育学家 A. S. Neill 于 20 世纪 70 年代初提出，这一理论认为研究过程往往会涉及一些无法预测的、无法避免的、随机性的因素，其范畴包括随机、模糊和粗糙，这也是不确定研究的三种最基本的要素。不确定理论认为人类只能基于可能性来预测世界的发展方向，而不能对未来的特定状态做出明确的预测。伴随着不确定理论的发展，人们开始持续地使用不确定规律来认识世界，人的实践活动开始持续地根据变化来选择未来发展的路径（贾岚生，2003）。一般情况下，不确定理论是被用来对主观不确定现象进行研究的，不确定统计主要需要对不确定变量进行表征，该变量是在得到专家经验数据的基础之上，通过经验不确定分布来进行计算的（孙瑞山 等，2010）。生产生活中的“不确定常数”及“边界不清晰”概念也开始用不确定性理论来描述，当缺乏必要的历史数据来进行决策时，不确定理论会提供决策依据；当处理需要根据管理者实践经验来估计不确定问题时，不确定规划则会提供具体的实施方法（焦建利，2013）。

在其后的发展过程中，许多学科领域的研究学者都对不确定性理论进行了深入的研究，为不确定性分析提供了切实可行的工具，并将其应用到不同学科领域。20 世纪 80 年代初，不确定性分析被应用到河流水质与湖泊富营养化的关联分析中，理论和实证研究表明不确定性理论是处理非确定信息的一种非常有效的工具（刘宝碇，2010）。20 世纪 90 年代中后期，伴随着动力系统理论、复杂系统理论的发展，以及计算技术的突飞猛进和学科交叉的不断深入，在不确定的环境下建立应用模型已成为一个重要的研究领域，随着这些研究的深入，不确定理论也逐渐成形(李艳强，2015)。目前，不确定性理论的应用已非常广泛。其在工程技术领域的应用包括风险预测、交通管理、可靠性、博弈论、通信等；在生态环境领域的应用有生物种群模拟、空气质量控制、生态风险评价、区域水土资源保护、流域综合规划、固体废弃物规划等方面；在社会经济领域的应用包括资产评估、公共政策制定、经济开发区和城市综合环境规划等(Liu，2007；郭怀成，2006)。

区域生态系统是一个复杂而庞大的不确定性系统，由于生态系统的自身属性，以及人类认识的主观性、盲目性，生态系统规划过程中具有大量的不确定性信息。这主要表现在生态参数、生态过程和模型数据都存在着不确定性的特征。生态补偿作为区域生态管理研究的机制应用之一，目前，国内很多学者都对其进行了相关的研究和应用。但是这些研究往往忽视了在生态补偿过程中，存在着大量的不确定性。而这种不确定性可以用区间数、模糊数、随机分布等来描述。因此，在现有研究的基础上，通过整合不确定性优化方法，能够提高研究的完整性、实用性及信息的全面性，对区域生态环境政策的科学有效制定起到重要的促进作用(尤立，2015)。所以，本书基于不确定理论应对复杂的区域社会-生态系统问题，将系统中存在的不确定性纳入框架和方法上考虑，基于不确定性思维对研究思路和技术方法工具进行优化，期望得到更加完善、全面和高效的决策信息。

2.2.5　协同理论

德国著名物理学大师哈肯于20世纪70年代提出了协同理论，又称“协同学”或“协和学”，主要研究各种物质间的共性以及它们之间的协作机制，是系统科学的重要分支。该理论对系统的形成规律进行了有效的展示，在宏观上呈现出一定有序的状态，主要集中体现在三个方面：首先是协同效应，由于协同作用而产生，是在复杂开放的大系统中，各组成部分相互协作而产生的整体效应；其次是支配原理，即在这个系统中，快变化的参量服从慢变化的参量，慢变化的参量表征着系统的有序化程度，被称作序参量，序参量支配着其他子系统行为；最后是自组织原理，指系统在没有外部指令的情况下，系统内部各要素独立地按照一定的规则自发形成特定的结构和不可替代的功能(丁文剑，2018)，最终实现总体演进目标的良性循环。

协同理论早期被用于对自然现象进行解释，它认为自然界是由许多系统组织起来的一个统一整体，但不只是各个系统的简单相加，它注重宏系统中子系统之间的协作协同效应，即各个子系统之间相互作用、相互制约，最终形成了整个系统的趋势，使整个系统得以保持稳定发展(金百顺，1991)。人类社会活动可视为一个大的系统，协同理论认为在人类活动与生态环境的交互中，人类社会各子系统和自然环境各子系统，以及系统中的各个要素间的相互合作和协调等有利于宏系统整体能力的提升；土地利用、生态环境、经济发展之间的相互合作、协调，都能够促进整个区域各方面的发展。目前,协同理论已经是从最初应用至物理学科发展成应用至多领域的综合性理论,不断地被国内外学者运用于管理学、经济学、教育学等不同学科来解决各种现实问题。即使有时只是对客观问题进行定性分析,给出概念性的解决方案,但毋庸置疑的是,协同理论的出现推动了现代系统思想的进步,为我们处理复杂问题不断地提供新的视角和思路(吴立文,2019)。

协同理论和生态环境治理之间具有很好的契合性。协同理论视角下,生态环境中包含的众多生态要素即为功能、性状、结构、规模各异的子系统,在各个生态要素的相互作用下,产生各环境要素之间的协同作用,这一协同作用大于各子系统功能作用的简单叠加,因此生态环境治理应注重生态要素间的互动、合作,以促进实现生态环境最佳协同效应为目标(戴丰楚,2020)。在协同理论的指引下,政府、企业、非政府组织和公众等多方共同努力,共同承担治理生态环境、提供生态产品和服务的责任,发挥整体的效能,构建出一种稳固的合作关系,以实现公共利益最大化。同时,通过利用自身优势整合各自社会资源进行系统内部分享,对生态环境治理工作进行反馈,最终达到良好的治理效果(严鹏,2020)。生态补偿机制作为调整生态环境保护和建设相关各方之间利益关系的一种制度安排,是实现区域生态协同的重要途径,因此区域生态补偿政策设计可以基于协同理论进行机理分析、框架设计、指标遴选和工具模型构建等。

2.3 主要概念界定

2.3.1 自然保护地

近年来,自然保护事业呈现迅速发展的态势,关注和研究自然保护地问题的国际组织、研究机构和学者日益增多,他们对自然保护地的定义提出了许多观点。如《生物多样性公约》(convention on biological diversity ,CBD)和自然保护联盟(International Union for Conservation of Nature ,IUCN)都对自然保护地的定义进行了阐释。CBD 认为自然保护地是“一个划定地理界限、为达到特定保护目标而指定或实行管制和管理的地区(潘晓滨 等,2020)”。IUCN 将自然保护地定义为:“一个明确界定的地理空间,通过法律及其他有效方法获得承认、得到承诺和进行管理,以实现对自然及其所拥有的生态系统服务和文化价值的长期保护。”IUCN 对于自然保护地的定义,是以不同国家及区域在不同语言和文化背景下,对自然保护地的理解和内涵达成共识,以及为优化自然保护地管理而提出的一种倡议。该定义明确了特定的管理区域和管理目标,具有概括性、包容性,得到了世界上大多数国家的认可和接受(张茂莎 等,2022)。我国于 2004 年首次尝试定义了自然保护地,但与 IUCN 对自然保护地的定义相比,忽视了对于自然保护地具有的科研、教育、文化服务方面的功能的保护和价值利用。后来在专家学者的不断研究下，中共中央办公厅、国务院办公厅2019年印发的《关于建立以国家公园为主体的自然保护地体系的指导意见》中提出了符合我国国情的自然保护地定义，认为自然保护地是以生态保护为首位，保持生态系统本身，兼具经济及科研价值的区域。综合来看，自然保护地是世界各国为有效保护生物多样性而划定并实施管理的区域，同时也是生态系统服务价值较高的区域。建立自然保护地被认为是保护自然资源、生态环境和生物多样性最有效的方式之一。

公益性是自然保护地的基本属性，来源于自然保护地本身以及所产生的效应，具有供给产品最终为公众所用的特点（詹成 等，2021）。其具体的管理目的和作用主要有科学研究、荒地保护、物种和遗传多样性保护、环境设施维护、独特的自然和人文景观保护等（Dudley，2008）。根据自然生态系统的原真性、整体性和系统性及其内在规律，通常将自然保护地划分为三种不同的类型，即国家公园、自然保护区和自然公园。国家公园是指以保护全国典型自然生态系统为主体的地区；自然保护区是保护典型的自然生态系统、珍稀濒危野生动植物种的天然集中分布区、有特殊意义的自然遗迹的区域；自然公园是保护重要的自然生态系统、自然遗迹和自然景观，具有生态、观赏、文化和科学价值等可持续利用的区域。随着我国生态资源的不断发展与丰富，自然保护地应该是一个不断发展、内涵丰富、与公众生活息息相关的特殊保护区域，为了增加生物多样性就地保护的有效性，需要关注的不仅是自然保护地本身，其坐落区域的社会、经济和生态环境问题也密切关乎自然保护地的建设和发展。

2.3.2　生态补偿

生态补偿（ecological compensation），又被称为生态系统服务付费（payments for ecosystem/environmental services，PES）。这一概念最早源起于生态学理论中的“自然生态补偿”，被定义为生物有机体、种群、群落或生态系统受到干扰时，所表现出来的缓和干扰、调节自身状态等，使生存得以维持的能力或过程（毛显强等，2002）。近一个世纪以来，随着自然资源逐渐耗竭和生态环境日益恶化，人们逐渐认识到将自然资源供给的生态系统服务纳入人类社会经济体系的重要性（Costanza et al.，1997；Daily et al.，2000）。因而生态补偿被提出作为生态系统服务价值化和市场化的重要途径（Wunder，2005）。目前国际上普遍认为生态补偿是一种环境修复和保护工具，由一系列策略、规则和措施的制定和实施活动构成，通过将自然资源的公共价值通过市场或行政途径进行再分配来实现对生态环境的保护或修复（Engel et al.，2008）。中国生态补偿机制与政策研究课题组（2007）认为生态补偿是以保护和可持续利用生态系统服务为目的，以经济手段为主，调节相关者利益关系的制度安排。李文华等（2010）认为生态补偿一般指资源环境保护的经济行为,其本质是将保护或破坏生态环境带来的公共产品或服务的外部化进行价值实现的过程。

作为统筹兼顾生态环境保护与经济发展的工具,生态补偿近半个世纪以来已被广泛用于全球多个国家和地区,成为解决生态环境问题的一种有效手段（Daily et al.，2010；Chee，2014）。在国际上,生态补偿多以明晰产权为基础,通过把生态服务的收益支付给自然资源管理者,以此激励其保护自然资源(Buttoud,2010)。相对来说,国内对生态补偿的定义更加广泛,更强调政府的主体作用,如毛显强等(2002)认为可以根据研究对象的不同将生态补偿分成广义与狭义两类:狭义的生态补偿是指对获得效益的奖励或造成损失的赔偿;广义的生态补偿既包括对生态系统和自然资源保护所获得效益的奖励或破坏生态系统和自然资源所造成损失的赔偿,也包括对造成环境污染者的收费。本书研究的生态补偿采用国内对生态补偿的狭义定义。

2.3.3 农业生态补偿/农地面源污染防治生态补偿

农地是给农户带来主要收入来源的农业用地。本书研究区农地主要包括水田、旱地、园地、坑塘等,不包括自然保护地和土地利用规划中的永久性林地、永久性牧草地和永久性水域。

农地面源污染主要指因农地利用活动形成的溶解态或固态营养素、农药、重金属等物质在降水和径流冲刷作用下,通过地表径流、土壤渗漏、沟渠排水等形式进入水体所引起的污染(贺缠生 等,1998)。农地分布的广域性使得这一污染具有大范围弥散和大量小点源排放同时并存的特点,因此通过调整农地利用方式开展的“源头防治”策略被认为是最为有效、经济的防治方式。这些农地利用调整方式形式多样,如营养物质管理计划、农地休耕、退耕还林、作物调整等(陈学凯,2019)。这些措施的实施往往需要在特定区域的大部分农地同时实施,因而大范围的农地生态补偿成为水环境治理修复的重要政策工具。典型实例如 20 世纪 80 年代美国推行的退(休)耕还草还林项目(conservation reserve program,CRP),该项目通过向土地拥有者提供补偿资金以激励环境脆弱土地退出农业生产(Johns，2001),最初项目以减少水土流失和恢复植被为目标;20 世纪 90 年代,CRP 的关注点转向改善和保护水质、提高土壤生产力、减少风力侵蚀和创建野生动物栖息地等在内的多个目标。

目前我国广大农区仍以农户小规模农地利用模式为主,如将在点源污染控制上卓有成效的末端污染控制技术运用于农业面源污染的控制,这将面临成本过高而效率低下的局面(张维理 等，2004)。采用生态补偿政策工具可不变更土地权属,快速实现大范围调整农地利用的目标,对缓解耕地压力,特别是农业面源污染压力具有显而易见的积极作用(洪传春 等,2015)。农业面源污染生态补偿是以防控或治理农业面源污染为目的，对农户农地利用行为的环境外部性进行价值化体现的政策安排（曲环，2007；林杰 等，2018）。这是基于环境经济学理论，将土地资源和水资源纳入社会公共品，通过行政或市场机制实现其价值化的过程或者制度安排（李晓平 等，2018）。因此，本书研究的农地生态补偿是指以防治农地面源污染为目的，对参与一定农地利用调整措施的农户进行资金补偿的一系列措施安排。

2.3.4　生态补偿多目标决策优化

生态补偿决策优化/瞄准是近几年才开始出现的生态补偿深化研究的概念。学界对生态补偿精准性问题的兴趣起源于对生态补偿效率问题的思考和对政策制定背景性因素的逐渐重视。一方面，高效的生态补偿与补偿标准公平和补偿目标明确密切相关（陈海江 等，2019）。Börner 等（2017）发现在生态补偿方案决策时注重对效率的考量是影响生态补偿项目成败的重要因素之一。另外，对效率的重视不但应体现在对生态补偿实施的评价中（徐晋涛 等，2004；Claassen et al.，2008；Schomers et al.，2015），还应体现于补偿方案的决策中（程臻宇 等，2015），因而生态补偿决策优化成为提高生态补偿项目或政策效率的重要条件。另一方面，我国农村复杂的自然人文异质性特征也使得农业生态补偿优化具有急迫的现实意义。事实上，已有学者提出农田面源污染补偿需要考虑面源污染形成、土地利用、生态资源禀赋、社会经济发展等区域性差异，结合农户意识及经营等个体差异实施差别化的生态补偿（崔艳智 等，2017）。还有学者从对象瞄准、方案瞄准等方面开展了实证研究，如王学等（2016）采用回归模型分析华北平原地下水超采区土地休耕政策的瞄准目标；陈海江等（2019）从效益瞄准和成本瞄准两个角度开展综合评估，认为针对规模农户的粮豆轮作补贴政策没有实现补贴对象的瞄准；任林静 等（2018）考察新一轮退耕还林工程对生态效益、成本有效性、益贫性等多元目标的瞄准成效，认为应改进政策的瞄准方案，实施差异化的生态补偿机制等。

因此在已有研究基础上结合本书研究目标从两个方面定义本书生态补偿瞄准/决策优化：一是指开展生态补偿的农地利用措施、目标农地类型、补偿标准三者组合的优选，即生态补偿；二是指识别生态补偿方案实施的高效区域，即生态补偿目标区域优选。

第3章　农业面源污染及其治理的生态补偿措施

自20世纪中期以来，水体污染已成为制约中国乃至全球社会经济可持续发展的重大问题。据USEPA(2000)数据显示，20世纪末，全球范围有30%～50%的地表水体受到面源污染的影响。由农业生产活动所导致的面源污染已逐渐成为导致区域水环境恶化的主要原因(Cherry et al.，2008；Smith et al.，2015；尹才 等，2016)。面源污染中的农地面源污染是最为重要且分布最广泛的面源污染，其污染物输出与农地利用存在密切关系(贺缠生 等，1998)。未来50年，随着全球人口增长对食物的需要，农产品的供给还会大幅度增加，这一过程将对全球环境变化产生负面影响，导致陆地、淡水和海岸生态系统的水体富营养化污染压力增加2.4～2.7倍(Tilman et al.，1997)。因此，在全球水资源日益匮乏的困境下，农地面源污染作为亟待解决的环境问题，引起了世界各国的高度关注(Buckley et al.，2013；李潇然 等，2016)。

3.1　农业面源污染及其生态环境危害

3.1.1　农业面源污染的发生机理及特征

面源污染(diffuse source pollution)，又称非点源污染(nonpoint source pollution)，以区别于点源污染(point source pollution)，是指溶解性或固体的污染物从非特定的地点，在降水、融雪和径流冲刷下，汇入受纳水体(如河流、湖泊、水库、海湾等)而引起的水体污染(贺缠生 等，1998)。其危害主要体现在：淤积水体，降低水体生态功能；引起水体的富营养化，破坏水生生物生存环境；污染饮用水源，影响人体健康。目前，随着点源污染逐渐得到有效控制，面源污染已经成为我国水环境污染的主要来源，其对水体的危害表现在对地表水、地下水以及水体底泥的污染。

面源污染的主要来源包括土壤侵蚀、农药与化肥的施用、农村家畜粪便与垃圾、农田污水灌溉、城镇地表径流、大气干湿沉降等污染源(贺缠生 等，1998)。按来源的土地利用大类不同，面源污染可以分为城市和农业两大来源：城市面源污染物种类复杂多样，包括生活垃圾、地表颗粒、金属等腐蚀残留物、汽车尾气、大气沉降、轮胎磨损物、汽油、微生物以及大气中的悬浮颗粒等。悬浮在大气中的颗粒物粒径小，由于城市特有的热岛效应使大气中的污染物不易扩散，在雨天受降雨及径流的冲刷携带进入水体后不易沉降，带来较大危害(Dong et al.，2014)。农业耕种是农村面源污染的主要来源。农业耕种形成大量裸露疏松土地，极易被降雨径流侵蚀。在农业种植过程中，大量的肥料、农药等水环境污染物施用到农田，仅有少部分被植物吸收利用，其余大部分残留在土壤中，成为水环境污染的最大威胁。另外，农村生活污水、畜禽养殖产生的大量粪便和冲洗污水、生活垃圾，没有得到妥善处理，对周围环境构成潜在威胁，来自农村和城市的面源污染物在降雨径流的作用下最终进入受纳水体，造成水体污染。由农业生产、生活带来的面源污染称为农业面源污染。

面源污染的产生主要经过四个连续动态的过程：降雨径流过程、土壤侵蚀过程、径流流失过程和地下淋溶过程。这四个过程相互联系，相互影响。在一定条件下，降雨产生地表径流，降雨及径流产生土壤侵蚀。当降雨径流产生时，溶解性污染物、泥沙及其附着的颗粒态物质随地表径流和地下淋溶迁移进入受纳水体，产生面源污染。

面源污染具有污染成因复杂、随机性强、分布范围广、时空变化大、潜伏时间长等特点。具体包括：①随机性。面源污染规模和强度均与降水过程密切相关，受地质地貌、土壤结构、土地利用、农作物类型等多个因素影响，面源污染的成分和形成具有很大的不确定性和随机性。②广泛性。由于降雨的普遍性和地表径流分散性，面源污染物在随径流进入水体或入渗到土壤蓄水层前，要通过地表径流运输，经过渗透、截留等过程，使得面源在空间分布上具有广泛性，对水环境造成的影响广泛。③滞后性。面源污染在很大程度上与降雨以及农药化肥的施用时间密切相关。已有大量研究显示，当施用化肥后若在短期内遇到降雨，造成的面源污染一般会更加严重。在降雨径流的驱动下，累积在土壤中的营养物被带入水体，形成对水环境的污染。通常一次农药或化肥的使用所造成的面源污染将是长期的，所以面源污染的产生具有滞后性。④防治难度大。降雨后污染源经过复杂的水文过程混合、稀释，通过地上、地下及土壤中的不同径流、水体进行大范围迁移。污染来源不易识别，而产生源及传播途径的广泛性、复杂性使得其防治难度很大。

3.1.2 农业面源污染的生态环境危害

20世纪70年代以来，面源污染及其治理逐渐成为国际环保界关注的话题。而在中国，面源污染进入国内环保议程时间较晚，与中国农业规模发展很不相称。大规模的农业生产会产生严重的面源污染，且面源污染具有随机性、广泛性等特点，污染范围涵盖了水源、土壤等。接下来我们将从陆地河湖水体、土壤和生物多样性这三个方面探讨农业面源污染对生态环境的危害。

1. 农业面源污染对江、河、湖等水体的危害

农业面源污染对水体的危害是最直接和最广泛的。受影响的水体不仅是农田周边的池塘、水库，还包括地下水、湖泊和各大小流域，如长江、黄河等。其污染水体的过程复杂多变，首要环节为田块产流过程，通常由降雨或者灌溉驱动，在该过程中污染物会随着水源形成地表径流和地下径流两种模式（夏永球，2022）。地表径流模式中的污染物会沿着沟渠、斜坡流入溪流、池塘、水库等小型灌溉水体，溪流中的污染物还会按“溪流—子流域—主流域”的路径注入河流，最终汇入海洋。地下径流模式中，污染物会随着降水、灌溉的水流被土壤吸收并下沉至地下水或沿着土壤中的孔隙流入地下水，渗入地下水后的污染物会由地下水的补给区流向排泄区。农业面源污染对水体的主要危害类型包括水体富营养化、水质恶化和水生生态环境失衡等。

水体富营养化是湖泊、河流、水库等水体中氮、磷等营养物质含量过多所引起的水环境恶化现象（王敏，2022）。富营养化水体中氮、磷等营养物质大量来自农业面源污染中农田化肥农药的流失。佘冬立等学者研究发现，在宁夏地区，灌区农田主要种植玉米、小麦和水稻，在施加氮肥 1189 kg/hm^2、磷肥 832 kg/hm^2 条件下，经 4 个月灌溉后，统计发现：总氮流失量为 887.51 t，玉米、小麦和水稻总氮流失率为 25%、8%、67%；总磷流失量为 48.05 t，玉米、小麦和水稻总磷流失率为 19%、18%、63%。其中稻田是该区域氮、磷流失最严重的作物，这些大量流失的营养物质会加快水体中藻类、浮游生物的繁殖，进而使水体含氧量下降，会引发水华等灾害（佘冬立，2022）。

此外，随着农业集约化程度的提高，养殖业快速发展，其产生的面源污染逐渐成为水体水质恶化的重要因素。据统计，2017 年我国畜禽规模养殖场约有 37 万个，其中有 2/3 仍缺乏防污设施，每年产生约 38 亿吨畜禽粪便，其处理率不到 50%，其中总量的 1/4 进入水体（杨林章，2018）。未经处理或处理不当的粪便随意排放会严重影响周边水域水质。有学者在长江流域研究发现，降雨期间农药化肥、畜禽粪便等会随雨水流入河流，特别在汛期 7—8 月，长江支流水质恶化明显，该研究对汛期长江 504 条支流的 923 个监测断面数据进行了统计，发现Ⅰ—Ⅱ类水质断面占比为 61.0%，低于全年平均值 70.6%（赵健，2022）。另外，农药化肥、畜禽粪便中含有铜、锌等重金属，这些物质具有稳定性和难降解性的特点，水体中重金属含量因农药面源污染积累到一定程度，将严重影响水生生态环境，破坏水体的自我修复能力，导致水体水质严重恶化。

2. 农业面源污染对土壤的危害

农业面源污染会直接或间接地危害农作区域的土壤，污染物在径流过程中不会完全排入水体，其中一部分会残留在途经的土壤之中。其主要危害类型包括土壤酸化、白色污染、土壤板结等。

土壤酸化是我国农田土壤退化的一个重要表现，这与不合理使用氮肥密切相关。有研究发现，除土壤中盐基离子流失导致土壤中 H^+、NH_4^+ 增多外，氮的致酸能力占比为 11.53%，是土壤酸化的第二大影响因素(查宇璇，2022)。施氮产酸主要是由于土壤氮循环中的硝化作用，过量氮肥的施用使土壤硝化作用加强。据 Huang 的研究显示，每 500 kg 氮施入 1 hm^2 土壤会产生 32500 mol 氢离子(Huang，2015)，大量的氢离子会导致土壤养分失调，加速土壤酸化，造成土壤肥力下降。为了补偿损失的土壤肥力，农民会进一步加大氮肥施用量，形成恶性循环，严重的酸化会使土壤丧失生产能力。

农业面源污染中农田残膜给土壤带来的白色污染也不容小觑。农膜残留在土壤中会影响土壤孔隙率和含水量，有研究发现，当土壤中残膜量达到 200 kg/hm^2 时，土壤的饱和导水率仅为无膜处理土壤的 12%，且随着残膜量的增加，土壤越容易脱水，持水能力变差(王志超，2015)。另外，残膜易与化肥污染共同作用，破坏土地理化性状，氮、磷肥的施用会引起土壤有机质的快速分解(涂张焕，2020)，农膜残留则使农田土壤水肥运移能力变差(杨蕊菊，2021)，无法及时补充有机质，土壤中有机质的减少将使土壤失去蓬松结构，造成土壤板结、耕层结构的破坏等。

3. 对生物多样性的危害

农业面源污染不仅会危害水体和土壤，还会威胁到农作区和周边区环境中各类生物的生存。首先，农田环境中化肥农药的使用不仅对农田害虫群落结构有显著影响，还对害虫的天敌群落结构有明显影响。有学者在对杀虫剂对目标昆虫及天敌种群影响的研究中发现，效氯氰菊酯农药在治理蚜虫的过程中，仅使大豆蚜虫种群密度在前三天减少 40%左右，并在七天后又开始增大，但使蚜虫的天敌异色瓢虫和草间花蛛种群密度三天减少 68.58%和 59.17%，在其后持续降低(史树森，2011)。使用较强杀伤力的农药不仅会造成昆虫多样性的严重破坏，残留农药还会影响昆虫群落的恢复速度。其次，在水生环境中，农药化肥等污染源会导致水体富营养化，进而出现水华暴发现象。有研究发现，在蓝藻水华暴发期间，浮游藻类生物量和生物多样性指数均呈先下降后上升趋势(常孟阳，2017)。浮游藻类的大量繁殖会导致水底部水生植物缺少光照、水体含氧量下降等问题，进而会影响水体中鱼类的生物量和生物多样性，使整个水生生态环境严重失衡。此外，区域生物群落往往存在一定的共生关系，农田面源污染对某些类型生物形成的危害往往还会影响到其他关联物种，从而在更大的尺度范围内危害区域生物多样性。

3.1.3　我国的农业面源污染现状

近几十年来，我国的发展速度居世界前列，但越来越严峻的水资源形势也制约着经济和社会的发展。《2017 年中国生态环境状况公报》显示，我国主要湖泊富营养化问题普遍严重，其中富营养湖泊占78.6%，主要污染项目是总磷、化学需氧量和氨氮（中国水资源公报，2016）。第二次全国污染源普查公报（2017）显示，"我国农业总氮、总磷排放量（不含农村生活源）分别为141.49万吨和21.20万吨，各占总排放量的46.52%和67.21%"。这些研究表明，我国农业面源污染对于水体污染的贡献比例已经超过了点源，成为造成湖泊水域水质恶化的主要原因（欧阳威等，2018；卢少勇 等，2017）。因此，农业面源污染治理已成为当前我国水资源可持续利用及流域农地环境问题管控亟须解决的重要问题。目前，化肥农药、农业废弃物、畜禽养殖、水产养殖是我国农业面源污染的主要来源。

1. 化肥、农药源面源污染

自20世纪70年代开始，随着我国人口的快速增长及粮食需求的不断增加，为了满足人民对粮食的需求，农业生产中化肥、农药的使用量逐年增加，到2002年我国已成为世界上使用化肥量最多的国家。化肥农药的使用是把双刃剑，虽然其使用具有提高土地肥力、改善作物生长条件的作用，但同时也是我国农业面源污染的主要来源之一。我国大部分地区对化肥的使用存在两个问题：一是化肥用量过大。在2015年以前全国每年化肥使用量在5800多万吨，使用量居世界第一（闵惜琳，2013）。为了扭转这一局面，我国农业部在2015年制定了《到2022年化肥施用量零增长行动方案》，减缓了我国化肥使用量的不良增长；截至2019年，我国每公顷耕地化肥施用强度仍保持在326 kg/hm^2，超出发达国家的安全上限225 kg/hm^2（吴锋，2022）。二是化肥利用率低。我国氮肥、钾肥利用率均为30%～40%，磷肥利用率仅为10%～25%，而发达国家如美国、日本等肥料的利用率可达50%～60%，西欧的肥料利用率更高达70%～80%（高璐阳，2018）。

农药同化肥一样是不可忽视的污染源。目前我国是世界上农药的生产和施用大国，也是农药残留污染最严重的国家之一。据调查，我国每年施用的农药达50万吨～60万吨，其中仅20%的农药被吸收，绝大部分都流失在大气、土壤、水中，由于农药毒性强、持续时间长，导致农业、农村生态环境不断恶化（邵丽君，2015）。为改变这一局面，我国近年来在农药使用方面开展了多项措施，包括研发低毒药剂、配合生物防治、加强使用监管等，相关政策方案也不断出台，如国务院办公厅发布《新污染物治理行动方案》（2022年5月），对农药从生产到使用的全过程提出了系统的制度规范和管理指南。我国农区广泛，很多区域的农业生产活动仍为小规模分散经营，很难对农药使用进行统一高效的管理，且大部分农村居民缺乏环境保护相关意识，农药滥用、超量现象依然普遍存在。

2. 农业废弃物源面源污染

农业废弃物主要是农膜，农膜又称薄膜塑料，主要成分是聚乙烯，用于覆盖农田和搭建大棚，起到提高地温、保持土壤湿度、促进种子发芽和幼苗快速增长的作用,还能抑制杂草生长。近年来,我国农膜的用量和覆盖面积均已居世界首位。中国农村统计年鉴数据显示,2019 年中国农膜使用量达 240.8 万吨,其中地膜使用 137.9 万吨,地膜覆盖面积达 1762.8 万公顷;农膜使用量较 2000 年增加了 107.3 万吨,地膜覆盖面积增加了近两倍(中国农村统计年鉴,2020)。从 2016 年起,我国农膜使用总量呈逐年下降趋势。但我国农业种植过程中大量使用农膜后却没有高效快速的回收措施。据第二次全国污染源普查统计,到 2017 年为止,我国农膜多年累积残留量高达 118.48 万吨(第二次全国污染源普查公报,2017)。由于农膜材料难以自然降解,长时间的残膜积累将长时间危害生态环境,降低耕地质量。

3. 畜禽养殖源面源污染

在中国的传统农业中,畜禽粪便可作为农田肥料,不仅能提供农作物生长所需的养分,也能改善土壤物理化性质,是中国农业数千年持续发展的重要物质基础。近年来,我国畜禽业养殖规模不断扩大,大量养殖场从个体养殖发展到规模化养殖,扩张后的畜禽养殖由原来的分散、面源排放向点源排放转变。相关调查显示,目前我国大部分的畜禽养殖场存在选址不合理、建设不规范、污染物处理设施不达标等问题,因此畜禽养殖目前仍是农业面源污染的主要来源。据环境保护部统计,畜禽污染的有机污染负荷(COD)早已超过了工业废水和生活污水的总和,2006 年我国畜禽粪便折合 COD 总量大约是全国污水排放 COD 总量的 7.3 倍,畜禽粪便的总体土地负荷警戒值已经达到了 0.49,高于正常值 0.4(郭冬生,2022)。第一次、第二次全国污染源普查显示,我国畜禽养殖业在 2010 年总氮、总磷排放量分别为 102.48 万吨和 16.04 万吨,而在 2017 年分别降至 59.63 万吨和 11.97 万吨,在农村污染源中的贡献率为 42.14%和 56.46%(第一次全国污染源普查公报,2010;第二次全国污染源普查公报,2017)。可见,我国畜禽养殖污染防控行动成效显著,但其巨大的排放量显示畜禽养殖依然是农业面源污染的重要来源之一。

4. 水产养殖源面源污染

我国水产养殖主要集中于沿江、沿湖等水资源优势区域,特别在长江中下游等湖泊区域,大量散落分布的坑塘被使用作为水产养殖场地。小农户或具有一定规模的养殖者为了在有限的区域实现高产,往往选择单位面积的高强度、高密度的水产养殖。在这种养殖方式下,大量鱼饵、鱼药会在养殖周期内持续高强度投入,鱼、虾等产生的废弃物会随之进入水体形成污染。相比于农药化肥、畜禽养殖,水产养殖污染物总氮、总磷排放量分别仅为 9.91 万吨和 1.61 万吨,是农村面源污染排放贡献率最低的源头(第二次全国污染源普查公报,2017),我国仅 14.3%的省区市,如广东、湖北、贵州、宁夏的农业面源污染增长是由水产养殖排污主导的(王思如,2021),这与水产养殖在我国农产品的占比构成相关。但值得关注的是,水产养殖业在农业面源污染排放中虽占比较小,其排放量却在逐年增加,在 2007—2017 年这十年间COD、总氮、总磷排放量分别增加了10.77万吨、1.7万吨、0.05万吨(胡钰,2021)。污染排放量增长其中一项原因是水产养殖的规模在持续扩大,1999—2019年广东省水产养殖总量上升112.98%,与此对应的COD负荷率由7.25%上升至15.15%,总氮负荷率由10.07%上升至16.60%,总磷负荷率由16.89%上升至23.79%(葛小君,2021)。另外,我国很多地区的水产养殖并未实现规模化,小片水面的散养模式比较常见,在污染物处理设施和处理技术方面都还存在各种不足,使其产生的污染物未按点源方式得到很好处理;在一些南方雨量较大且分布不均地区,由于养殖设施建设粗糙,一旦突发暴雨常会导致养殖水体漫灌,进而引发面源性污染。因此随着我国水产养殖规模进一步扩大,对其污染物排放应当引起重视,防患于未然。

3.2 农业面源污染治理的生态补偿机制

3.2.1 农业面源污染治理最佳管理措施

1. 面源污染BMPs概述

农业面源污染起源于人类的农业土地利用活动,与农地利用类型、农地管理活动、农地利用结构、农地空间分异特征等因素存在着紧密关系,因此,人们可尝试通过改变农地利用活动,如优化农地利用配置、改变土地利用和覆被类型、土地利用方式和管理措施来达到对农业面源污染的有效控制。由于农业生产的特殊性,可将每一个污染物进入环境的地点视为一个小点源,每个污染源释放污染物量都不大,对污染发生地环境影响较弱;但从区域尺度来看则呈现出大量小点源的结合,造成污染强度增加,污染范围扩大。如在粮食主产区,农药、化肥通过不同地块、同一地块的不同地点随降水事件流失进入地面径流或地下水体,最终汇集进入区域主要水系。从空间上看,这些不同地块或同一地块不同地点进入水、土的化肥、农药转化物在分布上呈弥散状,是大面积范围内大量小点源的集合。这使得农业面源的污染控制不可能针对每一种污染物进入环境、污染发生前实施无害化处理,这会出现污染控制成本和收益极不匹配的局面。

按照农业面源污染形成机理,对其治理可分为两个思路:一是对污染源的控制,最大限度地控制面源污染物的排放;二是对污染物扩散途径进行控制,最大限度地减少污染物进入水体的数量。其中对污染源的控制与管理被认为是最为根本和有效的思路。对于不同面源污染类型,应采取不同的控制措施。这些措施往往会同时综合运用在面源污染最佳管理措施中,因此,BMPs包括管理措施、工程措施以及政策法规等。目前在流域尺度上实施BMPs是国际公认治理面源污染的最有效措施之一(Sharpley, et al.,2011;凌文翠,2019)。BMPs最早是20世纪70

年代由美国国家环保局在美国联邦水污染控制修正案提出的，定义为“任何能够减少或预防水资源污染的方法、措施或操作程序，包括工程、非工程措施的操作与维护程序”。

BMPs通过综合技术、政策、规章和立法等手段尝试以污染源的管理替代污染物的末端处理，以达到提高营养物的利用效率，改善土壤环境、水质，有效控制流域面源污染的目标(Sharpley et al.，2011；韩洪云 等，2016)。1972年美国颁布的《清洁水法》最早将面源污染控制重要性以立法形式明确提出。《清洁水法》提出的“日最大负荷总量计划”(total maximum daily load，TMDL)首次将面源污染纳入污染物总量控制(韩洪云 等，2016)。BMPs把实用的面源污染模型和大量工程措施、管理措施集成在一起，被国际公认为是治理面源污染的有效治理措施(Shortle et al.，2012)。目前，BMPs通过综合技术、政策、规章和立法等手段尝试有效率地减少农地面源污染，以污染源的管理替代污染物的末端处理，最终达到提高营养物的利用效率，改善土壤环境、水质，有效控制流域面源污染的目标(凌文翠，2019)。面源污染BMPs概念框架如图3－1所示。

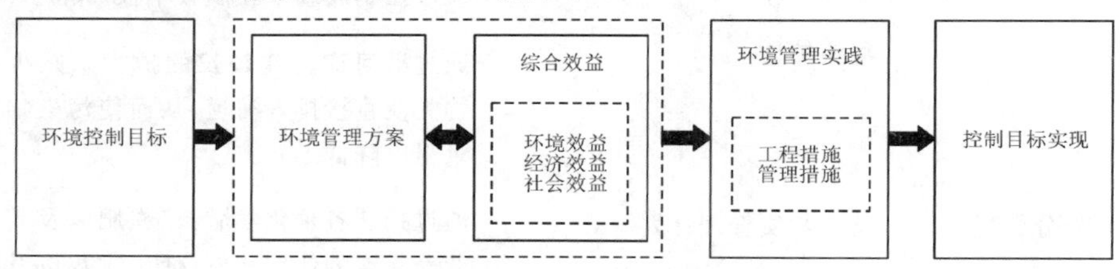

图3－1 面源污染BMPs概念框架

自BMPs提出至今，在欧美等国家进行了一系列实践，获得了很多成功经验，与其相关的研究也成为热点研究领域。工程管理措施包括人工湿地、植被缓冲区、生态拦截沟渠等；非工程措施包括政策法规、农地管理规范(养分管理、耕作管理、优化灌溉)等。本书将所收集到的60种不同的BMPs按照其不同的工作机制划分为六种不同类型，即土壤侵蚀控制、农地利用管理、养分管理、污水管理、畜禽粪便管理、营养物质控制，如表3－1所示。

表3－1 BMPs等级分类描述

BMPs种类	BMPs等级	描述
土壤侵蚀控制	保护性耕作	在任何耕种和种植系统中保留至少30%的作物残茬覆盖率
	等高线种植	沿等高线或坡度线间或种植行状的谷类作物和牧草

续表

BMPs 种类	BMPs 等级	描述
	残茬覆盖	种植一些可以在冬季防止土壤侵蚀的作物
	作物轮作	在一年中按顺序安排作物种植活动
	梯田	通过构建梯田来改变原有田地的坡度状况，并且增加径流水的存储和泥沙的沉积以及水的下滤
畜禽粪便管理	转变供水方式	通过减少动物直接在河流中饮水来降低畜禽养殖对水源的危害
	动物粪便处理系统	用来收集、运输、储存家畜粪肥和其他牲畜粪便的系统
	循环放牧	通过控制放牧来控制牧草被破坏
	河流护栏	通过沿河道构建较长的护栏来减少动物粪便直接排入河道，从而使污染物数量得以降低
养分管理	营养物质管理计划	通过控制各种化学肥料、粪肥以及其他营养元素的使用比例、使用次数以及适用位置来增加营养元素的循环使用，并且使营养物质随径流流失量达到最小化
营养物质控制	植被缓冲带	在池塘、湖泊以及河流的沿岸构建种植树木、灌木及其他牧草的区域，用以控制径流中的污染物，同时还能够为鱼类及其他野生生物提供栖息场所
	湿地系统	天然的或人工构建的湿地系统通过生物净化功能来处理农业生产废水
污水管理	构建排水系统	排水系统由排水管网和排水沟渠所组成
	构建灌溉水系统	按照灌溉的目的来运送和分配水源

续表

BMPs 种类	BMPs 等级	描述
农地利用管理	梯田	梯田是在坡地上分段沿等高线建造的阶梯式农田，是治理坡耕地水土流失的有效措施，蓄水、保土、增产作用十分显著
	退耕还林	对易产生水土流失的坡耕地有计划、有步骤地停止耕种，按照适地适树的原则，因地制宜地植树造林，恢复森林植被。退耕还林工程建设包括两个方面：一是坡耕地退耕还林；二是宜林荒山荒地造林
	横坡垄作	沿斜坡等高线方向进行耕作，通过耕地微型坡面水系工程建设固土蓄水和横坡聚土垄作提高土壤水库蓄水能力，拦截和储蓄天然降雨，结合农业耕作制度的改革，该技术能有效地治理土壤水分、养分、物质的严重流失

2. 面源污染 BPMs 在我国的运用与启示

面源污染 BMPs 的概念在 20 世纪末被引入我国，早期的应用实践主要集中于工程措施，如植被过滤带、人工湿地等。植被缓冲带在我国运用较早，如北京市海淀区南沙河河溪缓冲带、湖南长株潭湘江河岸植被缓冲带等。部分缓冲带因长时间的运用出现了生态系统退化、不完整、连通性差的现象。缓冲带在控制水土流失、减少面源污染物进入河湖等方面均发挥着重要作用。近年来，为推动河湖生态缓冲带建设，中央水污染防治资金明确对河湖生态缓冲带建设项目给予支持；生态环境部水生态环境司在 2021 年发布的《重点流域水生态环境保护规划（2021—2025 年）》也将河湖生态缓冲带建设作为水生态环境保护与修复的重要内容纳入其中。2021 年，生态环境部印发《河湖生态缓冲带保护修复技术指南》，在河湖生态缓冲带范围确定、保护与修复措施、维护与监测评价等方面进行了具体规范。人工湿地工程技术是指在由人工建造和控制运行的与沼泽地类似的地面，将污水、污泥有控制地分配到经人工建造的湿地上，污水与污泥在沿一定方向流动的过程中，主要利用土壤、人工介质、植物、微生物的物理、化学、生物三重协同作用，对污水、污泥进行处理的一种技术。我国早在"八五"攻关课题"滇池防护带农田径流污染控制工程技术研究"中，首次将处理城市生活污水的人工湿地工程技术应用到农田径流污水处理中（汪洪，2007）。目前该技术在滇池、太湖、官厅水库等水域的实施已逐步成熟，主要措施是在重要入湖水道中修建人工湿地，包括设置多级沉降池，种植芦苇、水花生等植物。项目的跟踪监测数据显示，该技术可有效拦截周边农业区汇水干渠的氮、磷的入湖排放。

除 BMPs 的工程措施外，我国还学习借鉴国外运用 BMPs 的经验。如 2011 年我国农业部正式印发《保护性耕作项目实施规范》和《保护性耕作关键技术要点》，并配套了相关项目向全国推广；措施包括通过少耕、免耕、合理种植、地形改造等方式减少农田中土壤的侵蚀，保护土壤肥力及其理化性质。目前，我国有四种保护性耕种技术体系，在山西、陕西等地实施以抗旱增收为主要目标的保护性耕作技术体系，在河北、辽宁等地实施以控制沙尘暴和农田沙漠化为主要目标的保护性耕作技术体系，在北京、天津等地实施以节水为主要目标的保护性耕作技术体系，在黑龙江、吉林等地实施以抵御春旱、控制风蚀为主要目标的保护性耕作技术体系。

2016 年，我国农业农村部同财政部等有关部门开始推进耕地轮作休耕制度试点工作。实行轮作制度能有效改善土壤理化性质，提高耕地地力水平，实现用地养地相结合的目标。截至 2021 年，试点面积由 41.09 万公顷扩大到约 200.1 万公顷，试点省份由 9 个增加到 17 个，涵盖东北冷凉区、北方农牧交错区、河北地下水漏斗区、湖南重金属污染区、西南西北生态严重退化地区、黑龙江寒地井灌稻区、长江流域稻谷小麦低质低效区、黄淮海玉米大豆轮作区、新疆塔里木河流域地下水超采区等区域。另外，在长江中游粮食主产区采用了耕地资源提质的高效利用技术措施，如在湖南按“春季深翻耕＋淹水管理＋秋冬季旋耕＋绿肥”的技术路线，四年来休耕区耕地质量平均提高 0.8 个等级(农业现代化辉煌五年系列宣传之二十七：耕地轮作休耕制度试点取得阶段性成效，2021)。

对我国 BMPs 的实施情况进行梳理总结，结合我国的现实农情，提出进一步改善的建议如下：

第一，应注重不同类型 BMPs 的优化配置。从目前 BMPs 在国内的应用实践来看，仍集中于设计和建设 BMPs 工程措施方面。根据面源污染的形成机理，工程措施往往需要满足多个建设要求，其效用发挥需同时考虑地形、土壤、地质等多个因素，且其造价成本较高，难以大规模实施；面源污染的多发性特征往往使 BMPs 非工程措施成为更有效率和更可行的治理方式。因此，应结合区域农地利用特征进行多类型 BMPs 的效应模拟，并开展基于成本-效应评价的优化配置的研究，进而推广更有效率的综合治理措施体系。

第二，在应用 BMPs 控制农业面源污染时，一方面要吸收发达国家在不同类型污染源控制上的成功经验；另一方面应根据我国具体应用区的地形、地质、壤质、气候等实际情况来制定具体措施和方案。另外，我国的耕作管理习惯与发达国家有着显著的不同，且作物种植的种类、经营方式、施肥习惯等都与国外有很大差异。我国幅员辽阔，区域间的地理条件、经济水平也有很大的差异，在面源污染控制方面，各地应该根据自己的实际制定符合当地的最佳管理措施。

第三，BMPs 在发达国家的运用多基于区域农业人口较少的社会经济背景，通常更注重控制的环境效应。而我国的国情是区域农业人口密集，环境保护与经济发展的矛盾突出，面源污染的发生与当地农村对经济利益的不断追求密切相关，如果不将面源污染控制与经济发展结合起来，管理措施将难以可持续地有效实施。因此，应设计出既能控制农业面源污染，又能使经济投入最小化，且获得农户积极响应，具有良好社会效应的最佳管理措施方案。

第四，运用 BMPs 防控区域农业面源污染，应当采取国家、地方政府和农户共同参与的方式。国家农业部门和环保部门制定 BMPs 的管理目标和实施准则，并将相关任务分配给各地方政府；地方政府根据当地气候、土地等特点制订实施 BMPs 的短、中、远期管理目标和实施方案，制订方案时要以操作简单有效、费用低廉为基本原则，使农户乐于接受和参与。同时，利用现有农业技术推广体系对农村基层农技站提供指导和进行有效的监督。政策推行前应进行广泛宣传，让农户有自愿参与的选择权，当 BMPs 措施对农户生计产生影响，进而可能造成农户收入影响时，应配套相应的补贴、补偿。

3.2.2　农业面源污染 BMPs 的生态补偿机制

BMPs 治理措施的重要集成工具之一是生态补偿（胡博 等，2016），生态补偿解决方案具有效用广泛性特征，能很好地应对农地面源污染分散性、随机性、广域性等问题，是治理农业面源污染的高效措施。目前面源污染生态补偿已在发展中国家与发达国家实施了数百个协议，相关理论研究和实践日趋成熟（Kelsy et al.，2008；赵雪雁，2012）。近些年来，随着对管理性措施有效性的进一步认识，以及相关面源污染治理实践开展，国外有研究开始关注优化配置的社会效应，如农户接受度、参与激励等方面的因素（Yi et al.，2019；Denny et al.，2019），这些因素往往是相关生态补偿措施的重要组成部分。

因此，本书将生态补偿类 BMPs 定义为需要面向农户开展大范围补偿以改变其耕作活动，进而实现区域面源污染控制目标的管理措施。由于农业生态补偿面向广大农户，与每一位农户产生直接关系，对农户生计乃至福祉产生影响，而农村和农户的复杂异质性使得整套方案实施的成本和效益无法简单加总计算。因此，进行基于生态补偿措施的 BMPs 方案优化时，传统工程措施的成本-效益方法无法全面、科学地分析整套方案，需要将传统成本-效益分析与生态补偿措施的特异性结合起来，构建一套科学的用于评价生态补偿政策效用的综合评价指标体系。

将农地利用方式、农地生产资料投入、农地收入与农户生计、农户福祉等之间的关系互联起来，可形成农业面源污染 BMPs 的生态补偿机制框架思路，见表 3-2。从表中可以看出，以生态补偿为重要措施组件的面源污染 BMPs 近年来已逐渐在我国多个不同类型农区逐步推行。表中梳理了国内外面向农户开展生态补偿的BMPs配置案例的相关研究。可以看到，在管理类BMPs推行中，生态补偿措施已内嵌于整套措施方案中，生态补偿的实施已成为BMPs实施和有效开展的重要组件，相关生态补偿项目的设计包含了对BMPs具体管理的措施的定义和要求，即对面源污染防治的耕作方式改变的设计。

表3-2 面向农户开展生态补偿的BMPs配置案例

年份	研究区域	治理目标	农地利用调节措施	生态补偿方式	文献来源
2010	云南省洱海北部地区	农地面源污染控制	测土配方与秸秆还田	现金补偿与实物补偿	程磊磊，尹昌斌，胡万里，等.云南省洱海北部地区农田面源污染现状及控制的补偿政策[J].农业现代化研究，2010，31(4)：471-474.
2011	湖北武汉地区	农业面源污染防治	减施化肥与农药	现金补偿	崔新蕾，蔡银莺，张安录.基于农业面源污染防治的农田生态补偿标准测算[J].广东土地科学，2011，10(6)：34-39.
2011	云南省滇池松华坝流域	提高流域生态补偿政策效率	种植结构调整	现金补偿	李云驹，许建初，潘剑君.松华坝流域生态补偿标准和效率研究[J].资源学，2011，33(12)：2370-2375.
2011	陕西省吴起县	促进生态经济协调发展	退耕，以舍饲养羊为主导产业	补偿金在补偿期限内逐年递减发放	秦艳红，康慕谊.基于机会成本的农户参与生态建设的补偿标准：以吴起县农户参与退耕还林为例[J].中国人口·资源与环境，2011，21(S2)：65-68.
2012	江苏省太湖流域	激励太湖流域苏、浙、沪各地区合作治污，降低流域治理成本	运用生态修复技术	现金补偿	赵来军，胡月，黄炜.引入生态修复技术的太湖流域生态补偿方案[J].系统工程，2012，30(3)：111-116.

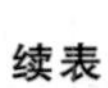

续表

年份	研究区域	治理目标	农地利用调节措施	生态补偿方式	文献来源
2013	乔治亚州西南部和佛罗里达州西北部红山地区	保护红山私人地区的生态环境	将私人地区转换为风景区域	现金补偿	MOORE R. Prioritizing ecosystem service protection and conservation efforts in the forest plantations of the Red Hills[J]. Agricultural and Resource Economics Review, 2013, 42(1):225 - 250.
2014	亚利桑那州普雷斯科特地区	提高对公共土地的管理效率	调节森林植被的空间分布，减少湖泊泥沙沉积	现金补偿	YOO J, SIMONIT S, CONNORS J P, et al. The valuation of off-site ecosystem service flows: deforestation, erosion and the amenity value of lakes in Prescott, Arizona[J]. Ecological Economics, 2014, 97:74 - 83.
2015	湖北省麻城市	分析生态功能区农户采取环境友好型农业生产的利益损失及其受偿意愿	减少农药、化肥施用量	现金补偿	余亮亮，蔡银莺. 生态功能区域农田生态补偿的农户受偿意愿分析：以湖北省麻城市为例[J]. 经济地理，2015，35(1)：134 - 140.
2016	东江湖库区	水源涵养地面源污染控制	改变化肥投入结构	现金补偿	袁惊柱. 水源涵养地农业生产化肥投入的面源污染与控制：基于微观数据的实证分析[J]. 生态经济，2016，32(11)：136 - 140.

续表

年份	研究区域	治理目标	农地利用调节措施	生态补偿方式	文献来源
2016	河北省张北县和易县	全面了解退耕农户对于补偿政策的看法	退耕还林	绝大部分农户倾向于更为直接的现金补偿方式	张璇，郭轲，王立群. 基于农户意愿的退耕还林后续补偿问题研究：以河北省张北县和易县为例[J]. 林业经济，2016，38(3)：59－65.
2016	尼泊尔地区	调查下游受益者对生态服务价值的支付意愿	农牧结合，同时发展旅游业	现金方式	BHANDARI P, KC M, SHRESTHA S, et al. Assessments of ecosystem service indicators and stakeholder's willingness to pay for selected ecosystem services in the Chure region of Nepal[J]. Applied Geography, 2016, 69：25－34.
2017	竺山湾小流域	农地氮流失控制	种植结构调整	与农户签订为期5年的合同，对审核通过的主体分别按50%、20%、15%、10%、5%的比例，在5年内发放合同资金	王芊，武永峰. 基于氮流失控制的种植结构调整与配套农地利用调整措施：以竺山湾小流域为例[J]. 土壤学报，2017，54(1)：273－280.
2018	宁夏回族自治区泾源县	研究农户参与退耕还林的生态补偿意愿，以期为退耕还林生态补偿的完善提供借鉴与参考	退耕还林	多种补偿方式相结合	皮泓漪，张萌雪，夏建新. 基于农户受偿意愿的退耕还林生态补偿研究[J]. 生态与农村环境学报，2018，34(10)：903－909.

续表

年份	研究区域	治理目标	农地利用调节措施	生态补偿方式	文献来源
2019	陕西省安康、汉中两市	测算生态补偿标准	减少农业化工产品使用，秸秆还田	现金补偿	李晓平，谢先雄，赵敏娟. 耕地面源污染治理：纳入生态效益的农户补偿标准[J]. 西北农林科技大学学报（社会科学版），2019，19（5）：107－114.
2019	河南省辖海河流域焦作市	计算转移排污量的污水治理成本和机会成本来量化跨界水污染补偿标准的上下限	协调上下游排污权	现金补偿	王洁方，冯舒琪. 排污权转移视角下跨界水污染补偿标准研究[J]. 资源开发与市场，2019，35(3)：324－328.
2019	济南市历城区与南部山区水源涵养区	保护环境，促进经济发展	明确土地产权	多样化补偿方式	刘泽鲁. 水源涵养区生态补偿标准核算[D]. 北京：北京建筑大学，2019.

3.3　农业面源污染治理生态补偿在我国面临的主要问题

3.3.1　农业面源污染治理生态补偿在我国的实践

我国的生态补偿实践起始于20世纪70年代末，2005年中共十六届五中全会公报首次要求政府按照“谁开发谁保护、谁受益谁补偿的原则，加快建立生态补偿机制”是其形成的标志，此后生态补偿开始在我国全面开展。但我国在农业面源污染治理方面的生态补偿实践相对落后。目前，我国涉及农业污染治理生态补偿的法律有2008年通过的《中华人民共和国水污染防治法》、2012年通过的《中华人民共和国农业法》等，这些法律对开发利用环境资源行为征收费用、对生态保护行为予以补偿等进行了通用性规制。基于法律和行政法规的规范，我国各级政府开展与农业面源污染治理相关的生态补偿工作更多的是依据国务院等部门规章，通过制定规范性政策文件来推行实施。本书通过对已有政策和实践的收集整理，从耕地地力保护、耕地轮作休耕、农业废弃物处理三个方面概述我国农业面源污染生态补偿实践。

(1)耕地地力保护补贴政策。我国广大农区耕地由于长期使用化肥，导致土壤板结、酸化严重、肥力衰竭，最终导致农产品品质严重下降。2016 年 4 月 26 日，财政部和农业部发布了《关于全面推开农业“三项补贴”改革工作的通知》，该补贴政策以 2014 年农业三项补贴为基础，将原有的三项补贴合并为耕地地力保护补贴，使“三项补贴”中直接发放给农民的补贴和农民耕种的土地地力保护挂钩。2021 年财政部和农业农村部进一步发布了《财政部办公厅、农业农村部厅关于进一步做好耕地地力保护补贴工作的通知》，耕地地力保护补贴达到 1204.85 亿元。一些地方政府也积极出台相应政策，如 2016 年甘肃省农业农村厅发布了《甘肃省农业支持保护补贴改革实施方案(试行)》，2022 年湖南省人民政府办公厅发布《湖南省耕地地力保护补贴政策实施方案》，2023 年广西海城区人民政府发布《海城区 2023 年耕地地力保护补贴项目实施方案》等。这些耕地地力保护补贴政策是通过国家财政专项资金对承包了耕地并保护好耕地质量的农户实行补贴的一项扶持政策，以引导农民加强农业生态资源保护，自觉提升耕地地力保护为目标。补贴资金主要用于以下几个方面：一是减少农药化肥施用量，用好畜禽粪便，多施农家肥；二是鼓励有效利用农作物秸秆，通过秸秆还田青贮发展食草畜牧业，禁止焚烧秸秆，控制农业面源污染；三是大力发展节水农业，推广水肥一体化等农业绿色产业发展的重大技术措施，主动保护地力；四是鼓励深松整地，改善土壤耕层结构，提高蓄水保墒和抗旱能力。以广西为例，地力保护补贴发放全区统一以农村土地承包经营权确权登记面积为依据，按“农户补贴面积＝确权登记面积－农户不符合补贴条件的面积”公式计算补贴面积，该方式有助于提高补贴的针对性和有效性，促进耕地质量保护和适度规模经营。

(2)耕地轮作休耕政策及其实践。耕地轮作休耕是指为提高耕种效益和实现耕地可持续利用，在一定时期内采取的以保护、养育、恢复地力为目的的更换作物或不耕种措施。在休耕期间，农民不会滥用农药化肥等农业化合物，减少了耕种过程中氮、磷等营养物质的排放，从而缓解周边地区的农业面源污染。2016 年 5 月 20 日，中央全面深化改革领导小组第二十四次会议审议通过了《探索实行耕地轮作休耕制度试点方案》，启动轮作休耕制度试点工作，试点区主要集中在东北冷凉区、北方农牧交错区、华北地下水漏斗区、湖南重金属污染区和西北、西南生态严重退化区，总面积约 41.09 万公顷，补助资金 14.36 亿元。参与该试点项目的农户所获得的补助金来源于中央财政资金，其中轮作的补助标准为每年每亩 150 元；休耕补助标准依据各地区的原有种植收益确定，每年每亩 500～1300 元不等，试点工作经过四年推进，到2019年试点省份达到17个，任务面积增加至200.1万公顷。2021年，中央财政继续支持开展耕地轮作休耕制度试点，扩大轮作，减少休耕。在东北等地扩大玉米种植，稳定大豆面积，在长江流域巩固双季稻，在南方地区开发冬闲田扩种冬油菜，在北方农牧交错带、东北、西北等地因地制宜地种植花生等，这些地区轮作补助标准为每年每亩150元；而在地下水超采区、重金属污染区等实施的轮作休耕补助为每年每亩500元。

(3)面向农业废弃物处理的相关实践。以农作物秸秆综合利用试点项目为例，该项目主要是将耕种后的秸秆进行合理处理，防止其堆放在河道及水沟中腐蚀形成面源污染。2016年，农作物秸秆综合利用试点项目在农作物秸秆量大和焚烧问题较为突出的河北、江苏等10个省区开展。该项目主要采取四种综合利用方式措施：一是秸秆机械化粉碎还田。采用小麦玉米联合收割机进行秸秆粉碎还田或采用秸秆独立粉碎机械进行还田，增加土壤有机质。二是秸秆离田饲料化利用。对有积极性的村进行秸秆离田饲料化处理，鼓励支持养殖户进行秸秆收储，促进秸秆饲料转化增值，变废为宝。三是秸秆离田肥料化利用。对边远地、小块地、不适宜机械化作业的坡地等，将秸秆粉碎堆沤处理，经过高温发酵处理，形成有机肥料再利用。四是秸秆燃料化再利用。依托周边发电厂等，鼓励农户送秸秆到村内临时转运点，转运点负责人进行打捆转运，经过秸秆压块输送发电，促进秸秆燃料化增值，形成高效能源燃料化再利用。除了在以上环节向农民给予技术帮助外，还对试点范围内实施农作物秸秆综合利用的农户、合作社、农业企业等主体予以资金扶持。2022年农业农村部发布的《全国农作物秸秆综合利用情况报告》，在农作物秸秆综合利用试点项目全面开展后，全国农作物秸秆综合利用率稳步提升：2021年全国农作物秸秆利用量6.47亿吨，综合利用率达88.1%，较2018年增长3.4个百分点。该报告表明：①秸秆还田生态效益逐步显现。2021年秸秆还田量达4亿吨，其中玉米、水稻、小麦秸秆还田量分别为1.26亿吨、1.13亿吨、1.04亿吨，分别占可收集量的42.6%、66.5%、73.7%。②秸秆离田效能不断提升。2021年秸秆离田利用率达33.4%。其中饲料化利用量达1.32亿吨，饲料化利用率达18%，较2018年提高3.7个百分点；燃料化利用量稳定在6000多万吨；基料化、原料化利用量达1208万吨。③秸秆市场化利用加快突破。2021年全国秸秆利用市场主体为3.4万家，较2018年增加7747家，其中年利用量万吨以上的有1718家，较2018年增加268家。饲料化利用主体占比最高，达到76.9%，肥料化、燃料化、基料化、原料化利用主体分别占比7.8%、8.9%、3.8%、2.6%。

3.3.2 我国农业面源污染治理生态补偿面临的主要问题

通过对我国农业面源污染生态补偿政策、实践以及文献的梳理，从补偿标准、目标区域和个体差异、补偿措施和补偿长效机制等几个方面探讨我国农业面源污染治理生态补偿面临的主要问题。

(1)普遍存在单一补偿方式下的补偿标准偏低问题。补偿标准的确定是生态补偿的关键和核心,不仅关系到补偿者和受偿者的利益,更关系到补偿政策执行效力和最终效果。目前大多数农业生态补偿项目的农户补贴标准由政府部门根据财政预算制定,没有充分考虑生态保护者因进行生态保护而直接导致的经济损失和发展机会成本,也没有采取科学方法进行计算,导致补偿标准偏低(高玲玲,2021)。以耕地轮作休耕政策为例,2019 年到 2021 年,河北省黑龙港地下水漏斗区季节性休耕试点每年每亩补助 500 元;湖南省长株潭重金属污染区全年休耕试点每年每亩补助 1300 元(含治理费用);贵州省和云南省两季作物区全年休耕试点每年每亩补助 1000 元(含治理费用),发放到农户的休耕补贴每年每亩补助 500 元;甘肃省一季作物区全年休耕试点每年每亩补助 800 元(含治理费用),将以每亩每年补贴 500 元的标准发放给农户,在 3 年内分年拨付。另外,补偿标准在一定区域内往往单一化,未考虑农地区位、农户生产经营能力、农地土壤肥力等的差异性,部分农户可能会因经济损失而对项目开展抱有抵触情绪,难以积极自愿实施面源污染治理的保护性耕作行为。

在我国面源污染治理生态补偿过程中还存在补偿方式和渠道单一的问题。目前,相关生态补偿项目的主要补偿方式为现金补助,补偿渠道主要依靠各级政府的转移支付来维持运行,这种方式资金来源稳定,但补偿标准往往偏低(林杰,2018),而且该模式存在"重现金轻技术"的情况,单凭现金补偿方式会导致生态保护者以短期利益为主导,无法从根本上调动项目参与者的积极性,难以长期有效地开展目标措施。一些学者在对耕地污染生态补偿政策选择的研究中发现,现金补贴、技术指导、分级收购和产量保险这四种方式会显著提高农民参与意愿,其中技术指导、分级收购和产量保险激励效果最佳,现金补贴激励不足(刘馨月,2021)。因此,农业面源污染生态补偿应当丰富补偿模式,采用现金补贴、技术指导、绿色产业培育、政策扶持等多种方式并行,使农民既能享受短期利益又能看见长期利益。

(2)现有政策、项目未充分考虑面源污染治理的差异化需求。我国地跨五个气候带,陆地面积辽阔,各个省份自然地理条件、作物类型、耕种方式各不相同,农业面源污染情况存在显著差异。农业面源污染排放量和排放强度方面,我国北方地区的山东、河南、河北等农业大省是面源污染排放量较大的省份,而西北地区的甘肃、新疆、内蒙古则属于面源污染排放量和排放强度较小的省份(闵继胜,2016)。农业面源污染来源方面,在西北地区,由于农膜的大量使用,农膜残留污染问题突出;在中东部地区,种植作物以小麦、玉米为主,不合理施用的农药、化肥使农药化肥面源污染问题相对突出;长江三角洲地区种植作物以水稻为主,除化肥农药施用导致的面源污染外,由污水灌溉等引起的重金属污染不可忽视(崔艳智,2017)。除省际的区别,我国很多省区内的面源污染情况也存在很大差异。以湖南省为例,其下辖 14 个市州农业面源总氮(TN)和总磷(TP)污染以及化学耗氧量(COD)排放存在着显著空间差异，其中永州市、邵阳市和衡阳市为 COD 排放量最多的地区，常德市、衡阳市和永州市则是 TN、TP 排放较多的地区，张家界市和湘西土家族苗族自治州是 COD、TN、TP 排放量较少的地区（陈素琼，2022）。显著的空间差异在客观上要求农业面源污染治理应根据污染范围、污染来源、污染强度进行面源污染分类和地区划分，并采取因地制宜的生态补偿政策进行分区分类治理。目前我国在较大区域尺度上已开展了一些差异化治理实践，但显然其瞄准程度还远未达到高效开展农业面源污染防治的精度要求和技术水平。

另外，我国区域间社会经济发展的不均衡现状也导致了差异化补偿。经济发展水平会影响补偿标准制定，经济水平较高地区的补偿标准往往高于经济发展落后的区域，表现为“富区补偿多、穷区补偿少”（崔艳智，2017）。例如，在我国北方稻改旱工程中，北京地区补偿标准为 8250 元/(公顷・年)，而河北省承德县的补偿标准为 6750 元/(公顷・年)，补偿标准与地区经济发展水平的协同水平并未形成统一规范或标准化制度，因此不同区域的补偿标准制定仍具有很大的不确定性，这也会在一定程度上影响到农户的参与意愿、激励水平等。

(3)在生态补偿项目的设计与实施中，对农田面源污染治理措施缺乏比较与择优。面源污染生态补偿方案多基于源头型防控措施，这些治理措施类型多样，如轮作休耕、地力保护措施、作物改种、农药化肥减施等。这些措施涉及的农地利用调整方式都不尽相似，但其目的都是减少面源污染，保护现有耕地及土地肥力，保证耕地能长期进行可持续的种植生产活动。已有实践和研究都发现不同措施下农业面源污染的防控效应具有不小差距。如在稻田轮作休耕模式中有多种轮作措施，其中“油菜-甘蔗-春大豆”轮作模式更有利于微生物快速生长繁殖，促进有机质分解，而“紫云英-春大豆-秋大豆”轮作模式更有利于土壤全碳含量的积累，提升土壤质量（杨滨娟，2022）。还有研究在对江苏循环农业生态补偿的效益评价中发现，不同生态补偿项目所能获得的生态效益存在差异，其中秸秆综合利用项目的生态效益贡献最大，其次就是测土配方施肥项目（秦小丽，2018）。可见同一种生态补偿政策下采用不同措施对农地土壤或水环境的影响截然不同，从而导致配套不同措施的生态补偿项目可能获得治理效应差距很大的不同结果。因此，在生态补偿政策经费有限的情况下，对不同方案的治理效率进行预估，有助于实现资金的高效运用，从而达到更好的生态补偿防治效应。

(4)未充分考虑对实施区农户或居民的生计影响及其意愿。面源污染生态补偿项目往往会面向一定区域的所有农户，其实施必然对农户生计和农业收入产生影响，因此项目的制定和实施应考虑生态补偿开展对农业生产和社区的影响。已有对农户参与意愿的研究多发现大部分农户在参与各类生态补偿项目时表达了积极主动的意愿（朱凯宁，2019），这说明农户愿意在保证自身经济效益的前提下进行生态保护行为。但目前的面源污染治理生态补偿措施的主要关注点集中于生态、环境效应的实现，缺乏综合环境、社会、生态效应的系统性比较和择优。此外，尽管现行农业生态补偿政策在一定程度上带动了农村发展，但农村就业岗位不多、经济增长缓慢、农民缺乏对生态补偿的认知，这些问题影响了生态补偿政策的综合效益。如在重庆市，有学者在分析当地酉阳县的微观数据后得出生态补偿过程中存在精英俘获现象，即在生态补偿政策执行过程中有资源、有人脉的精英们俘获了一部分的补偿资源，剥夺了弱势群体的利益，导致弱势群体没有得到与付出相匹配的补偿，甚至完全没有得到补偿(吴中全，2020)。长期来看，这些因素可能会极大地影响农户参与农业生态补偿的意愿。

(5)相关政策或项目缺乏长效可持续性。我国大部分地区农业面源污染治理生态补偿以政府财政为主导，市场主导的生态补偿项目鲜见。这种形式从长远来看缺乏可持续性，一是资金来源未建立长效机制，现行生态补偿政策资金主要来源于政府土地税收，渠道单一且资金利用率较低。虽然国家发改委在 2018 年提出了《建立市场化、多元化生态保护补偿机制行动计划》，但目前看来农业面源污染生态补偿仍以政府补贴为主，社会资金投入依然薄弱。二是生态补偿项目的实施缺乏长效机制，面源污染防治是一个长期过程，水体和土壤的修复需要多年的积累。现行“输血式”的补偿项目需要大量资金投入，地方政府财政压力较大(陈业强，2017)，这将导致补偿项目可能无法高效、长期地实施。应当加快“造血式”的补偿项目实施，将项目所实现的生态产品价值回流到项目建设中来，以此形成长期的“血循环”。三是生态补偿政策、项目对农户的激励缺乏长效机制，直接的资金补贴无法充分发挥农户的积极性，一旦补贴停止，农户多会关注自身利益，不再考虑环境保护问题。因此，面源污染治理生态补偿应当建立政府为辅、市场为主的补偿机制，将农户、合作社、企业等主体拉入生态补偿项目当中，让参与者在绿色利用农地的同时能获得市场化收益。

(6)各地生态补偿项目的配套措施多不完善。首先，生态补偿项目的有效实施需要法规、政策的支撑来确保其合理性、合法性。以湖南为例，生态补偿相关措施的实施普遍面临法制、体制和机制不完善的问题，导致权责不清、奖惩和激励机制失灵(陈业强，2017)。如东江湖是湖南省郴州市境内大型水电工程拦河蓄水而成的人工湖泊，蓄水量相当于半个洞庭湖，是当地集中式饮用水源地，也是湘江的重要水源补给区。这一区域在 2013 年被纳入国家重点流域生态补偿试点区域，但至今仍未针对这一区域出台专门的生态补偿政策，仅在 2019 年的《湖南省流域生态保护补偿机制实施方案(试行)》中对东江湖流域进行了政策倾斜。其次，生态补偿专项资金管理制度还很不完善。在生态补偿过程中，资金补贴大多依据当地财政预算来发放，资金的发放、使用分散在各政府部门，且在现金补偿发放过程中存在整个地区补偿标准“一刀切”的问题。因此，生态补偿资金在实际执行过程中并没有得到专业的管理和监督，资金在各部门的汇集、发放过程往往耗费大量时间。

第4章 自然保护地区域生态补偿问题的特殊性讨论和多目标分析框架构建

对自然保护地区域生态补偿问题进行辨析和识别是基于对其功能和地域特殊性的认识，这无疑是开展深入研究的前提和基础。自然保护地作为长期保护重要自然资源、生态功能和文化价值的特殊区域，具有区别于其他地域的鲜明特性，其所在区域既有结构层次分明的社会、经济系统，同时还有一个组分、结构、功能都非常完善的自然资源生态系统。因此对这类区域的生态补偿问题的分析和研究应充分考虑这些因素。

4.1 生态补偿的研究视角与农业生态补偿的一般问题

4.1.1 生态补偿问题的研究视角

目前全球的环境污染、生态破坏和资源短缺等问题日益突出，极大地威胁着保障经济社会实现可持续发展的生态基础，生态补偿作为一种政策设计可以有效保护和改善自然生态环境（徐素波 等，2022）。Wunder 等（2008）研究认为生态补偿指的是环境保护者向环境受益者就环境保护成本达成的一种有明确交付金额和支付条件的自愿交易。Engel 等（2008）从成本角度出发对 Wunder 提出的生态补偿概念进行扩展，他将生态补偿定义为环境保护者和环境保护组织向环境受益者、政府、国际组织等就环境保护成本达成的一种有明确交付金额和支付条件的自愿交易。徐素波等（2022）认为生态补偿是运用一定的惩治方法，来达到提高生态环境质量、解决生态保护及经济发展之间矛盾冲突的一种重要手段。汪劲等（2014）认为生态补偿指的是环境受益者或环境破坏者向环境保护者或者环境受损者支付一定的经济赔偿来弥补损失的行为。综合看来，作为一项弥补生态环境隐性价值关系的调和措施，生态补偿是一种使外部成本内部化的经济干预手段，因此其理论外延和应用拓展都非常丰富，从而使得现有生态补偿研究内容丰富，数量巨大，涉及领域繁多。为界定本书生态补偿的研究内容和聚焦问题，下面尝试从尺度（宏观、微观）与方法（规范与实证）两种角度来分析生态补偿的研究视角（见表 4-1）。

表 4-1　综合尺度与方法的生态补偿研究分类

尺度方法	宏观	微观
规范	生态补偿原理、机制、法律、政策、制度、评价准则等	生态补偿价值核算、利益相关者博弈或协同、生态补偿实施模式等
实证	空间地域型：农业、流域、生态功能区、大气环境生态补偿等； 自然资源型：森林、湿地、草原、矿产资源生态补偿等	补偿标准（案例区）、补偿方式（案例区）、补偿方案、支付/受偿意愿、政策影响、绩效测度等

下面根据表 4-1 分类归纳和总结基于尺度与方法来划分的各类不同视角生态补偿研究。

第一，从宏观视角开展的规范性研究。这些研究多从理论层面探讨生态补偿的各类问题，包括生态补偿原理、机制、政策、制度、评价准则等。

生态补偿机制是以保护生态环境、促进人与自然和谐共生为目的，根据生态系统服务价值、生态保护成本、发展机会成本，综合运用行政和市场手段，调整生态环境保护和建设相关各方利益关系的一种制度安排。我国在 2005 年就明确提出按“谁开发谁保护、谁受益谁补偿”的原则构建生态补偿体制机制。有学者认为生态补偿机制的设计缺乏对利益相关主体的清晰认定，尚未制定科学统一的生态补偿标准，未来应结合生态系统服务的实际运动规律以及流量的空间分布情况，确定更科学的补偿标准（李霜 等，2020）；也有学者通过对我国牧区草原生态补偿机制进行研究发现，构建机制须对补偿责任主体、补偿范围、补偿标准、补偿方式及补偿保障机制等各要素要进行整体性、系统性的深入分析，这样才能确保草原生态补偿机制满足牧区实际需求（叶晗 等，2020）。总的来看，生态补偿机制与来自不同领域、不同层级的多方利益相关者密切相关，优效良性的生态补偿机制能够有效地解决在生态环境保护与开发利用过程中的制度缺失问题。

从补偿资金的流向上看，生态补偿制度包括纵向和横向两类。面向流域的横向生态补偿机制近年来涌现了大量相关研究，如有研究提出生态综合补偿试点应将空气、水、森林等环境要素纳入法律、政策设计，衔接横向、纵向与其他市场化补偿手段，以此来推动我国流域横向生态补偿制度的发展完善（李奇伟，2020）。生态补偿问题的研究与相关法律息息相关，我国在《中华人民共和国环境保护法》《中华人民共和国森林法》等十五部单行法中对生态补偿的条款做出了相关规定（曲超，2020）；在面向各级政府的政策制定方面，我国也有许多学者对此展开了研究，例如在森林生态补偿方面，有学者提出森林生态补偿政策应建立长短期政策相结合的政策规划、探索多样化的生态补偿方式、多元化补偿主体、拓宽资金来源渠道等政策启示(林晓芸 等,2022)。此外,建立科学的生态补偿绩效评价是保障生态补偿政策顺利实施及补偿资金合理有效利用的关键环节,有学者通过对西北牧区草地的研究,提出了从县域尺度和牧户尺度评价草地生态补偿绩效的思路,从生态功能、生产功能和生活功能协调发展角度综合评价牧区草地生态补偿的绩效(刘兴元 等,2017)。

第二,从宏观视角开展的实证研究。这类研究从宏观或中观视角基于生态补偿实践分析,探讨其开展过程中的具体问题。下面按空间地域型和自然资源型两大类进行归纳。

(1)按生态补偿实践开展的空间地域型的特征,可将相关研究分为六大类:农业生态补偿、流域(跨行政区)水资源生态补偿、重要生态功能区生态补偿、自然保护区生态补偿、矿产资源开发区生态补偿、大气环境生态补偿等。

农业生态补偿面向农业活动区域开展,是在对农业资源和环境保护中产生外溢效益(成本)内部化的环境经济手段,其核心内容包含对农业资源资产保护补偿和对于农业绿色生产行为补偿两大部分。有学者从绿色生产的环境贡献和外部性双边界的结合视角,并综合考虑政府财政支付能力,提出农业生态补偿方案(周颖,2021)。还有学者通过对库区的研究发现,农业生态补偿工作不能局限于实现"抑损"作用,补偿方式要从"抑损型"向"增益型"转变(易萍 等,2022)。流域生态补偿是有效平衡流域经济发展与水质保护关系的重要经济激励手段。有学者在跨行政区水资源生态补偿方面展开了积极的探索,在流域生态补偿实践中,主要关注点在于如何协同各级政府处理好上中下游间和不同行政区间的矛盾和冲突,综合采用资金补偿、政策补偿和产业补偿等多种方式,通过财政补贴、政策实施和人才技术扶持等手段来实现流域生态系统的长期稳定发展(马毅军 等,2021)。还有学者通过研究跨省流域生态补偿标准,认为应该分两个阶段进行测算,第一阶段以修复为主,测算生态补偿标准更应注重是否能覆盖其修复成本,特别是直接成本。第二阶段重点是完善跨省流域生态补偿长效机制建设,防止流域水生态破坏和水质型缺水的重复出现(王宏利 等,2021)。在国内已经开展或已成功的流域生态补偿案例中,主要有省内流域生态补偿和跨省流域生态补偿两种模型,其补偿方式基于当下中国的基本国情,以政府补偿方式为主,市场补偿方式为辅(孙翔,2021)。国家在生态功能区主导实施了一系列重大生态治理工程,包括天然林保护、中央财政森林生态效益补偿基金项目等。研究发现生态补偿政策对国家重点生态功能区居民可持续生计能力具有正向影响(王奕淇 等,2022)。有学者通过对新疆生态功能区的研究发现,在分配转移支付资金时,应综合环境、民生因素,均衡生态补偿优先等级与转移支付资金,促进生态补偿政策推行的可持续性(仇韪 等,2021)。自然保护区生态补偿具有一定的特殊性,目前我国自然保护区生态补偿制度还有待完善,生态补偿制度缺乏立法规范,这导致了生态补偿的运行机制效率不高,生态环境保护者得不到切实公平的补偿等问题(刘昊卿,2021)。有学者对长白山地区进行生态补偿机制的研究，分析长白山自然保护区存在的问题，进行了生态补偿机制的研究（辛培源 等，2018）。目前我国矿产资源开发区生态补偿还存在许多问题，通过对湖南省矿产资源开发生态补偿政策的研究，发现其中存在着政策约束力不足、内容可操作性不足、制定主体合作不足、政策制定进程滞后和政策力度不平衡等问题（王新雨 等，2019）。在矿产资源开发生态补偿的研究中，有学者研究发现现行策略存在着一些问题，一是矿产资源开发生态补偿税费的生态补偿性质不明、收入分配和使用不合理，二是矿山生态补偿示范项目实施范围狭窄、进程缓慢、监管机制不完善（朱燕，2017）。有研究认为建立大气污染防治环境补偿机制，既可以鼓励各方积极参与大气污染防治工作，又可以协调大气污染治理各方利益，提高防治效率，实现长效机制发展（曹云云，2022）。有研究比较了只有政府参与以及政府和公众共同参与大气污染治理两者的治理模式，最终得出在政府主导作用下，社会组织参与环境治理具有正外部性，但政府还应充分考虑社会组织和公众的意见，积极争取不同利益相关方主动参与大气治理（张同斌 等，2017）。

(2)按照生态补偿涉及的自然资源要素划分，可将相关研究分为五大类：森林生态补偿、草原生态补偿、海洋生态补偿、湿地生态补偿、耕地生态补偿。

在人类社会经济发展中，森林生态系统发挥了重要作用。森林生态补偿是指在森林保护和建设中对因保护、建设活动而使自身经济权利、发展权利等受到限制的补偿。有学者发现公益林生态补偿项目对农户人均收入具有正向影响，且对中高收入家庭农户人均收入更为显著（马橙 等，2020）。草原生态补偿是指在草原保护与草原建设中对因保护与建设活动而使自身经济权利、发展权利等受到限制者的补偿。草原生态保护补助奖励机制是当前中国最重要的生态补偿机制之一，是中国继森林生态效益补偿机制之后建立的第二个基于生态要素的生态补偿机制（胡振通 等，2015）。有学者通过构建草原生态补偿模式，认为应该倡导实行基础补偿层、纵向补偿层和横向补偿层相结合的复合多层次草原生态补偿模式（巩芳 等，2020）。海洋生态补偿是指在海洋生态环境保护与海洋资源保护中对因保护活动而使自身经济权利等受到限制的补偿。海洋生态补偿作为调节海洋生态保护利益相关者之间利益关系的一项重要措施，促进了海洋生态系统保护和海洋可持续发展（赵玲，2021）。湿地具有独特的生物多样性和生态景观的特征，是地球上最重要的生态系统之一，有“地球之肾”“天然物种库”等称誉。湿地生态补偿目前可区分为增益型补偿与抑损型补偿。增益型补偿是指对因湿地保护而经济权利等受限者的补偿，抑损型补偿是指对因破坏或危害湿地而获得收益的受益者的追索。其补偿方式包括直接补偿和间接补偿两大类。此外，湿地占补平衡等方式也是近年来湿地生态补偿措施的一种重要形式。耕地生态补偿将外部的、非市场环境价值转化为财政激励措施（吴娜 等，2018）。有学者研究发现，目前我国耕地生态补偿多为各级政府，多采用财政转移支付方式对耕地保护主体进行补偿（吴萍 等，

2017)。

第三,从微观视角开展的规范性研究。这类研究主要关注生态补偿实践中的现实具体问题,如生态补偿标准核算、生态补偿利益相关者博弈或协同研究、生态补偿模式研究和从微观视角开展的实证研究等方面。

(1)生态补偿标准核算。按不同的核算依据和方法体系,生态补偿标准核算可以分为四类:生态系统服务价值核算、保护成本评估核算、保护损失评估核算和条件价值法核算。有研究认为,生态补偿标准应该以提供的生态系统服务的价值来衡量,保护生态环境的一方因保护行为而产生了多大价值的生态系统服务(或者环境价值),享受生态系统服务的一方就应该补偿该价值给对方(靳乐山,2021)。有学者在对昆仑山自然保护区村民开展实地问卷调查的基础上,结合对自然保护区生态系统服务价值的估算提出了相应生态补偿标准(温建丽,2018);有学者基于生态系统服务价值和条件价值法对大汶河流域生态补偿的标准进行了估算,提出2016—2020年大汶河流域补偿标准额分别为21.36亿元、6.69亿元、25.53亿元、10.05亿元、18.41亿元,运用条件价值法得到的大汶河流域生态补偿标准额度为365.16元/(年·人)(赵晶晶 等,2023);有学者对赤水河森林生态补偿标准进行了分阶段核算,一是以直接投入成本为依据的第一阶段赤水河流域森林生态补偿标准核算结果为639.95元/公顷,二是以损失的发展机会成本为依据的第二阶段赤水河流域森林生态补偿标准核算结果为2750.28元/公顷(汪远秀 等,2022)。国内外学者从不同视角已探索出多种生态补偿标准核算方法,从应用实践来看,生态补偿标准计算方法的确定需要根据实施区社会经济背景、自然地理环境特征、生态补偿的实施目标以及利益相关者诉求等,进行权衡协调和综合选择。

(2)生态补偿利益相关者博弈、协同研究。生态补偿利益相关者研究较为复杂,主要表现在利益主体多元化、利益主体之间关系的不确定性、价值补偿的被动性等方面(郝春旭 等,2019)。生态补偿项目的实施往往涉及不同类型的多个利益相关者群体,学界对于利益相关者间往往存在冲突已形成共识,这使得不同利益相关者在生态补偿实践中的行为选择存在差异,从而影响生态补偿项目的运行与实施。有研究认为利益相关者属性、类型及其行为响应被认为与生态补偿制度安排、当地经济社会发展和地方政府偏好等深层次原因紧密相关(龙开胜 等,2015)。还有研究通过构建水源地保护区生态补偿相关方博弈模型,将生态补偿中的利益相关者分为受偿者与补偿者,二者在生态补偿中的行为形成了一种博弈关系(王爱敏 等,2015)。有学者探讨了重点生态功能区林业生态补偿中林农和地方政府在不同情境下博弈均衡状态的演化因素,发现两大博弈主体的策略选择和策略演化方向依赖于初始状态及其演化路径,并与博弈矩阵构建有关(高孟菲 等,2019)。利益相关方作为影响生态补偿实施效果的重要影响因素,与其相关的生态补偿项目设计、政策评价、绩效测量等研究还在日益增加。

(3)生态补偿实践模式研究。按生态补偿的主导参与者,可将生态补偿实践模式划分为两种:一种是政府主导模式,由政府牵头向生态服务支付方收取生态补偿费用,再补偿给生态服务提供方。例如美国"保护性退耕计划",由美国政府与私有草地所有者签订退耕计划合同;德国易北河流域生态补偿实践,由德国和捷克两国政府达成合作协议对河流进行综合治理。我国黄土高原地区的"退耕还林"、鄱阳湖湿地"退田还湖",是以国家资金财政补助为主,是政府主导的生态补偿模式。这些实例表明政府主导的生态补偿可以提高生态补偿运行效率,降低交易成本,保障公平交易,对利益相关方实行有效监督。另一种是生态服务提供方与生态服务支付方之间自主协商,以签订合同的形式实现生态补偿资金的往返,这一模式往往呈现出市场化特征。例如:法国政府与河流上游农户签订合同,要求他们减少使用农药,减少因畜牧业而产生的动物粪便的排放,保持水源洁净,从而支付给农户合理的资金补偿;哥斯达黎加森林生态效益补偿,由森林生态效益服务受益者向森林生态效益提供者支付费用。近年来,我国的流域水权交接、生态银行、碳汇交易等试点是我国生态补偿实践由政府主导向市场化多元化发展的积极尝试。

第四,从微观视角开展的实证研究。这类研究近年来大量涌现,主要包括补偿标准(案例区)、补偿方式(案例区)、补偿方案、支付/受偿意愿、绩效测度与政策评价等方面。

生态补偿标准往往随着生态补偿项目区域、项目内容、目标资源属性等的不同而差异显著。有学者认为确定合理的湿地生态补偿标准是构建有效湿地生态补偿机制的关键,建议结合区域湿地特征制定差异化的生态补偿标准(陈科屹 等,2021)。也有学者通过研究南水北调中线工程水源区生态补偿标准,建议改革现有南水北调工程水价机制,继续加大生态补偿中央纵向转移支付,逐步建立生态补偿横向转移支付机制(周晨 等,2015)。有学者构建了在不同经济社会发展水平下的流域森林生态补偿标准核算框架,分别以直接投入成本、发展机会成本和生态服务功能三项指标为依据,再通过调查居民意愿为各阶段补偿标准确定提供参考值(汪远秀 等,2022)。受偿主体不同,其补偿标准也有所差别,例如草原生态补偿的关键在于界定生态服务的上游供给方和下游受益方,并根据各区域提供的生态服务量建立差异性补偿标准,以提高草原生态补偿机制的实施效果(邓汉琨 等,2023)。

生态补偿的具体形式可以分为五类:资金补偿、实物补偿、技术补偿、制度政策补偿、就业岗位补偿等。资金补偿是补偿方向受偿方支付一定的货币资金来购买其行为产生的生态服务,或者政府通过财政资金转移支付来进行生态服务付费。我国目前横向生态补偿和纵向生态补偿项目的资金来源绝大部分来自财政资金。实物补偿是通过某些具体物品来与生态服务供给方做交换的。有学者通过研究绿肥种植生态补偿政策发现,在补偿方式的选择上,年长、健康状况较差、家庭收入较高和兼业经营的农户更倾向于选择实物补偿的方式，而受教育程度较高的农户则倾向于选择现金补偿的方式(李福夺 等,2022)。技术补偿是向受偿方提供智力、技术支持，例如提供咨询、教学等服务帮助当地居民高效地进行生产工作。政策补偿是指政府向生态补偿区域提供一些政策优惠，例如降低税费、开设园区、进行大型基础设施建设等。例如新安流域生态补偿就通过多种方式并行对农户进行帮扶，包括提供退养户部分转产补助、困难补助、发展奖励、提供生态公益岗位等，并且通过采取对口援助、重点帮扶等形式，吸纳农村劳动力到经济相对发达的地区就业(李坦 等,2022)。从成功实施的生态补偿实践来看，针对不同被补偿的需求应当实施差异化的生态补偿措施，并采用多种补偿措施并行的方式可以有效提高生态补偿政策效力。

生态补偿支付以及受偿意愿也影响着生态补偿的实施效果。有学者对农户的退耕还湖生态补偿受偿意愿进行了研究，发现受偿意愿受地区差异、年龄、受教育程度、家庭收入情况、对生态补偿的了解程度的影响较大(陈科屹 等,2021)。也有学者对生态补偿支付意愿进行了研究，发现生态认知和生计资本均显著正向影响农户生态补偿支付意愿，基于对支付、受偿意愿的了解，可以提高农户生态补偿支付意愿和给予一定相关政策启示(徐瑞 等,2021)。

在绩效测度与政策评价方面，国内外现有的生态补偿绩效测评方法类型多样、各有侧重(刘兰兰 等,2017)。有学者以效应评价计算政策效应的可信度，效益评价计算补偿资金基数，效率评价计算补偿资金调整系数，提出了一个综合计算公式，以此测算按绩效评价结果应获得的生态补偿资金量(曲超,2020)。有学者采用熵权法对湖北省重点生态功能区的生态补偿绩效进行了评价(张涛 等,2017)。有学者提出了一套适于省域综合生态补偿的保障度-响应度双向绩效评价体系，研究结果表明该评价体系以生态保护成效为导向，可有效辨识区域政府生态补偿政策实施水平(芦苇青 等,2020)。有学者从农户认知的视角出发，采用模糊综合评价法评价了政策构建绩效和政策效果绩效(田爽 等,2018)。有学者通过对生态补偿绩效测评研究发现，认为生态补偿绩效测评需进一步突出时空动态性、系统综合性及实践应用性(焦丽鹏 等,2020)。而生态补偿政策的影响也是多方面的，例如在跨省流域生态补偿方面，有学者发现补偿政策的实施促进了流域水质改善，带动了绿色就业机会，具有脱贫攻坚协同效益，促进了产业绿色发展(余雷鸣 等,2022)。新安江流域生态补偿是全国首个跨省生态补偿，逐步形成了以绿色发展为导向、互利共赢为目标，纵横融合的补偿新模式，十年间新安江流域生态补偿使流域农户收入、农村就业率都有所增加，在促进收入和增加就业方面呈现显著正效应(李坦 等,2022)。

综合看来，目前生态补偿实践呈现出非常丰富的多样化特征。面向不同行政层级、空间尺度、生态目标开展实施的生态补偿政策或项目种类丰富，而且由于生态系统的多样性以及补偿主体、客体之间的复杂利益关系，其补偿形式、补偿标准和实施方式都有着较大差异。这使得生态补偿问题的研究呈现出研究视角的多样性，在不同研究视角下又可以划分出不同领域，可以看到各种生态补偿研究正朝着百花齐放、百家争鸣的方向发展。

4.1.2 农业生态补偿的一般性问题

本书从基本问题和新问题两个方面探讨农地生态补偿研究的一般性问题。

首先是关于基本问题的讨论。在生态补偿科学问题的讨论中，“补给谁？如何补？补多少？”被认为是三个基本问题（杨光梅 等，2007）。本书从这三个问题出发展开本书农业生态补偿问题的识别：①补给谁，即回答生态补偿政策的对象。狭义的补偿对象是指生态补偿资金给付对象，因此农地生态补偿对象是指参与生态补偿项目的农户。另外，本书的研究还将补偿对象拓展至生态补偿的目标农地，这一目标农地的含义包括何种类型的农地和位于何地的农地。②如何补，即回答生态补偿的方式。狭义的补偿方式是指对参与农户给予何种方式的补偿。从国内外已开展的生态补偿实践来看，货币补偿方式最为常见。本书的研究区农户调研也印证了这一点。此外，怎么补还具有生态补偿项目对参与人的行为要求的含义，基于此，本书将补偿方式拓展为：研究区农地生态补偿项目应选择的何种农地利用调整方式。③补多少，即回答生态补偿的标准。农地生态补偿标准一般指单位面积农地在一定时间内的补偿金数额，因此本书研究亦涉及补偿标准的估算。

其次是对新问题的思考。近年来在气候变化加剧、资源环境趋紧、生态保户和修复需求提升的背景下，生态补偿各个领域出现了很多新的问题，包括不同补偿主体不同区域的生态补偿模式、机制、标准和项目制定及政策。例如在森林生态补偿方面，生态补偿的问题与对策、补偿标准、市场化多元化森林生态补偿机制等有望延续成为未来的研究热点和前沿问题（吴联杯 等，2022）。而目前在生态补偿这一领域上的研究热点国内与国外研究重点也不同，在国际上研究热点分别是保护管理、生态补偿效应、政策与项目制定、经济学相关方法的应用、生态补偿机制、生物多样性、生态影响及气候变化、土地利用及景观；在国内相关研究则更关注生态补偿机制、生态环境保护、可持续发展、对策及政策、生态环境等主题（李皓芯 等，2022）。在国内对于生态补偿模式的研究主要侧重于探索增强生态产品供给者自我发展能力的生态综合补偿模式，它能促进生态补偿制度的提质和增效。有学者研究发现，通过创新森林生态效益补偿制度、推进建立流域上下游生态补偿制度、发展生态优势特色产业、推动生态保护补偿工作制度化等多项任务，实现保护与发展更加协同的生态补偿模式，吸纳更加多元的补偿主体，建立更加高效的补偿路径（刘桂环 等，2021）。

近年来学界在农业生态补偿领域出现了多个新的研究热点。如在粮食安全视角下，耕地生态补偿的实施与应用对于保护耕地生态系统、保障粮食安全具有重要作用。还有研究提出要构建“补偿主体-目标责任-补偿方式-资金来源”的耕地补偿机制和配套体系，进一步保障生态补偿的长效实施（崔宁波 等，2021）。基于生态安全视角，通过建立耕地生态安全状况与地方土地财政的定量关系，解决耕地生态保护资金来源问题，建立地方政府耕地生态保护行为激励模式。以上研究为实现耕地高效持续利用、建立地区政府耕地生态保护激励机制、创新生态补偿资金来源提供了新视角（张宇 等，2021）。

另外，市场化、多元化农业生态保护补偿机制构建的研究日益增多。我国现有生态补偿绝大多数仍是以政府为主导者、发起者和支付者，而这种单一化方式带来的生态补偿效应可持续性不足、效率低下、标准过低等问题逐渐引发学界的反思。有学者认为目前我国的生态补偿实践主要是政府主导，应尽快建立市场化生态补偿机制法律制度（刘晓莉，2019）。也有学者研究建立多元主体生态补偿机制，在多元补偿主体框架下，依据补偿主体的权责利不同，将补偿划分为政府补偿、企业补偿和居民补偿，实现多渠道经济补偿，提高生态补偿效率（许瑞恒 等，2022）。有学者基于粮食安全的视角，提出耕地生态补偿的实施路径，建议积极探索“市场化”和“准市场化”的补偿方式（胡海川 等，2022）。

农户在基于自身的认识和自身的资本禀赋优势进行决策时，会根据生态补偿政策的变化动态调整决策的方向，因此生态补偿政策对农户决策行为有着调节的作用，而政策的制定也离不开学者对生态补偿各个方面的研究和建议。在湿地保护区生态补偿方面，有学者认为政府应继续完善湿地生态补偿政策，建立多元化综合性湿地生态补偿机制，促使农户由传统的“单一生计”转向“生计多样化”的发展方向，拓宽农户增收途径，降低农户生计活动对自然资源的依赖程度，以此实现生态保护和农户增收双重目标，保障政策实施的有效性和可持续性（庞洁 等，2021）。在农业生态补偿推广需求日益扩大的趋势下，农业生态补偿对象和范围进一步扩大，而政策范围区域间生态补偿实现的外部化价值最终需要落实到每一个提供生态环境价值的个体上，面向农户的政策效率提升已成为生态补偿问题面临的新挑战（陈海江 等，2019）。

因此，综合以上对农业生态补偿研究的思考，本书将微观角度上的农地生态补偿效率提升（生态补偿瞄准）作为研究的重要内容，具体来说包括生态补偿方案瞄准、生态补偿优先区域瞄准、生态补偿资金利用效率提升等。

4.2 自然保护地区域生态补偿的特殊性

自然保护地是承担特殊生态功能的一定地理区域。世界自然保护联盟（IUCN）（1994）将自然保护地定义为，自然保护地“主要是致力于生物多样性和有关自然和文化资源的管护，并通过法律和其他有效手段进行管理的陆地或海域”。我国的自然保护事业历经60年的发展，目前已形成共十多大类的自然保护地共计12000余个，覆盖全国陆域近18%的面积(唐小平 等,2017)。在当前生态文明建设进一步推进的背景下，自然保护地正成为生态补偿推广实施的重点区域(国务院办公厅,2016)。国内关于自然保护地的研究主要围绕自然保护地的体系建设、管理体制等方面开展，且成果较少。赵智聪(2016)从资源利用率方面考虑补偿标准。另外，有些学者从自然保护地的分类出发，参考IUCN的分类标准，按照自然保护地的层级对自然保护地周围居民进行生态补偿(孙飞翔 等,2012)。然而在具有特定管理目标的自然保护地区域开展农业生态补偿的特殊性却少有研究关注。事实上一定范围(如相对独立的一个流域)的社会-生态系统内具有密切的反馈机制和联动关系，因此以农地作为政策目标的农业生态补偿推行，往往会对区域生态环境形成直接而显著的影响，这些影响在本书研究区这样的小型流域中更为明显。因此在自然保护地区域开展农业生态补偿需要充分考虑自然保护地的保护和功能需求，以下从两个方面探讨自然保护地区域生态补偿的特殊性。

一是结合保护地保护目标开展区域生态补偿方案设计与决策。不同类型自然保护地的生态系统组分和功能不尽相同。例如：湿地有“地球之肾”之称，有净化水质、补充地下水以及调节小气候等生态功能；森林有“地球之肺”之称，有净化大气、涵养水源以及防风固沙等生态功能；海洋有“地球之心”之称，有净化海水、气候、气体调节以及维持生物多样性等生态功能。此外，湿地、森林、海洋都具有休闲与旅游和提供动植物产品等生态服务功能。根据保护目标和保护对象的不同，我国的自然保护地分类有十余种，不同类型的保护地其保护目标的侧重点不同，管理要求也不尽相同。对于相同类型的保护地，也可能因地理区位、气候环境、社会经济状态等因素使得不同保护地的建设发展背景存在很大差异。在湿地、森林、海洋等自然保护区域内，根据不同自然生态系统要素及自然遗迹、自然景观保护的特殊需求，其生态补偿的政策方案的目标设计也有所差别。柳荻等(2018)在生态保护补偿的分析框架研究综述中提出，出于不同地区其自然条件和社会经济状况的差异原因，单一的生态补偿标准会导致补偿过度和补偿不足等弊端，实行区域差异化补偿标准是必要的。因此，根据自然保护地保护目标和区域差异开展生态补偿的“量身定制”是自然保护地区域生态补偿特殊性之一。

二是生态补偿应符合自然保护地人与自然和谐发展阶段的目标要求。国际自然保护形势发展至今经历了“纯自然保护”“抢救性保护”“为了人类生存而保护自然”到“人与自然和谐”几个阶段，关注焦点经历了“物种种群栖息地”“威胁及驱动因素”“生态系统服务”“社会生态系统”的演变(雷光春 等,2014)。自然保护地作为天然的“实验室”与“基因库”，成为国际公认的保护生物多样性的主要环境载体(吕忠梅,2019)。而我国也认识到了自然保护地的重要性，2019年中共中央办公厅、国务院印发了《关于建立以国家公园为主体的自然保护地体系的指导意见》，明确了我国自然保护地类型，提出全面建设中国特色自然保护地体系，但是一个区域一旦被设定为自然保护地就意味着限制开发，也就阻碍了当地社会经济的发展，所以在《中华人民共和国自然保护区条例》里就明确了要重视对自然保护区的生态补偿，协调人地间利益冲突与矛盾，促进自然保护地人与自然和谐发展。有学者通过对农户生态补偿受偿意愿的研究发现受偿意愿与农户家庭主要收入来源、家庭居住位置、耕地面积和承包水域面积的关系呈现显著相关性（熊凯 等，2016）。也有学者发现生态补偿、收入影响和政策实施情况对农户公益林生态补偿政策的满意度具有显著影响，农户年龄、劳动力数量和林地面积显著影响农户的受偿意愿（马橙 等，2020）。可见在当前自然保护地发展的新趋势下，在这一特殊区域推行生态补偿应在注重生态环境效应的同时还应重视对区域社会、经济的影响，应以促进保护地区域人与自然和谐发展为准则。

综上分析，本书从生态补偿、自然保护地、区域社会自然背景三个维度搭建自然保护地生态补偿问题识别思维框架（见图4－1），本书基于该框架开展毛里湖湿地公园流域农地生态补偿关键问题的识别。

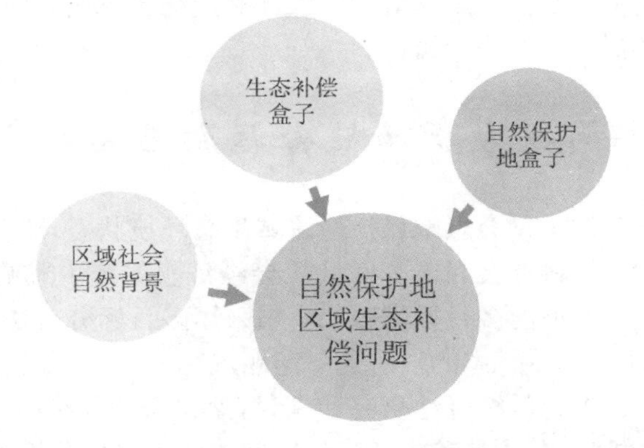

图4－1　自然保护地区域生态补偿问题思维框架

4.3　本书生态补偿问题的辨析与识别

本节根据上文搭建的概念框架开展本书生态补偿问题识别。毛里湖国家湿地公园属于内陆湿地和水域生态系统类型的自然保护地。水是湿地生态系统的核心关键组分，湿地生物多样性是地形自然保护地的主要保护目标，因此生态补偿应将水环境修复和湿地生物多样性保护作为主要目标。在此基础上结合农地生态补偿一般性问题和毛里湖流域社会经济背景，提出本书识别的毛里湖国家湿地公园流域农业生态补偿问题，这些问题可顺从前文所述的三个维度进行梳理。

(1)生态补偿对自然保护地的影响。

①农地生态补偿对流域面源污染的影响。

②农地生态补偿对自然保护地的影响。

③农地生态补偿对湿地生态系统生物多样性的影响。

(2)生态补偿对区域社会经济的影响。

④农地生态补偿对农地收入的影响。

⑤农户对生态补偿的意愿和态度。

(3)生态补偿项目与措施设计。

⑥农地生态补偿方案制订(包括目标地类、农地利用调整措施、补偿标准)。

⑦农地生态补偿优先区域识别。

以上每个问题及解决目标的具体说明如下:以上问题分别从生态补偿、自然保护地、区域社会经济背景三个维度提出,本书将这些问题识别为毛里湖湿地公园流域农地生态补偿的主要问题。各问题既相对独立又具有一定的关联,其中一些问题之间存在权衡与协调关系。需要说明的是,1—5 项问题的研究与分析旨在解决本书应用层面的最终目标:生态补偿方案的优选与优先区域识别。6—7 项这两个问题解决的核心是生态补偿实施下研究区农地利用综合效应评估,对此,下文将进一步进行相关研究框架与方法的探讨。

4.4 问题分析的概念框架与实现思路

农地生态补偿政策不仅会影响保护地流域生态环境状态,还会对农业生产、农户生计、农村劳动力、农村社会和谐等区域社会经济领域产生影响,因此农地生态补偿综合效应评估是典型的多目标问题。本书采用多目标分析法(multiple objective analysis) (Brown et al., 2001)对这一问题进行分析,该方法被广泛用于涉及多个维度的多个问题进行的综合性研究和探讨(曹祺文 等,2016;包蕊 等,2018)。根据这一方法的分析思路,本节首先搭建研究问题的多目标分析概念框架。

4.4.1 生态补偿综合效应多目标分析概念框架

本书将农地利用综合效应理解为由农地利用活动带来的对人类利益产生的多种影响的综合。综合效应常被用于对环境政策、项目、措施开展评价或预估(曹世雄 等,2007)。梳理文献发现,对环境政策综合效应的研究多基于社会-生态系统理论、人与自然耦合理论、人地关系理论等,结合生态环境、社会、经济三个方面开展(Bennett et al., 2015;马庆华 等,2015);与此相关的,对农地生态系统开展的综合评价也多基于这三个既相互影响又相对独立的维度提出研究思路(吴冠岑 等,2008;侯鹏 等,2015; Huber et al., 2013)。因此本书认为"生态环境效应""社会效应""经济效应"这三个指标可全面、综合地表达农地利用的综合效应。对这三个指标进行逐一分析以构建表达农地利用综合效应的分析概念框架。

1. 生态补偿实施下农地利用的生态环境效应

农地利用环境效应是指生态补偿实施后农地利用活动对周边生态系统、水土环境等产生的影响。其表达应充分考虑生态补偿的核心目标以及实施区自然保护地的生态功能需求。毛里湖流域主要湖泊是国家湿地公园和居民饮用水源地所在地，本书农地生态补偿的主要目标是降低农地面源污染以改善毛里湖湿地公园水环境，保护湿地生物多样性。因此本书选择从以下三方面分析研究区生态补偿的农地利用生态环境效应。

第一，本书的生态补偿是以研究区农地面源污染防控为主要目标的。近年来，我国逐渐确立了推动农业可持续发展，践行“发展绿色农业就是保护生态”的观念。整理相关资料可知，自 20 世纪末以来，农业面源污染已成为许多国家和地区水环境质量改善的主要影响因素。农业面源污染是在农业生产过程中，由于不合理使用农药化肥、排放畜禽粪污、处置农村生活垃圾导致的污染。大量数据和研究表明，农业面源污染是我国农村生态环境、水环境健康和农业绿色发展面临的主要威胁之一(王萌 等，2022)。由于农村特殊的自然生态和人居特点，一旦发生农业面源污染就会导致水体、土壤和大气交叉立体污染。据估算，目前我国地表径流中氮、磷污染物有超过三分之一来自农业，在湖泊和地下水中这一指标数据甚至超过二分之一。这些触目惊心的数据表明，农业面源污染对我国水体造成巨大的危害。因此，农地面源污染负荷的变化形成了本书生态补偿实施下农地利用生态环境效应的主要内容，故选择农地面源污染负荷作为农地利用的生态环境效益的因子之一。

第二，人类的农业生产活动发展至今，农田生态系统已经成为地球上面积最大的生态系统，其生物多样性不容忽视(Gurr et al.，2004)。农业活动会对区域生物之间的相互作用及其生态学效应产生影响，对动植物和微生物的影响巨大(刘方平，2017)。农业带来的人为污染已成为区域水体富营养化的主要原因，水体富营养化会导致藻类等浮游生物大量繁殖，引发赤潮等灾害，威胁鱼类和水底植物生存，破坏水生生态系统。在过去的几十年间，针对农地寻求生物多样性保护和满足人类对粮食产量需求双赢的解决途径成为研究热点(Bengtsson et al.，2005)。本书研究区分布了大面积的水田和坑塘，这类农地也被称为农田湿地，是水鸟的重要替代生境之一(孙莉莉 等，2019)。另外，本书研究区农地利用情况复杂，形成了农地景观交错分布的多样生境状态，这成为影响动植物群落分布的重要因素之一。显然，生态补偿实施下的农地利用调整会对农田及其周围生活的生物生境产生影响，从而影响研究区生物多样性状态。因此，本书选择农地生物多样性作为农地利用环境效应的因子之一。

第三，前文已深入分析自然保护地区域生态补偿问题的特殊性。从自然保护地建设和发展需求出发，结合已有研究(Gonzalez et al.，2016)，选择“保护地保护收益”这一指标，将农地生态补偿对毛里湖国家湿地公园建设和发展的影响纳入生态环境效应。

综合以上分析，本书从生态补偿对农地面源污染负荷的影响、对区域生物多样的影响、对保护地保护收益的影响来表达生态补偿实施下农地利用的生态环境效应。

2. 生态补偿实施下农地利用的社会效应

通过梳理研究和分析实践案例，本书发现生态环境政策或项目的社会效应含义丰富。这使得学界对社会效应的定义显得边界模糊且争议颇多，有研究认为，土地利用变化率、新增耕地率、农业收益等能产生经济效益的指标能表征环境项目的社会效应（邓胜华 等，2009）。有研究从宏观的区域角度将环境项目对特定区域农村社会面貌、农村社会保障的影响作为社会效应表征（吴冠岑 等，2008）。鉴于生态环境类项目多以一定区域内的所有农户或居民为实施对象，更多研究倾向于从微观层面开展社会效应评价。如很多研究把农户的参与意愿、受偿意愿、政策期待（李潇，2018；周慧平 等，2019；Izquierdo et al.，2019）等纳入社会效应范畴。有研究认为，土地利用机会成本、生计愿景、生产能力等因素影响农户的政策接纳，并构成了社会效应的一部分。有研究认为，农户参与情况是评价环境项目成功的重要部分，它不但直接影响项目实施的有效性（Mcgurk et al.，2020），而且还可以通过社会公平和减贫效应间接影响项目的可持续性（Kristin et al.，2014；Yuan et al.，2017）。有研究从行为感知理论出发，通过调查问卷分析居民感知价值和参与意愿来评价生态环境项目的社会效应（谷晓坤 等，2013；国政 等，2020；张方圆 等，2014）。考虑到本书开展的是生态补偿情景分析，在生态补偿并未实际发生这一前提下，选择以下两个方面分析研究区生态补偿的农地利用生态社会效应。

首先是农户的参与意愿，即农户对特定农地生态补偿方案的参与意愿。第一，农户减施化肥势必会影响种植产出，进而影响家庭收入，这可能影响农户种粮积极性，进而可能对我国粮食安全、生态安全和经济稳定可持续发展产生不利影响（宋宇，2016）。本书研究的前期调查显示，减施农药和化肥的受偿意愿是农户参与农业面源污染治理的根本动因。有关部门应从农户意愿视角出发，适当提高现行农业面源污染治理补偿标准，激励农户参与补偿（奕若芳 等，2021）。第二，农户对政策认知水平是其参与农业面源污染治理生态补偿的另一直接因素，农户参与生态补偿的主动性和积极性是推进生态补偿的重要保障，所以本书认为农户参与意愿影响着项目推行的可能性和可行性，在很大程度上可用于衡量生态补偿项目的社会效应。

其次是农户对生态补偿的信任程度，这一指标是在不考虑参与意愿的前提下，农户对农地生态补偿的好感与信任水平。有学者对威尔士的 Glastir 项目分析发现，如果对土地利用者所做的环境保护工作缺乏面对面的交流和感谢，会降低其继续从事环境保护的兴趣和主观能动性(王雨蓉 等,2015),而且土地利用者更看重他们现有的土地管理模式,除非土地利用者觉得生态补偿项目和他们已经建立的管理模式大体一致,否则不愿意参加该项目。在中国,退耕还林或还草工程的主要实施地区在西部,实施中出现的一些问题如没有充分考虑到少数民族的生活习惯和民族风俗,没有考虑当地的社区支持等相关政策,社区调查显示这些因素可能极大地影响了土地利用者的激励(陆雨,2021),而且出于政绩需求和生态保护的短视,当地政府更多的是强调森林或草地的覆盖率,而不是森林或草地的增长率、质量和功能性。这不仅有违退耕还林或还草的长期目标,也会造成未来的不确定性和当地居民的不信任感。因此,本书认为农户对生态补偿的信任会形成一定社会舆论,从而影响社会效应。

综合以上分析,选择从农户视角出发,本书主要通过农户感知和意愿分析来评估生态补偿的社会效应。选择从两个角度展开社会效应刻画,从农户参与生态补偿的意愿和农户对农地生态补偿的信任程度来表达生态补偿实施下农地利用的生态社会效应。

3. 生态补偿实施下农地利用的经济效应

农地是重要的自然资源,农地利用是人们为获得一定的经济、环境及社会效益对农地进行保护、开发,同时根据农地的属性进行生产性或非生产性活动的方式、过程及结果。农地利用是人类土地利用中最重要的部分,提高农地利用经济效益,是实现农业现代化的必然要求,也是解决“三农”问题的重要途径。农业收入改变是农地利用经济效应的最直接表征,以农地利用方式调整为目标的农业生态补偿项目往往会影响到农地生产者的收入。农地利用经济效应采用生态补偿实施下农地生产活动产生的农产品净收入来表征。因此,生态补偿实施应考虑以尽可能创造更大的农业收入为目标,这也与农业生态补偿项目是否具有可持续性密切相关(曹世雄 等,2007)。所以,在生态补偿情景下,本书选择以下两个方面来分析生态补偿实施下的农地利用经济效应。

首先是农业生产收入。农业收入是从事农业生产的单位或者个人已经收获的农作物如粮食、经济作物、蔬菜、茶叶、水果、水生植物等主产品以及副产品的价值。生态补偿项目要求农户采用绿色生产行为,但是这些措施不仅会影响农用化学品用量,而且会影响农业产量和品质,还会影响农户收入,进而影响农户生产(种地)的积极性(谢春芳 等,2022)。所以,有研究认为既要在保证农作物产量的同时稳定农户的农地收入,又要降低农用化学品用量似乎是互相违背的。但还有一种观点认为,生态补偿能够提升农户收入。有研究发现农资(包括化肥、种子、农药)的生产性补偿对农户收入产生正向影响(张瑞娟 等,2015)。有研究发现综合性措施的补偿政策,能够确保农户收入的稳定性,收入性补偿能够直接快速转化成农户的收益,但是从产出来看,生产性补偿更能提高农户的收益,因此生产性补偿对农户收入提升的效果优于收入性补偿(康婷 等,2020)。

其次是农业生产劳动力成本。我国在广泛分布的小规模农业经营方式下,农户自耕自种现象普遍,这使得农业生产劳动力成本常以一种"隐性成本"方式内嵌于农地利用经济效应中,但近年来农村劳动力大量外出务工已改变了既定价格水平上的劳动力供应量,影响到我国农业生产的劳动力供应量和成本。在本书退耕还林情景中,劳动力成本变动为零。我国已实施的退耕还林工程在取得巨大生态效益的同时,也深刻地影响了退耕农户农地利用方式和生产方式的转变,已有研究发现,退耕还林释放了一部分农业劳动力,并形成了农业劳动力转移的替代经济效应(陆雨,2021)。在本书农地休耕情景中,根据耕作一年休耕一年的情景设定可知,农地劳动力成本在原有基础上减半。我国试点实施的农地休耕政策有利于促进农业生态环境恢复、耕地可持续利用,对农业可持续发展和形成具有中国特色的农地休耕制度有着积极意义。目前,我国大部分传统小农户多不愿意在精耕细作上分配更多的劳动力,更倾向于使用化肥、农药来保证农作物产量,但过量化学用品的使用往往加剧了农地面源污染的危害程度。在本书减施化肥情景中,农地生产的劳动力成本保持不变。根据以上分析,本书选择农地收入和劳动力成本来表征生态补偿实施下农地利用的经济效应。

综合以上生态补偿实施对农地利用生态环境、区域社会效应和农地经济效应的影响分析,搭建面源污染防治生态补偿农地利用综合效应评估的多目标分析概念框架如图 4-2 所示。

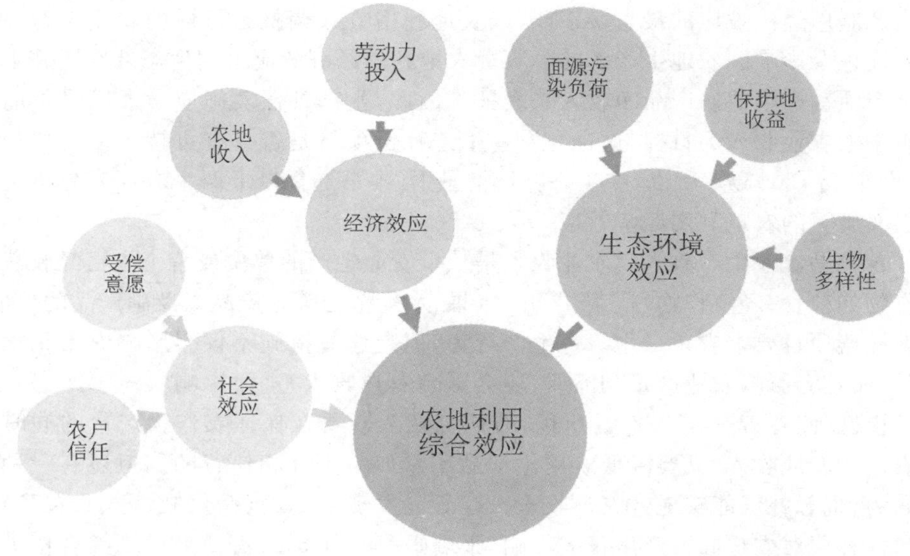

图 4-2　自然保护地区域农地面源污染防治生态补偿多目标分析概念框架

由图 4－2 可见，框架由相对独立的几个主要指标关联搭建而成，具有多学科交叉、主客观交叉、宏微观尺度交叉、数据集异质性等特征，在研究区的特定社会-生态系统背景下，这些指标间可能存在非线性或不确定性关系。

4.4.2　多目标分析的实现思路

从前文分析可以看到，生态补偿背景下农地利用综合效应评价面临着复杂的解题背景，但从本质来看，该问题仍是一个典型的多目标决策问题。目前多目标决策方法的体系日益完善，较常见的有简单加权法、层次分析法、逼近法、灰色关联度法、非劣解解法等。这些多目标决策方法集中于解决特定时间内向量优化问题，对于如何解决涉及流域面源污染这类空间错位和空间相关性强的区域性问题的作用相对有限，需要引入“空间”概念，形成多目标空间决策方法，从时间和空间的双重尺度对流域中面源污染区域进行识别，才能有效达成生态补偿的多个目标。

多目标空间决策方法是结合空间分析技术，引入空间计量学的多目标决策方法，多用于解决城市、森林、流域等土地资源利用方面的问题。Ligmann-Zielinska 等(2008)用线性模型或非线性模型与空间数据结合对土地利用进行多目标空间决策，把不同土地类型分配给不同空间单元。Lesschen、Kok 等(2007)和李鑫、马晓冬等(2015)使用 CLUE-S(土地利用变化)模型对不同类型土地进行空间配置，前者先通过 Logistic(逻辑)回归分析土地利用的历史变化数据获得空间布局规律，再预测和提出未来的空间决策的办法。后者先优化空间布局的规则，再求取优化的空间布局。张培、纪昌明等(2017)通过改进后的向量空间模型获得非劣解集方案，应用到水库群多目标调度决策问题中。Cao、Huang 等(2012)和林清火、郭澎涛等(2018)使用空间遗传算法与空间模拟退火算法等启发式算法，将先验经验作为独立变量结合概率算法进行处理。

这些方法为多目标空间决策的系统性研究打下了坚实的基础，但仍存在空间优化能力有限、所得结果只是一个预测值、概率分布不完全等问题，从而导致决策的效率和效果不够理想。因此，诸多学者在多目标空间决策中引入了贝叶斯网络模型，通过构建空间贝叶斯网络模型解决上述问题。如今，这种与地理信息整合形成的贝叶斯网络模型正从空间分析的初级应用阶段向空间决策的深层应用方向发展，成为多目标空间决策的重要方法。Zoubin(2001)和 Ghahramani(2008)把贝叶斯网络用于空间数据挖掘领域，认为它是一种将多元知识图解可视化的概率表达与推理模型，具有融合先验知识增量学习的特性，可作为一种决策支持工具用于生态系统服务模拟领域。通过对国内外文献梳理发现，空间贝叶斯网络模型与其他多目标空间决策方法相比，具有以下优势：①“网络”概念的引入使多目标空间决策的依据和结果不仅包含空间对象的属性特征，还包含对空间对象关系的有效整理。②该模型所得结果不仅是一个预测值，而是一个完整的未来运行结果的条件概率分布，其预测的实用性更强。③该模型能良好地融合先验经验，将先验经验通过概率统计的检验转化成后验经验，不仅能合理、有效地处理因素的不确定性和不完整性，还能使决策结果更具有客观性。④决策过程的可视性和可操作性更强，能落实到涉及多目标空间问题的各个领域，用于直接指导决策者的实践行为。因此，空间贝叶斯网络模型已成为目前多目标空间决策领域研究的前沿和热点，在同时包含定量、定性和不确定性指标的复杂系统研究中能够充分发挥其强大的综合决策功能。

一方面，空间贝叶斯网络的推理过程很费时，使用非约束的贝叶斯网络进行概率推理是个难求解的非确定性多项式问题，与空间技术结合的空间贝叶斯网络模型的计算同样如此。另一方面，目前国内外对空间贝叶斯网络模型在区域综合治理中的应用仍限于流域中降雨、气候、突发性自然灾害预测和生物多样性保护优先区域的空间决策等方面，涉及流域面源污染负荷预测的研究依旧较少，在生态补偿基础上对农地面源污染控制的研究更是鲜见，也未能同时考虑环境、社会、经济等方面的综合影响。

而流域面源污染具有多源性、集聚性、随机性和广泛性等特征，不仅是一个自然过程，其污染分布与农户生计依赖、农户发展意愿、土地权属和土地利用等因素息息相关。且污染的生态补偿更涉及政府发展规划、区域社会经济发展、区域生态功能定位、区域社会生态可持续发展、生物多样性保护、流域水环境改善、生态补偿利益相关者的态度等多方面的因素。可见，基于生态补偿的农地面源污染控制研究属于自然地理和人文社科的多学科交叉问题。目前的各种数理模型（包括既有的空间贝叶斯模型）并不能直接考虑该类问题的复杂性。

因此，将既有的空间贝叶斯网络模型结合区域的社会、生态、经济特征进行针对性改造，充分发挥该模型在多目标空间决策问题上的优势，更准确、全面地解决流域面源污染识别和生态补偿优先区域厘定问题，为针对性的污染治理和生态补偿提供更科学、客观的决策，具有重要的理论和实际应用价值。

第5章　研究区概况与生态补偿情景设定

湖南毛里湖国家湿地公园是毛里湖流域的唯一集水湖泊。毛里湖流域位于湖南省常德市津市市，是隶属于洞庭湖水系的典型农业小流域，流域面积为387.63 km^2。流域主要湖泊——毛里湖是湖南省内最大的溪水湖，也是国家级湿地公园建设地、长江沿线饮用水水源地，担负着重要的湿地生态系统保护、水源涵养和生物多样性保护功能。毛里湖流域内产业以传统种植业为主，自20世纪90年代开始，受该地区农业持续高强度、集约化发展的影响，致使流域水系富营养化程度不断增高，毛里湖水质一度降到劣Ⅴ类(湖南日报，2015)。2011年开始，当地政府在全流域范围内针对点源污染开展了一系列防控措施，如转移关停畜禽养殖场和食品加工企业等，在一定程度上改善了毛里湖水质。但由于该区域属于中亚热带向北亚热带过渡的潮湿气候区，降雨量大且集中，且农地面积占全域面积70%以上，导致该区域极易形成农业面源污染。2018年津市市环保局的监测结果显示，毛里湖总体水质为Ⅲ—Ⅳ类，主要超标污染物为总氮、总磷。这表明毛里湖国家湿地公园水环境未从根本上得到改善，流域水体富营养化问题仍旧凸显，如何进一步防治湖水污染成为湿地公园建设和可持续发展面临的重要现实问题。

5.1　自然地理概况

5.1.1　地理位置

毛里湖流域位于湖南省常德市东部，地理坐标为：东经111°43′11″—112°2′67″，北纬29°16′81″—29°32′03″(见图5-1)。流域范围涉及常德市津市市的白衣镇、毛里湖镇、药山镇、新洲镇，常德市临澧县烽火乡，常德市鼎城区。

5.1.2　地形地貌

毛里湖流域处于武陵山余脉向洞庭湖盆地过渡地带，属于流水、第四系松散堆积物、岗地、平原地貌类型。流域内地表升降明显，地面高程范围28～60 m，海拔跨度23～378 m，整体坡度较小，15°以下的区域约占90%。流域北部为澧阳平原，地势平坦，河湖纵横；南部沿南、西、北边缘地带为丘陵岗地，地势整体由南向东北倾斜，起伏规律为西南＞西北＞东北＞东南。水系由西向东穿过流域。毛里湖周

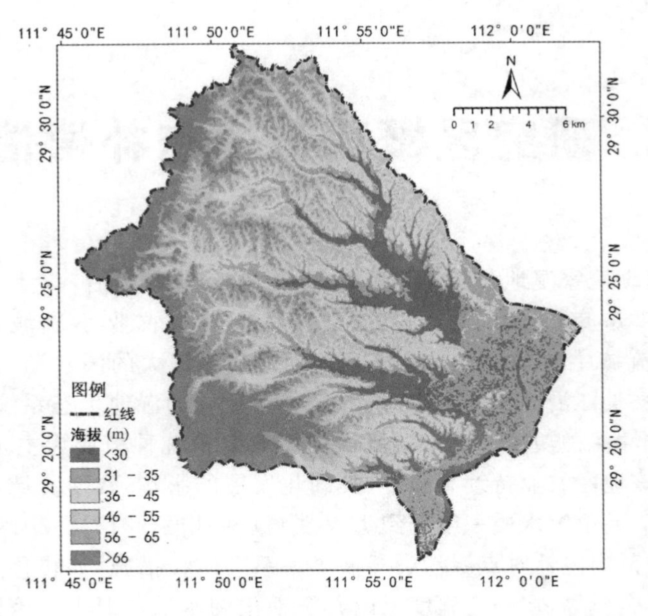

图 5－1　毛里湖流域地理坐标

边是坡度平缓的丘岗地，四周向湖盆缓斜，逐渐低洼，直至被湖水淹没。

5.1.3　土壤

毛里湖流域土壤的成土母质主要为第四系红色黏土，类型包括棕红壤、红壤、潮土及由于水耕熟化发育成淹育型水稻土等，母质沉积和土壤发育历史悠久，成土作用相当明显，没有沙淤分选和成层叠积现象。流域内土壤侵蚀程度总体来说较小，在西北区域存在微度侵蚀，2000 年至 2010 年流域内土壤侵蚀量呈现出先增加后降低的趋势（陈鹏 等，2018）。

5.1.4　气候

毛里湖流域属中亚热带向北亚热带过渡的季风潮湿气候区，具有四季分明、干湿明显、雨量丰沛、日照充足等特征。流域多年平均降水量为 1164.3 mm，多年平均日照时长为 1770.6 h，多年水面平均蒸发量为 1320.1 mm，陆地平均蒸发量为 726.8 mm；多年平均气温为 16.6 ℃，极端最高气温为 40.5 ℃，极端最低气温为 －13.5 ℃；多年平均最大风速为 16.6 m/s，多年平均风速为 2.6 m/s，主导风向为北偏东，最大风速为 21 m/s；平均无霜期为 272 d，平均雾日为 17 d。

5.1.5　水文

毛里湖流域隶属洞庭湖水系，是典型山溪型流域，区内密布大小 100 多条溪水河流，其中流域面积在 10 km^2 以上的溪流 19 条，5 km^2 以上的溪流 25 条，其中永久性溪流共有 8 条（见图 5－2）。这些溪流平均长度 8.2 km，平均水面宽度 8～10 m，窄小段 0.5～1 m，入湖口宽敞段 25～40 m。溪水流速为 0.5～1.0 m/s，夏季突发性大雨后流速可达 5.0 m/s。毛里湖是该流域的主要集水湖泊，湖面南北长 22.8 km，东西宽 13.6 km，湖水面积约 40 km^2，湖底高程 25～27 m，水深 5～8 m，集雨面积 363 km^2，常年蓄水 0.138 km^3，年出、入库总流量分别为 0.285 km^3 和 0.233 km^3。

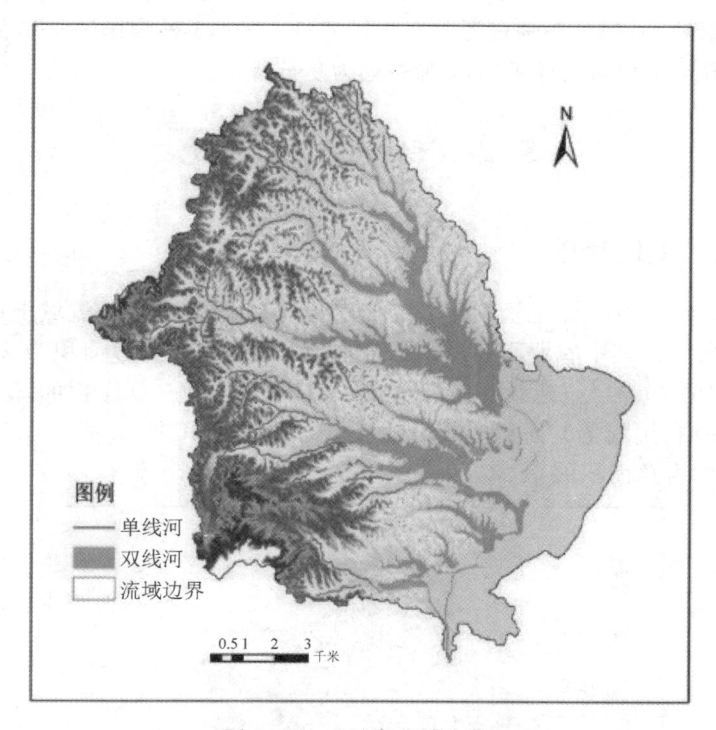

图 5－2　毛里湖流域水系

5.1.6　动植物资源

毛里湖流域在中国植被区划中为亚热带常绿阔叶林区域、东部（湿润）常绿阔叶林亚区域，该区域位于全国生态功能区划的生态调节功能区（I）、洪水调蓄功能区（I-05）、洞庭湖洪水调蓄与生物多样性保护功能区（I-05-02）。流域主要湖泊毛里湖及其周边区域具有典型的长江中下游平原丘陵湿地生境，为不同类型的动植物提供了栖息生境，形成了丰富多样的动植物群落。据调查（黄煜军 等，2014），毛里湖区域有草甸型、沼泽型、水生植物型等 3 个植被型组共 40 个群系的湿地植被分布，包括维管束植物 164 科、492 属、735 种（含种下等级），国家重点保护植物 12

种，二级保护植物 2 种。区内还有丰富的动物资源，湿地脊椎动物 260 种，鱼类 77 种，两栖动物 13 种，爬行动物 25 种，其中包含多种中国特有物种、湖南省重点保护物种、《中国濒危动物红皮书》收录物种、国家二级保护物种、世界贸易公约保护物种等（湖南毛里湖国家湿地公园总体规划，2011）。湖南毛里湖国家湿地公园还是东亚—澳大利亚西亚候鸟迁飞路线上重要繁殖和停歇地之一；鸟类资源丰富，共有 15 目 43 科 127 种，其中国家二级保护物种有 17 种，22 种为国际贸易公约收录物种，53 种为中日候鸟保护物种，14 种为中澳候鸟保护物种，3 种为《中国濒危动物红皮书》收录物种；哺乳动物资源共有 4 目 8 科 18 种，3 种为国际贸易公约收录物种，6 种被 IUCN 列为近危级别，1 种被列为易危级别。

5.2 社会经济概况

5.2.1 土地利用

本书收集了 2016 年毛里湖流域高精度土地利用地理数据，流域土地利用详情如图 5－3 所示。其中农业用地（含耕地、林地、园地、草地等）面积为 292.2 km^2，约占总面积的 75.31%；建设用地面积为 34.5 km^2，约占总面积的 8.91%；湿地（含河流、湖泊、坑塘等）面积为 55.8 km^2，约占总面积的 14.4%；未利用地面积 4.36 km^2，约占总面积的 0.08%。

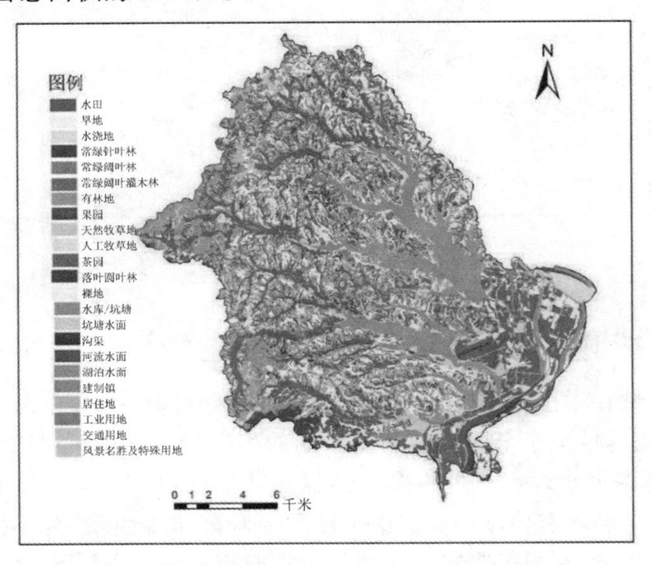

图 5－3　毛里湖流域 2016 年土地利用图

结合本书收集土地利用数据与陈鹏等(2018)对毛里湖流域2000—2010年土地利用变化分析结果比对,发现近20年该区域土地利用方式整体变化幅度不大。局部变化主要是人工表面(建设用地)一直处于缓慢增长趋势,转入源多为耕地和林地;湿地呈转入转出波动状态;农地内部变化表现为水田减少,林地、果园和旱地面积增加。对比2016年与已有研究中2010年流域土地利用情况,人工表面的增幅为2.17%,其他类型地类的转入转出均在1%以内。进一步根据《土地利用现状分类》(GB/T 21010—2017),对收集的流域2016年土地利用原始数据进行分类整理,得到2016年土地利用情况,见表5-1。

表5-1 毛里湖流域2016年土地利用情况

序号	国标编码	国标二级分类	国标一级分类	所属大类	面积/公顷	比例/%
1	101	水田	耕地	农用地	11199.83	28.87%
2	103	旱地	耕地	农用地	6352.54	16.37%
3	301	乔木林地	林地	农用地	5390.59	13.89%
4	1104	坑塘水面	水域及水利设施用地	农用地	2543.97	6.56%
5	307	其他林地	林地	农用地	1818.81	4.69%
6	201	果园	园地	农用地	753.77	1.94%
7	1103	水库水面	水域及水利设施用地	农用地	429.25	1.11%
8	305	灌木林地	林地	农用地	425.88	1.10%
9	204	其他园地	园地	农用地	93.95	0.24%
10	202	茶园	园地	农用地	66.93	0.17%
11	1107	沟渠	水域及水利设施用地	农用地	66.92	0.17%
12	102	水浇地	耕地	农用地	36.47	0.09%
13	1202	设施农用地	其他土地	农用地	25.96	0.07%
14	403	人工牧草地	草地	农用地	16.43	0.04%
15	401	天然牧草地	草地	农用地	0.17	0.00%
16	702	农村宅基地	住宅用地	建设用地	2990.10	7.71%
17	8	公共管理与服务用地	公共管理与服务用地	建设用地	242.80	0.63%
18	1109	水工建筑用地	水域及水利设施用地	建设用地	121.15	0.31%
19	906	风景名胜及特殊用地	特殊用地	建设用地	53.21	0.14%
20	1003	公路用地	交通运输用地	建设用地	26.35	0.07%
21	602	采矿用地	工矿仓储用地	建设用地	17.81	0.05%

续表

序号	国标编码	国标二级分类	国标一级分类	所属大类	面积/公顷	比例/%
22	1102	湖泊水面	水域及水利设施用地	未利用地	3882.36	10.01%
23	1106	内陆滩涂	水域及水利设施用地	未利用地	1100.20	2.84%
24	1101	河流水面	水域及水利设施用地	未利用地	602.14	1.55%
25	404	其他草地	草地	未利用地	511.27	1.32%
26	1206	裸土地	其他土地	未利用地	22.80	0.06%
27	1108	沼泽地	水域及水利设施用地	未利用地	8.36	0.02%

5.2.2 行政区划与人口

毛里湖流域行政区域涉及常德市津市市原渡口镇、白衣镇、原李家铺乡、原保河堤镇、原棠华乡、新洲镇、原灵泉镇，以及常德市临澧县烽火乡和常德市鼎城区。2015年当地政府开展了行政区划调整，原李家铺乡和保河堤镇合并为毛里湖镇；原棠华乡和渡口镇合并为药山镇；原灵泉镇并入新洲镇。2016年区内总人口约为12.6万人，其中农业人口11.7万人。行政区划和人口具体情况见表5-2。

表5-2 毛里湖流域行政区划与人口概况

乡/镇	总面积/km²	面积占比/%	总人口/万人	农业人口/万人	涉及的自然村
药山镇	135.9	33.5	4.27	3.91	天鹅、双合、发瑞、枫树、李阳、三和、金盆、新合、新福、新民、民主、茶场、渡口镇渔场、新湖、临东、黄金、双门、官堰、联合、礼安、棠华、太平、凤凰、凤鸣、新华、民主、云山
毛里湖镇	117.9	30.93	4.33	4.04	长寿、川门、花轿、复兴、樟树、双合、澧赋、中南、七星、民主、中心、铜盆、青苗、荣台、大山、西湖渔场、樟树村、庙基村、箭楼村、土桥村、利兴村、灯塔村、同乐村、梁家坪村、双堰村、青乐村、李家铺乡、万家村、古泉村、同心湖渔场、八方坪湖

续表

乡/镇	总面积/km²	面积占比/%	总人口/万人	农业人口/万人	涉及的自然村
白衣镇	91.6	23.22	2.82	2.66	金山、和平、朱亮桥湖泊、金泉、长安、蒲山、金星、永兴、白衣镇渔场、柏林、天门、红卫、红光、金林、药场、白衣镇茶场、建国、齐心、双兴、荷花、会云、种灵
烽火乡	32.6	8.4	0.8	0.71	棉花堰、荷堰、老人坡、花园村、木家塝、樟树堰、稻萝峪、宋家峪、立山峪、史家垭
新洲镇	19.1	4.9	0.43	0.38	兴隆村、李家村、复兴村、南溪村、长岭村、草鞋村、荷花村、马家村、黄林村

数据来源:《津市统计年鉴 2016》《临澧统计年鉴 2016》《西毛里湖生态环境保护总体实施方案(2013—2017)》。

5.2.3 经济与产业

毛里湖流域 2019 年地区生产总值约为 105 亿元,增长 8.4%。其中第一产业增加值约 9.1 亿元,第二产业增加值 58.7 亿元,第三产业增加值 39.2 亿元。区内第一产业以传统农业为主,大面积栽培作物有水稻、油菜、棉花、蔬菜等;特色农业有蔬果、柑橘、水产养殖、稻虾养殖、食用菌、油茶、中药材等。第二产业相对落后,现有食品加工、建材制造、饲料加工等中小规模工业企业 10 余家,区内商业实体主要有蔬菜产销公司、水产品交易市场、秸秆收储制肥企业等。第三产业规模较小,尚处于建设开发阶段,主要是围绕湖南毛里湖国家湿地公园旅游资源开发的相关产业。

5.2.4 湖南毛里湖国家湿地公园概况

湖南毛里湖国家湿地公园是毛里湖流域内的国家级自然保护地,位于津市市东南部,以毛里湖湿地为主体,地理坐标为:东经 111°51′08″—111°58′28″,北纬 29°20′48″—29°29′40″,总面积为 65.2 km²。该湿地公园于 2016 年正式成立,涉及津市市毛里湖镇、白衣镇、药山镇 3 个镇的 21 个行政村。

湖南毛里湖国家湿地公园的主要价值包括两个方面:一是洞庭湖区域相对独立湖泊湿地的生物多样性,二是重要的水禽迁徙停留站和中转站。公园的湿地生态系统保护目标包括:保护和恢复毛里湖湿地生态功能和生态系统完整性;保护和

改善湿地生物栖息环境；保护和恢复生物多样性；保护和改善毛里湖湿地，以提供优质水源、净化水体、蓄水防洪、碳汇和净化空气、调节气候、休闲娱乐和文化科研等生态服务功能，以提高湿地公园的生态系统服务价值。公园的两个主要保护地管理目标是：水体水质稳定到Ⅲ类，力争Ⅱ类；生物多样性生境保护恢复，候鸟数量增加(国家林业局中南林业调查规划设计院.湖南毛里湖国家湿地公园总体规划 2011—2020)。根据 2018 年国家发改委、国家财政部联合下达立项的《湖南毛里湖国家湿地公园生物多样性保护与合理利用示范工程》，近 5 年公园主要建设内容包括：①生物多样性和生态系统服务保护与恢复；②社区可持续发展；③生态旅游；④环境教育等。

5.3 农地利用特征

5.3.1 农地利用结构与农产品生产

根据国家标准《土地利用现状分类》(GB/T 21010—2017)，将大类属于农用地的土地利用类型进行分类整理，统计毛里湖流域农用地面积为 292.29 km^2，约占流域总面积的 75.33%，流域内农业用地类型和结构见表 5-1。由表 5-1 可见，水田和旱地占流域面积超过 45%；其次是林地、坑塘和园地，其中坑塘和沟渠占流域总面积近 7%，主要利用方式为鱼、虾等水产养殖。

根据实地调研结合统计资料分析，区内农业结构以粮棉油及经济作物种植业为主，主要粮食作物是水稻、小麦；油料作物是油菜；其他类型主要有棉花、蔬菜、食用菌、水果、油茶等；主要蔬菜品种有辣椒、茄子、叶菜类、瓜菜类、根茎类、豆类、藠头等，其中藠头是种植范围较大的特色蔬菜。水果主要品种有柑、橘、橙、柚、西瓜、香瓜、桃等。水产养殖主要品种有鳙鱼、草鱼、青鱼、鲫鱼、小龙虾、鳖等。

以 2018 年为例，研究区主要农产品生产情况见表 5-3。

表 5-3 毛里湖流域主要农产品与生产情况

农产品大类	主要农产品种类		农地面积/ha	农地类型	总产量/t	产值/万元
1 谷物及其他作物	1-1-1	稻谷	16560		96645	25649.58
		早稻	6580	水田	35012	9096.12
		中稻和一季晚稻	2460	水田	17444	4654.06
1-1 粮食	1-1-2	晚稻	7520	水田	44261	11928.34
		小麦	490	旱地	1428	284.89
	1-1-3	玉米	10	旱地	17	3.77
	1-1-4	大豆	140	水田、旱地	243	143.83

续表

农产品大类	主要农产品种类		农地面积/ha	农地类型	总产量/t	产值/万元
	1-1-5	绿豆	50	水田、旱地	78	38.31
	1-1-6	蚕豌豆	90	水田、旱地	146	51.07
	1-1-7	甘薯	70	水田、旱地	375	43.54
	1-1-8	马铃薯	70	水田、旱地	319	62.72
1-2 油料	1-2-1	花生果	180	水田、旱地	443	243.52
	1-2-2	油菜籽	9990	水田、旱地	19471	12944.32
	1-2-3	芝麻	460	旱地	509	60.52
1-3 棉花		棉花	1760	旱地	2387	1209.25
1-4 蔬菜	1-4-1	白菜	259	水田、旱地	6143	
	1-4-2	南瓜	211	水田、旱地	6673	
	1-4-3	辣椒	161	水田、旱地	12268	
		蔬菜合计	1510		46012	13394.09
1-5 水果、坚果、茶	1-5-1	茶叶	105	园地	95	2499.13
	1-5-2	柑橘	2150	园地、林地	12311	
		水果	2360	园地、林地	17420	
	1-5-3	食用坚果		园地	171	
1-6 其他		莲子/菱角/荸荠		坑塘	918	
2 主要林产品	2	油茶籽		园地、林地	32198	
3 渔业	3	池塘养殖	1153	坑塘	12928	3944.06

数据来源:《津市统计年鉴 2018》。

注:上表数据为津市白衣镇、药山镇、毛里湖镇、西湖渔场 4 个单位合计(面积占毛里湖流域总面积的 86.69%)。

5.3.2 农地生产制度与管理措施

本书项目组于 2018 年 7 月至 2019 年 11 月先后 3 次在研究区开展大范围田野调研。根据调研发现,近年来,随着当地农业经济结构调整及农业劳动力结构变化,大部分水田为一季水稻与油菜、棉花、蔬菜等套种方式,旱地为油菜、棉花、蔬菜、瓜果等间种、套种方式。统计流域目前不同类型农地利用模式包括:一季水稻+油菜(稻油轮作)(水田),一季水稻+藠头(水田),一季水稻+各类蔬菜(水田),双季水稻+冬闲(水田),油菜+棉花(棉一油轮作)(旱地),各类蔬菜+棉花(旱地),

各类蔬菜套种、复种(旱地),果园(园地),水产养殖(坑塘)。常见蔬菜多为四季套种模式,区内农户多遵循一家一户的传统种植经营方式;规模化农地经营有一定发展,但多为小型规模。因此,当地形成了混合交错的中小斑块化农田景观。

调研还发现当地青壮年农村劳动力外流现象普遍,现有农业劳动者的年龄普遍偏大。劳动能力缺乏使得中老年劳动者在农业耕作中经常采用简易方式,如种苗撒播、肥料撒施、肥料浅施等,这些管理方式在一定程度上增加了农地面源污染风险。

5.3.3 农地利用营养物投入

毛里湖流域是洞庭湖区传统农区,稻、棉、油仍是区内重要的农产品。以家庭为单位的小户耕种模式持续至今,长久以来形成的过量施肥习惯仍然非常普遍。调查发现,区内化肥施用以氮肥为主、磷肥和复合肥为辅,钾肥施用量较少。氮肥主要有尿素、硝铵,复合肥主要是复合化肥和磷酸二铵,磷肥主要为过磷酸钙和重过磷酸钙。调查发现区内水稻田施用氮肥量(以纯氮计)每年高达600～700 kg/ha,约为国家环保部发布的《化肥使用环境安全技术导则》中推荐施氮量150～180 kg/ha的3.94倍,这一现象在中国南方其他类似农区也有存在(李丹 等,2018)。这与区内主要种植作物有关,以研究区大范围种植的藠头为例,该作物是当地具有一定规模的特色农产品,2018年播种面积约1200 ha,在旱地和水田中均有种植,一季藠头(生长周期约为9个月)施用氮肥量(以纯氮计)达850～900 kg/ha。

5.4 湖南毛里湖国家湿地公园水质与治理概况

自20世纪90年代开始,毛里湖周边农业持续高强度发展使得大量营养物质进入水系,这导致毛里湖水质一度降到劣Ⅴ类。自2013年湖南毛里湖国家湿地公园开始建设以来,当地政府采取了一系列水环境治理调控措施,这在一定程度上改善了毛里湖水质。

5.4.1 国家湿地公园水质情况

据2018年津市市环保局对水质的监测结果,毛里湖总体水质为国家地表水Ⅲ—Ⅳ类标准,但部分监测断面的水质仍存在超标现象。毛里湖五处常规断面水质月度监测结果以及与《地表水环境质量标准》(GB 3838—2002)的对标情况见表5-4。可以看到,毛里湖水质主要超标污染物为TN、TP,水体富营养化问题仍旧严峻,仍需进一步改善公园水体质量。

表 5-4　2018 年湖南毛里湖国家湿地公园区域常规断面水质监测结果

指标	窑坡	宋家渡	白龙潭	小渡口	车家溪	地表水Ⅲ类标准
水温/℃	6～31	6～29	6～28	6～31	6～32	周平均最大温升≤1；温降≤2
pH 值	6.7～7.8	6.5～7.92	6.63～8.05	6.59～7.45	6.78～7.29	6～9
溶解氧/(mg/l)	6.6～8.3	6.7～8.2	6.3～8	4.2～7.5	3.6～7.6	5
高锰酸盐指数	1.37～2.51	1.27～2.82	1.3～2.29	2.29～5.42	2.36～10.3	6
化学需氧量	6～12.8	5.2～14.8	5.6～10.8	10.8～33.2	14.4～46	20
五日生化需氧量	0.7～2.6	0.4～2.9	0.5～2.2	0.8～7.6	1.3～9	4
氨氮/(mg/l)	0.1～1.6	0.134～0.58	0.089～0.48	0.294～3.66	0.269～2.25	1
总氮/(mg/l)	0.852～3.14	0.905～1.98	0.95～1.96	1.22～4.06	0.91～5.25	1
总磷/(mg/l)	0.032～0.137	0.022～0.132	0.027～0.094	0.046～1.23	0.041～1.38	0.2

数据来源：津市市环保局(2018)。

5.4.2　毛里湖流域水环境治理措施

毛里湖流域已开展的水环境治理措施包括工程性措施和非工程性措施两种。工程性措施包括从 2014 年起先后在 4 条主要入湖溪流(胡家桥溪、宋家坪溪、辛家台溪、白衣庵溪)入湖口附近建设了“大溪水河生态拦截工程”，以净化入湖溪流水质。此外，在毛里湖环湖改造新建居民生活垃圾集中处理设施和居民点生活污水处理设施。非工程性措施主要是自 2013 年以来，当地政府采取转移关停畜禽养殖场和食品加工企业、排污技术整改等措施在全流域范围内针对点源污染开展了一系列调控措施，包括全流域所有鱼塘的禁止投肥倡议、环湖 100 m 鱼塘退养转产、乡村环保教育宣传、环保政策与规章制定等。这些措施的实施使得毛里湖水质有了一定程度的改善，但进一步从这些方面开展水环境治理的成本效率比已逐渐降低，而在畜禽和水产养殖方面实施更严格的管控，很可能对当地农户的经济利益造成较大损害。

根据湖南省环境保护厅编制的《毛里湖生态环境保护总体实施方案(2013—2017)》，农田径流污染物入湖量占全流域污染物入湖总量的 1/3，是目前毛里湖水体污染最主要的来源。因此，从农地面源污染治理角度来开展毛里湖水环境治理，虽然政策实施难度较大，但是在未来可能会得到更佳的成本收益。

5.5 毛里湖国家湿地公园农地面源污染防治生态补偿情景设定

情景模拟是本书研究的一个重要思路。情景模拟基于对历史、现状和未来的预期，通过设定未来可能出现的社会、经济和政策情境，结合相关方法和工具模拟一种或多种条件下的社会经济或生态系统的反馈或响应，为制定管理策略提供科学依据(Peterson et al.，2003)。本书正是以研究区农地生态补偿情景为出发点和基础开展相关研究。

通常对未来进行合适的情景预判存在较大难度，一般很难实现对研究情境的精准设计，需要对其进行一定概化，并选取与现状存在一定联系以及具有一定可行性的情境进行讨论。根据以往研究，流域面源污染综合管理多通过专家经验、文献分析，结合实证经验得出情景方案(吴辉，2013)。另外，设定生态补偿模拟情景还应从国家政策背景以及研究区的实际情况考虑。本书生态补偿情景设计的目标是防治农地面源污染，进而改善湖南毛里湖国家湿地公园水环境状态。已有研究发现，严格的营养要素控制是改善流域水环境的关键(宋兰兰 等，2018)，因此本书以“农地化肥输入控制”为出发点，以最佳实施可行性为原则，结合中国现行政策和研究区实际情况设计农地生态补偿情景。

首先，从国家现行政策背景看。中国自21世纪初以来陆续实施了多项与生态补偿紧密相关的大型生态环境恢复工程，如退耕还林还草、退田还湖、退牧还草、轮作休耕等。其中退耕还林工程开始于1999年，历经20多年取得了显著的生态效益，在国际上产生了较大的积极影响；目前第二轮退耕还林工程正在实施(刘婷等，2020)。轮作休耕是中国近年来一项新的重大环境修复工程。2014年，中共中央一号文件首次在《关于全面深化农村改革加快推进农业现代化的若干意见》中提出农业资源休养生息的设想；2015年11月，《中共中央关于制定国民经济和社会发展第十三个五年规划的建议》中进一步明确实行耕地轮作休耕制度试点；2016年5月，农业部等十部门联合发布了《探索实行耕地轮作休耕制度试点方案》，正式开展轮作休耕制度试点；2018年，中央财政拨付资金50.9亿元加大试点范围，此后每年按一定比例增加；2019年，十三届全国人大常委会第十二次会议审议通过了关于修改土地管理法的决定，提出进一步加强耕地保护，引导轮作休耕制度；2021年，农业农村部会同财政部将轮作休耕制度的实施规模扩大到266.8万公顷。因此，本研究拟从国家政策背景出发设计具有切实可行性的农地利用调整情景，如农地休耕、退耕还林。

其次，从研究区实际情况看。毛里湖流域的农地类型多样，其中坑塘是除水田、旱地外的一种重要特殊类型农地，根据2016年土地利用数据统计，坑塘地类占全流域的面积比为6.56%，占全部农地面积的8.71%。这些坑塘主要利用方式是各类水产养殖，养殖品种包括淡水经济鱼类、甲壳类等。本书在研究区开展的实地调研发现，当地坑塘水产养殖具有劳动力投入密集、营养物投入高、经济效益高等特征，因此被认为是农业面源污染的重要来源之一(湖南省环境保护厅，2013)。当地政府为改善毛里湖湿地公园水质，2018年针对离毛里湖环湖距离较近的坑塘开展了“退养转产”的农地利用调整，将坑塘利用方式改为莲藕、水稻等水生作物种植(津市市人民政府，2019)。另外毛里湖区域近十多年来一直持续推广测土配方施肥、精准施肥技术等农业生产环保政策，2016年在主要农作物测土配方施肥技术推广上制定了新的政策目标。可以看出，地方政府对农业投肥控制的环保措施认可度较高。因此，综合毛里湖区域各类农地利用现状以及相关政策制定的可能趋势，本书提出具有较大可行性的农地利用调整情景，如减施化肥、坑塘转产。

为确认研究区农地休耕、减施化肥、退耕还林、坑塘转产等生态补偿农地调整情景措施的现实可行性，本书作者于2018—2019年在毛里湖区域多次走访了包括津市市政府及毛里湖三镇政府的多个相关职能部门，并进行了大范围农户调研。调查显示，当地政府职员、农户等普遍对出台和实施相应生态补偿方案以进一步改善毛里湖水质表示积极认同，并认为以上方案具有一定的现实可行性。另外，本书作者还咨询了相关领域专家，最终综合文献分析、实地调研和专家意见，设计了4个以防治毛里湖农地面源污染为目标的生态补偿情景，见表5-5。

表5-5　毛里湖流域农地生态补偿措施情景设计

编码	情景名称	土地利用变化	农地管理变化	实施范围	施肥量
S0	基准	现状	现状	/	现状
S1	减施化肥	现状	减少50%化肥施用量	水田、旱地、园地	减半施肥
S2	农地休耕	现状	耕作与休耕以年为单位循环	水田、旱地	休耕年不施肥
S3	退耕还林	水田与旱地改为林地	改为林地管理方式	近湖水田与旱地	无
S4	坑塘转产	现状	水产养殖改为水生作物种植	坑塘	大幅减少

情景方案确定后结合文献资料分析，本书对各情景开展进一步细化，具体描述如下：

(1)减施化肥(S1)。在农业科技人员指导下科学施用配方肥，以现状施肥量为基准，减半施肥，其他农作管理活动不变；该情景针对流域所有水田、旱地、果园开展，补偿农户每年的纯收入损失。

(2)农地休耕(S2)。以年为周期实施休耕轮作，具体实施是第一年正常耕作，第二年不耕作，并开展植草措施，年底除草并留作肥料，第三年进行的正常耕作，如此循环往复。该情景针对流域所有水田、旱地开展，补偿农户休耕年的纯收入损失。

(3)退耕还林(S3)。中国现行退耕还林措施主要针对坡度大于25°的耕地，但毛里湖流域坡度大于25°的耕地极少，且流域内湖泊、河溪众多，靠近水系周边的农地更有可能带来面源污染压力(胡小贞 等，2011)。因此，针对毛里湖该流域实际情况，将退耕条件设定为：在距湖泊200 m和主要水系100 m范围内的水田、旱地开展退耕还林，将耕地转为生态林或10年期的用材林地，补偿农户每年的纯收入损失。

(4)坑塘转产(S4)。该情景针对流域范围内的坑塘、沟渠开展，该类型农地不再养殖鱼、虾蟹、龟、蛙等水产，改种莲、藕、芡实、水稻等水生作物，补偿农户每年的纯收入损失。

第6章 研究区生态补偿情景的面源污染负荷模拟

6.1 引言

生态补偿情景下研究区农地面源污染负荷的响应是本书生态补偿环境效应中最重要的部分。目前农业面源污染特征分析及防治措施的环境效应评价主要方法有实地监测、经验参数评估、模型模拟三种(孟凡德 等,2013;Zou et al.,2015)。其中:实地监测通过在田块开展措施实施前后的实地监测来评价影响,这种方法比较简单易行,但由于农田面源污染运移过程的复杂性,使得田间尺度的评价结果应用于流域尺度时容易出现较大误差(温美丽 等,2015);经验参数法基于已有经验参数和公式开展营养物流失潜在风险估算,在田块和流域尺度评价中均有应用,但由于区域间自然地理和农地利用的差异使得经验参数往往可适性不足,且模拟精度较低(Nendel,2009);模型模拟法多用于流域尺度上的研究,可高效率地开展不同情景的对照,具有预测性、灵活性的特点,但该方法对基础数据要求较高,操作较为复杂。模型模拟法目前已经非常成熟,当研究目标对模拟精准度要求较高,结果需要具有一定预测性,以及开展较多情景对比时,多选择这一方法在流域尺度开展面源污染治理措施效应评价(Adu et al.,2018;Xiang et al.,2017)。

结合研究目标和数据资料的可得性,本书采用分布式水文模型对研究区农地面源污染现状以及不同生态补偿情景下面源污染负荷响应进行定量模拟和分析。本章的技术路线如图6-1所示。

6.2 模型选取及原理

6.2.1 面源污染模型选取

农业面源污染来源非常广泛,形成机理十分复杂,地形地貌、水文、气候、植被等均会对水文及营养元素的传输过程产生影响(Maguire et al.,2009)。此外作物种类、农药化肥施用、农田灌溉及管理措施等人为因素也会对面源污染物的流失产生显著的影响(Besalatpour et al.,2012;向霄 等,2013)。

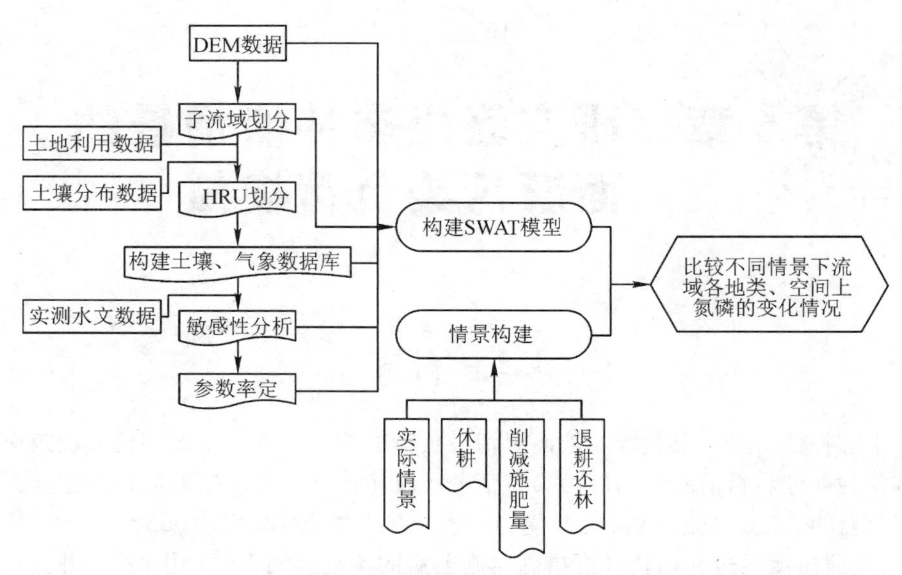

图 6-1　生态补偿情景面源污染防治效应分析技术路线

目前能对流域尺度复杂的面源污染过程做全面定量描述的面源污染模型，被认为是定量评价面源污染、分析污染影响因素和评估治理效应的最佳途径之一（张汪寿 等，2013）。面源污染模型从 20 世纪 50 年代发展至今，历经了经验模型、机理模型和功能模型等阶段。其中第一阶段是 20 世纪 50—60 年代的经验模型，代表性的有美国农业部开发的通用土壤流失方程（the universal soil loss equation，USLE）和径流曲线数模型（SCS-CN），这类模型主要是采用统计方法估算污染物输出系数来构建，多用于评价土地利用和湖泊富营养化之间的关系；第二阶段是 20 世纪 70—90 年代，这一阶段的机理模型开始考虑面源污染的迁移和转化，代表性模型有 SWRRB（simulator for water resources in rural basins）、SWMM（storm water management model）、ANSWERS（areal nonpoint source watershed environment response simulation）等；第三阶段是 20 世纪 90 年代至今，这一阶段模型的模拟效率随着 3S 技术的逐渐成熟而快速发展，在不同模拟尺度上的精准度也在不断提高。代表性模型有 SWAT（soil and water assessment tool）、AGNPS（agricultural nonpoint source）等。

其中 SWAT 模型是 1994 年由美国农业部农业研究中心在 SWRRB 模型的基础上开发的一个基于物理机制的分布式水文模型（Besalatpour et al.，2012），可灵活模拟复杂气候变化、土地利用变化、农业管理措施等对流域水循环、泥沙和营养物的影响。该模型包含了 701 个方程和 1013 个中间变量，具有很强的物理基础，可用于包括不同的土壤类型、土地利用方式和管理条件下的复杂流域；能够直接模拟水文、泥沙输运、作物生长和营养物质循环等物理化学过程，评估流域面源污染状况，分析降雨量、气候变化、人类活动、农业管理中施肥量等因素对研究区域污染负荷输出的影响（龙天渝 等，2016）。在开发初期，该模型多用于大型流域的水沙、营养物模拟，近年来随着模型进一步完善与发展，用于小流域的模拟也取得了很好的效果。如 Muenich et al.（2017）结合 SWAT 模型，模拟美国伊利湖西部流域不同农地利用措施对流域氮素污染削减，发现调整措施在田块尺度的污染防治效应大于流域尺度；李丹等（2018）采用 SWAT 模型分析在浙江省西北部老虎潭水库（集水区面积 110 km^2）水体富营养化污染物的主要来源，模拟结果表明径流量模拟精度较高，总氮模拟验证结果较好，认为 SWAT 模型对中国长江流域丘陵地区小流域径流量和农业面源污染具有较好的适用性；张展羽等（2013）将 SWAT 模型用于长江下游岔河小流域（流域面积 4.087 km^2）非点源氮磷迁移规律的研究，发现率定后的模型适用于小流域面源污染的模拟。

本书研究区毛里湖流域是隶属于洞庭湖水系的典型丘陵区农业小流域，根据研究区特征和已有经验，选用 SWAT 模型开展本书农业面源污染现状与生态补偿情景模拟。

6.2.2 SWAT 模型基本原理

SWAT 模型发展至今已进入成熟阶段，在全球采用该模型开展的实证研究非常丰富。模型的原理简要概述如下：

根据面源污染的形成和发生机理，SWAT 模型主要由水文过程模拟模块、土壤侵蚀模块和污染负荷模块构成（Neitsch et al.，2011）。模型根据土地利用类型、土壤类型、坡度差异等将流域划分为若干子流域（subbasin），并进一步在子流域范围内划分若干水文响应单元（hydrological response units，HRUs）。模型对流域产流、产污的模拟逐级从 HRUs、Subbasin、Basin 各尺度开展，后文将根据需要对各级尺度进行进一步介绍。

模型将流域水文过程分为水文循环陆地和水文循环汇流两个阶段。第一阶段模拟 HRUs 和 Subbasin 内水、泥沙、营养物等向主河道的运移和转化，包括气象、土壤、水文、泥沙、营养物、作物生长、农业管理等模块。第二阶段模拟河网水流、泥沙和营养物等向流域出水口的运移和转化，包括河道汇流和蓄水体汇流等模块。

陆地阶段模拟的水量平衡方程如下：

$$W_t = W_0 + \sum_{i=1}^{t} (R_{\text{day}} - Q_{\text{surf}} - E_{\text{a}} - W_{\text{seep}} - Q_{\text{gw}}) \tag{6-1}$$

式中：W_t 表示土壤最终含水量（mm）；W_0 表示第 i 天的土壤初始含水量（mm）；t 表示时间（d）；R_{day} 表示第 i 天的降水量（mm）；Q_{surf} 表示第 i 天的地表径流量（mm）；E_{a} 表示第 i 天的蒸散发量（mm）；W_{seep} 表示第 i 天从土壤剖面层进入包气带的水量（mm）；Q_{gw} 表示第 i 天回归流的水量（mm）。

在完成陆地阶段的计算后，水文循环进入汇流阶段，在这一阶段，泥沙、营养物和其他化学物质通过水体进行运移输送。SWAT 模型为用户提供了两种水流演算方法：特征河道长度法和 Muskingum 法（Abbaspour et al.，2007），本书采用特征河道长度法进行水流演算。SWAT 模型采用通用的土壤流失方程（Neitsch et al.，2012）来计算降雨和径流引起的侵蚀。

$$S = 11.8(Q_{surf} \times q_{peak} \times a_{hru})^{0\times56} \times K_{USLE} \times C_{USLE} \times P_{USLE} \times S_{USLE} \times G \tag{6-2}$$

式中，S 表示某天的产沙量（t）；Q_{surf} 表示地表径流总量（mm/hm^2）；q_{peak} 表示洪峰流量（m^3/s）；a_{hru} 表示 HRU 的面积（hm^2）；K_{USLE} 表示 USLE 中的土壤可蚀因子；C_{USLE} 表示 USLE 中土地覆盖与管理措施因子；P_{USLE} 表示 USLE 中水土保持措施因子；S_{USLE} 表示 USLE 中的地形因子；G 表示粗糙度因子。

SWAT 模型中的氮、磷等营养物的运移过程如图 6－2 所示。在农田营养物迁移模拟中，土壤中的氮被定义为 5 种，包括 2 种矿物质氮和 3 种有机氮，除去部分被植物吸收的，硝态氮和有机氮可通过地表径流、侧向流和土壤渗漏流入土壤中迁移流失。硝态氮的流失量采用径流量或下渗量与土层中硝态氮平均浓度的乘积进行计算；有机氮随吸附的泥沙在径流中的迁移而流失，其计算采用经验负荷函数（McElroy et al.，1996；Williams et al.，1978）。SWAT 模型定义了 6 种土壤中的磷，包括 3 种矿物质磷和 3 种有机磷；径流中可溶性磷的流失量根据土壤上层 10 mm 的可溶性磷浓度、径流量和分配因子（Neitsch et al.，2011）计算；有机磷的迁移机制与有机氮相似。

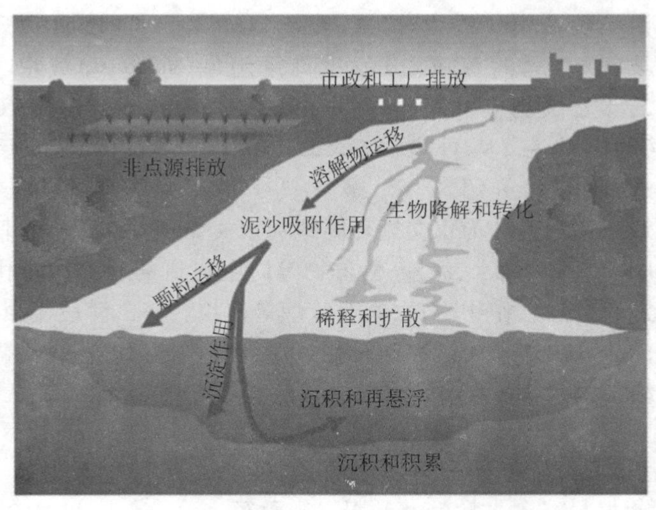

图 6－2　SWAT 模拟营养物迁移示意图

模型中营养物迁移转化过程的机理分析见《非点源污染模型：理论方法与应用》（郝芳华 等，2006），本文不再详述。

6.3 数据与模型准备

SWAT 模型对数据的要求较为复杂。本书主要通过两个途径进行数据收集工作，一是从各类科研平台、政府机构收集，包括土地利用、气候、土壤和水文水质验证数据集；二是自行收集数据，主要包括农地投肥、管理情况实地调研收集。主要输入数据类型及收集来源等见表 6-1。

表 6-1 毛里湖流域 SWAT 模型主要输入数据

数据类型	分辨率/时间步长	所含参数	来源
数字高程	30 m	流域高程、坡度、坡向、坡长	中科院计算机网络信息中心：地理空间数据云平台
土壤类型	1 km	土壤空间分布、密度、pH 值、有机质含量等物理化学性质	国家地球系统科学数据平台：寒区旱区科学数据中心
土地利用	10 m	径流曲线值、最佳收获指数、冠层高度、曼宁系数、植被根深等	管理部门
气象	逐日	最高最低温度、湿度、风速以及太阳辐射等	湖南省澧县气象局、安乡气象局；SWAT 官方网站
水文、水质	逐日	日流量、泥沙及水质监测数据	管理部门、建设项目
农业管理		作物种类、种植制度、施肥时间、施肥量、耕作方式等	自行实地调研

6.3.1 数据准备

1. 土壤数据准备

土壤数据库主要用于提供土壤的物理属性。SWAT 模型内置土壤数据库适用于美国地区，中国和美国所处的纬度范围相似，但是土壤物理性质差异较大，对土壤剖面水分循环和流域水循环会造成不同影响。因此，用户需要构建适用于特定目标区域的土壤数据库。

本书采用的土壤数据来源见表 6-1，土壤类型空间分布见图 6-3，土壤类型属性参数计算来源于世界土壤数据库(harmonized world soil database，HWSD)。SWAT 模型中土壤参数共有十层，其中前两层对流域水文过程影响程度较大，因此只计算前两层的土壤参数。土壤参数确定有两种途径：直接在 HWSD 数据库中提取和开展手工计算。其中手工计算又分为两种方式：一是运用美国农业部(USDA)农业研究中心开发的 SPAW(soil-plant-air-water field & pond hydrology)软件来计算土壤水文特征；二是采用经验公式计算。本书利用 Williams(1995)提出的土壤侵蚀因子估算方法来计算 USLE-K(通用土壤流失方程-土壤可蚀性因子)；最后采用 NRCS(美国自然资源保护局)土壤调查小组(1996)的经验方法，将具有相似产流能力的土壤归类以计算水文分组(HYDGRP)。

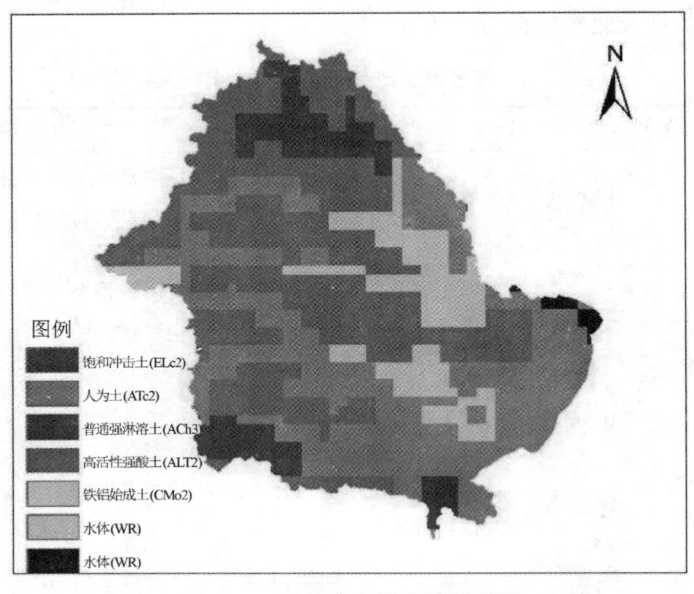

图 6-3　毛里湖流域土壤类型图

2. 气象数据准备

SWAT 模型气象数据库由研究区历史数据和实测数据两部分组成。历史数据库是需要根据研究区多年月值历史气象数据计算生成的，用于对研究区气候的长期特征和趋势进行描述，从而提高模型气候模拟的准确程度。本书研究区历史气象数据来源于 SWAT 官方网站，包括 1980—2013 年毛里湖流域周边 8 个气象站点(所处地理坐标度区间为：东经 111°36′19″—112°18′80″，北纬 29°19′33″—39°81′18″)逐日的温度、湿度、风速以及太阳辐射等长序列数据，用以计算历史气象数据库所需要的参数。

由于毛里湖流域范围内没有气象站点，本书的实测气象数据从距离研究区最近的两个气象站点获取，分别是湖南省澧县气象站和安乡县气象站，其中安乡气象站地理坐标为东经 111°44′16″、北纬 38°10′28″；澧县气象站地理坐标为东经 112°10′05″、北纬 29°24′27″。实测数据包括 2009 年 1 月至 2018 年 12 月逐日的最高温度、最低温度、露点温度、降雨量、风速、日照时数、相对湿度等。

3. 土地利用数据准备

本书收集了2016年毛里湖流域10 m分辨率的土地利用数据，在此基础上根据当地实际情况以及研究需求，按一定分类规则开展研究区土地利用重分类（见表6-2），进而绘制毛里湖流域土地利用重分类空间数据，如图6-4所示。

表6-2　研究区土地利用重分类表

对应地类编号	土地利用类型		
	重分类前	重分类后	代码
11	水田	水田	RICE
12	水浇地	旱地	AGRR
13	旱地	旱地	AGRR
21	果园	果园	ORCD
22	茶园	林地	FRST
23	其他果园	林地	FRST
31	有林地	林地	FRST
32	灌木林地	林地	FRST
33	其他林地	林地	FRST
41	天然牧草地	草地	PAST
42	人工牧草地	草地	PAST
43	其他草地	草地	PAST
102	公路用地	城镇居民及工矿用地	URMD
111	河流水面	水域	WATR
112	湖泊水面	水域	WATR
113	水库水面	水域	WATR
114	坑塘水面	水域	WATR
116	内陆滩涂	水域	WATR
117	沟渠	水域	WATR
118	水工建筑物用地	城镇居民及工矿用地	URMD
122	设施农用地	旱地	AGRR
125	沼泽地	水域	WATR
127	裸地	未利用地	BARR
203	村庄	城镇居民及工矿用地	URMD
204	采矿用地	城镇居民及工矿用地	URMD
205	风景名胜及特殊用地	城镇居民及工矿用地	URMD

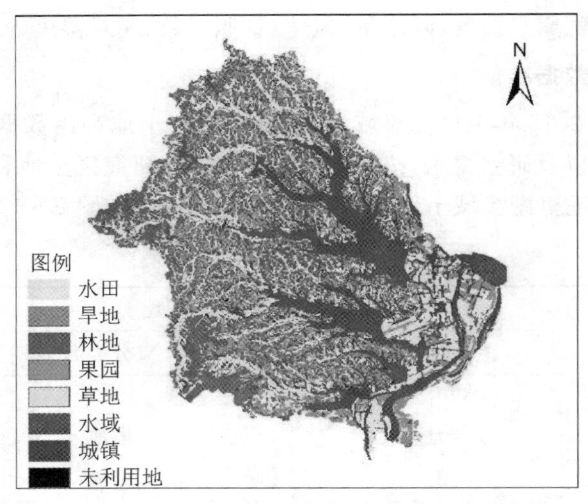

图 6-4　毛里湖流域土地利用重分类图

4. 作物耕作管理

本书项目组于 2018 年 7 月至 2019 年 12 月先后 3 次在毛里湖流域开展大范围农地田野调查和农户调研，深入了解当地农业生产制度作物管理情况等，发放并整理“研究区主要作物投肥调查表”对主要农产品施肥规律进行了实地调查。

调查发现农地耕作中的化肥施用以氮肥为主，以复合肥、磷肥为辅，钾肥较少。常见复合肥营养物的配比为：$N : P_2O_5 : K_2O = 26 : 10 : 15$，尿素中纯氮含量为 46%。此外，农作物生产广泛使用草甘膦作为除草剂，使得区内农田地表缺少植被覆盖，增加了水土流失风险；使用阿维菌素作为杀虫剂，增大了区内水环境污染风险。

另外，近年来研究区青壮年农村劳动力外流现象普遍，使得现有农业劳动力年龄普遍偏大，劳动能力缺乏使得农业耕作活动由原来的精耕细作方式逐渐转变为较低劳动强度的方式，如在耕作中采用种苗撒播、肥料撒施、园地肥料浅施等现象日趋常见。粗放的耕种放式可能造成农地利用环境风险增大，其中化肥农药的过量施用表现最为突出。调查发现区内水稻田施用氮肥量（以纯氮计）每年高达 600～700 kg/ha，约为国家环保部发布的《化肥使用环境安全技术导则》中推荐施氮量 150～180 kg/ha 的 3.94 倍。这一现象在中国长江中下游其他类似农区也有出现（李丹 等，2018）。

调查还发现当地农作物种类繁多，农地作物在一个种植年内复种、套种的情况非常普遍，而 SWAT 模型在模拟农作模式中具有一定的局限性，无法对复杂的作物耕作情况进行完全精确的描述。因此本书以尽可能反映实际情况为原则对研究区农地利用情况进行一定的概化，见表 6-3。

表6-3　研究区主要农地生产时空特征

月份	地类	作物/农产品(作物播种面积占地类面积比)
1	水田	油菜(30%)、蔬果综合(45%)、空闲(25%)
	旱地	油菜(20%)、蔬果综合(60%)、其他(20%)
2	水田	油菜(30%)、蔬果综合(45%)、空闲(25%)
	旱地	油菜(20%)、蔬果综合(60%)、其他(20%)
3	水田	油菜(30%)、蔬果综合(40%)、水稻(20%)、空闲(10%)
	旱田	油菜(20%)、蔬果综合(60%)、其他(20%)
4	水田	油菜(30%)、蔬果综合(40%)、水稻(20%)、空闲(10%)
	旱田	油菜(20%)、蔬果综合(60%)、其他(20%)
5	水田	水稻(70%)、油菜(20%)、蔬果综合(10%)
	旱地	油菜(10%)、蔬果综合(60%)、棉花(30%)
6	水田	水稻(70%)、蔬果综合(30%)
	旱田	蔬菜(50%)、棉花(30%)、其他(20%)
7	水田	水稻(70%)、蔬果综合(30%)
	旱地	蔬菜(50%)、棉花(30%)、其他(20%)
8	水田	水稻(70%)、蔬果综合(30%)
	旱地	蔬菜(50%)、棉花(30%)、其他(20%)
9	水田	水稻(50%)、蔬果综合(30%)
	旱地	蔬菜(50%)、棉花(30%)、其他(20%)
10	水田	蔬菜(40%)、水稻(20%)、空闲(20%)
	旱地	蔬菜(50%)、棉花(30%)、其他(20%)
11	水田	油菜(30%)、蔬果综合(45%)、空闲(25%)
	旱地	油菜(20%)、蔬菜(50%)、棉花(10%)、其他(20%)
12	水田	油菜(30%)、蔬果综合(45%)、空闲(25%)
	旱地	油菜(20%)、蔬果综合(60%)、其他(20%)
全年	园地	柑/橘/柚类(88%)、桃/李/梨(12%)
全年	坑塘	水产养殖(80%)、其中精细养殖(80%)、粗放养殖(20%) 莲藕/水生作物(20%)
全年	林地	乔木林(70.6%)、灌木林(5.6%)、其他林地(23.8%)

数据来源:毛里湖镇农林站、白衣镇农林站、药山镇农林站统计资料。

注:①蔬果综合,是对研究区农田种植的各类蔬菜进行的概化分类,主要包括藠头、白萝卜、白菜、辣椒、茄子、西瓜、香瓜等,以及在农田种植的葡萄、草莓等设施水果,其中藠头种植面积约占蔬菜种植面积的25%。②其他,是指在多旱地里种植的芝麻、花生、甘薯、马铃薯、大豆等作物。③其他林地,主要为果树的经济型林地。

从表 6-3 中可以看到，一年中，水田除以水稻种植为主要利用形式外，还进行了大量其他作物的种植；旱地的种植品种也丰富多样，以油菜、各类蔬果及棉花为主；果园和林地利用在年内相对稳定；坑塘的利用以水产养殖为主。整理农地耕作管理的调研资料，对研究区各地类的耕作和施肥情况在模型中设置如下。

(1)旱地(AGRL)。

代表性作物：蕌头、蔬菜综合。

轮作设置：根据研究区实际情况进行一定概化，设置三轮轮作。第一轮于 1 月 1 日开始播种，并于 5 月 15 日收获并移除；第二轮于 5 月 20 日播种，于 10 月 20 日收获并移除；第三轮于 10 月 25 日播种，于 12 月 25 日收获并移除。

施肥情况：根据实际调查情况整理旱地施肥情况，见表 6-4。

表 6-4　一年中旱地种植及施肥概况

月	日	操作	施肥种类	施肥量/(kg/ha)
1	1	旱地作物播种		
3	15	施肥	尿素	149.99
4	15	施肥	尿素	112.49
5	15	收获并移除		
5	20	旱地作物播种		
5	25	施肥	复合肥	899.96
6	15	施肥	尿素	262.49
7	15	施肥	尿素	224.89
8	15	施肥	尿素	187.49
10	20	收获并移除		
10	25	旱地作物播种		
10	30	施肥	复合肥	674.97
11	15	施肥	尿素	187.49
12	25	收获并移除		

(2)水田(RICE)。

代表性作物：水稻(早稻、中稻、晚稻)、蔬菜综合。

轮作设置：根据研究区实际情况整理设置三轮轮作。第一轮于 1 月 1 日开始播种(普通农作物)，并于 4 月 20 日收获并移除；第二轮于 4 月 25 日播种水稻，于 9 月 25 日收获并移除；第三轮于 10 月 1 日播种旱地类作物，于 12 月 25 日收获并移除。

施肥情况：根据实际调查情况设置施肥情况，见表 6-5。

表 6-5 一年中水田种植及施肥概况

月	日	操作	施肥种类	施肥量/(kg/ha)
1	1	播种旱地作物		
1	5	施肥	尿素	149.99
3	10	施肥	尿素	112.49
4	20	收获并移除		
4	25	播种水稻		
4	30	施肥	复合肥	749.63
5	15	施肥	尿素	149.93
7	15	施肥	尿素	149.93
9	25	收获并移除		
10	1	播种旱地作物		
10	5	施肥	复合肥	674.97
11	10	施肥	尿素	187.49
12	25	收获并移除		

(3)果园(ORCD)。

代表性作物:研究区主要果树类型有柑、橘、柚、桃、梨等。其中柑、橘是当地传统优势水果,种植面积较大。因此,采用柑、橘作为果园代表性作物。

施肥情况:根据实际调查情况设置园地施肥情况,见表 6-6。

表 6-6 一年中园地种植及施肥概况

月	日	操作	施肥种类	施肥量/(kg/ha)
3	15	施肥	复合肥	149.92
5	15	施肥	尿素	374.81
11	15	收货		
11	25	施肥	尿素	899.55

对于模型施肥量设置的说明:

①各地类施用无机复合肥折纯计算公式。根据研究区使用量最大的复合肥配比($N:P_2O_5:K_2O=26:10:15$),得出

$$纯氮=26\times14/(26\times14+(31.5\times2+16\times5)\times10+(39\times2+16)\times15) \quad (6-3)$$

$$纯磷=31.5\times2\times10/(26\times14+(31.5\times2+16\times5)\times10+(39\times2+16)\times15) \quad (6-4)$$

(相对原子质量:N=14;P=31.5;O=16;K=39)

②根据在研究区开展的田野调查,该区域因为农业劳动力不足,农户在开展播

种、施肥等劳作时多采用较为粗放的方式，如秧苗撒播、肥料撒施、果园浅施等，根据这一情况对模型中施肥操作进行了调整：将施肥操作中，默认20%的肥料在土壤的表层10 mm里，调整为30%。

5. 模型调适数据收集

SWAT模型中内置参数主要根据美国、欧洲等地的农业环境设定，用户需要根据研究区实际情况开展模型参数调适校准，其前提是调适数据的收集。

(1)水文水质数据。限于研究条件，本书收集的径流和营养物实测数据位于研究区内两个不同的监测点。其中径流数据来自研究区已实施的入湖溪流生态拦截工程。共获得为期37个月的实测值：2014年10月—2017年11月，位于瓦屋嘴溪生态拦截工程处的监测点（东经111°52′29.702″，北纬29°23′23.036″），采用2014年10月至2016年4月作为径流模拟率定期，2016年5月至2017年11月为径流模拟验证期。

其中水体营养物实测数据来自当地环保部门在研究区内22个监测点的采样数据集。该数据集采样时间从2011年1月至2017年12月，2018年1月开始原有22个监测点更改为5个位于毛里湖内的新点位，采样周期为每月1次。本书对获得的营养物实测数据进行整理和筛选，最终选择周期为2014年1月至2017年12月，位于白衣庵溪入湖口附近的水质监测点（东经111°52′24.58″，北纬29°28′7.21″）实测数据集。该实测数据每月仅有1天，为每月固定日期（15日或16日）的检测值，因此只能依据每月固定日的总氮（TN）及总磷（TP）实测数据开展模型营养物负荷模拟的参数率定及验证。采用2014—2015年为营养物模拟率定期，2016—2017年为营养物模拟验证期。水质监测指标包括水温、pH值、电导率、溶解氧、高锰酸钾指数、化学需氧量、五日生化需氧量、氨氮、总氮、总磷。采用该数据集作为本书SWAT模型参数率定基础数据集。通过数据筛选后最终选取白衣庵溪入湖口监测点位，根据子流域集水分析，该点位所在子流域编号为13号，其上游子流域分别是3、4、6、11、12号，涉及的辖村包括柏林村、天门村、红卫村、红光村、金林村、药场村、白衣镇茶场、建国村、齐心村、双兴村。

(2)其他主要污染源。由于水系水体污染源的多样性，实测水质数据值反映了包括农地源在内的其他来源的面源污染，以及点源污染，需要对这些污染源进行综合考虑才能进行有效模拟（Niraula et al.，2012）。因此本书针对监测点所处的子流域开展了数据收集和实地调研，并采用经验系数对农村生活污染、畜禽养殖污染、水产养殖污染负荷进行估算，估算依据如下。

①根据《第二次全国污染源普查生活污染源产排污系数手册（试用版）》，本书研究区在农村地区分类中属于五区三类，人均生活污水排放量为52.1 l/(人·d)，化学需氧量为38.0 g/(人·d)、氨氮为3.19 g/(人·d)、总氮为5.59 g/(人·d)、总磷为0.42 g/(人·d)。

②研究区主要畜禽养殖种类是生猪、肉鸡、蛋鸡。根据《第一次全国污染源普查畜禽养殖业源产排污系数手册》中华中地区畜禽养殖污染物产排污系数，结合研究区调研的畜禽养殖实际情况，估算研究区畜禽养殖污染物产排污系数，见表6-7。

表6-7　研究区畜禽养殖产排污系数估算

动物种类	饲养阶段	培养期	产污系数		排污系数/g			
			粪便/g	尿/l	化学需氧量	总氮	总磷	氨氮
猪	保育期	30	610	1.88	32.777	4.503	0.380	0.606
猪	育肥期	150	1180	3.18	41.497	8.518	0.558	0.618
鸡		50	60	—	2.756	0.083	0.024	0.036

③研究区坑塘、沟渠众多，这些农地多用于水产养殖，主要养殖品种有青、草、鲢、鳙、鲫、黄颡鱼等。实地调研坑塘、沟渠水产养殖投肥投饵很普遍，因此养殖产量很高，平均成鱼产量约为1500 kg /ha。根据《第一次全国污染源普查水产养殖业源产排污系数手册》中部地区淡水池塘养殖系数，结合实地调查情况估算区内水产养殖污染物产排污系数，见表6-8。

表6-8　研究区池塘水产养殖产排污系数估算

养殖品种	产污系数/(g/kg)			排污系数/(g/kg)		
	总氮	总磷	化学需氧量	总氮	总磷	化学需氧量
鳙鱼	4.035	0.455	22.204	2.467	0.278	13.574
青鱼	1.388	0.256	20.670	0.987	0.182	14.691
草鱼	5.098	1.188	30.345	6.830	1.343	77.830
鲫鱼	2.321	1.089	24.180	1.870	0.877	19.476
黄颡鱼	8.216	0.601	72.664	6.031	0.441	53.338
综合	3.795	0.649	27.546	3.389	0.580	33.173

注：综合栏根据成鱼产量中各品种占比计算得出。

另外，实地调研发现，由于当地政府从2013年开始对毛里湖周边中小型食品加工企业及畜禽养殖场实施关停合并的调整措施。目前率定子流域仅有一家年加工能力5000吨的蕌果食品加工企业位于白衣镇南望岗村，该企业于2019年5月建成投产，不在模型调适率定周期内，因此未考虑其排污负荷。

对监测点涉及子流域的点源排放情况进行整合后，形成模型调适点源负荷数据集，其中2015年情况见表6-9，对于2015年之前的点源负荷，采用当年GDP与基期(2015年)比值进行等比估算；对于2015年以后的点源负荷，则假设其与2015年一致。

表 6-9 研究区部分子流域 2015 年点源负荷情况

子流域	污水 /(t/d)	泥沙 /(kg/d)	COD /(kg/d)	总氮 /(kg/d)	总磷 /(kg/d)	氨氮 /(kg/d)
3	84.340	0.008	42.812	10.577	1.109	6.673
4	145.220	0.015	68.500	16.923	1.775	10.677
6	117.734	0.012	23.547	5.817	0.610	3.670
11	158.941	0.017	19.266	4.760	0.499	3.003
12	494.483	0.056	59.937	14.808	1.553	9.342

6.3.2 子流域与水文响应单元划分

子流域与水文响应单元划分是 SWAT 模型构建的基础性步骤。通过输入 DEM、土地利用、土壤类型和降水数据等进行子流域与水文响应单元划分。

1. 子流域划分

SWAT 模型根据流域地貌及水文特征进行子流域的划分，该过程基于 ArcView 开发，根据 DEM 进行自动提取栅格水流流向、河道、河网结构、子流域。这种提取方式在高程落差大的区域准确度较好，但在地势平坦的平原地区，模型生成河网的准确度欠佳。为提高自动识别河网的准确性，本书根据 2013 年湖南省环境保护科学研究院编制的《西毛里湖流域生态环境保护实施方案》中的规划河网对生成河网进行了调整，以更好反映区域的实际水系情况。具体采用 Burn In 方法导入收集的官方河网数据，在此基础上划分流域内的河网。

另外，SWAT 模型通过定义上游汇水面积来设定径流汇水面积，其值越小则汇水面积越小，相应河网越密。为对生态补偿情景下研究区水文和营养物负荷变化情况开展更为精确的研究，本书根据研究目标和所获数据情况将毛里湖流域共划分为 80 个子流域，如图 6-5 所示。

2. 水文响应单元划分

模型构建需要在子流域划分基础上进一步细分水文响应单元(hydrological response units, HRUs)。水文响应单元是 SWAT 模型中最小模拟运行地理单元，子流域中每一 HRUs 具有该子流域内唯一的土壤、坡度和土地利用方式组合。

本书将土地利用和土壤分布数据导入模型，配合制作索引表(lookup table)，以建立土地利用和土壤数据与模型的关联。坡度划分可以根据研究目标和研究区地理特征开展自主设置，通常坡度变化大的区域需划定更多分级。

毛里湖流域属于岗地、平原地貌类型，区内地势较为平坦，综合本书研究目标，将坡度共划分为 4 个等级：(0%～5%]、(5%～15%]、(15%～25%]和大于 25%。

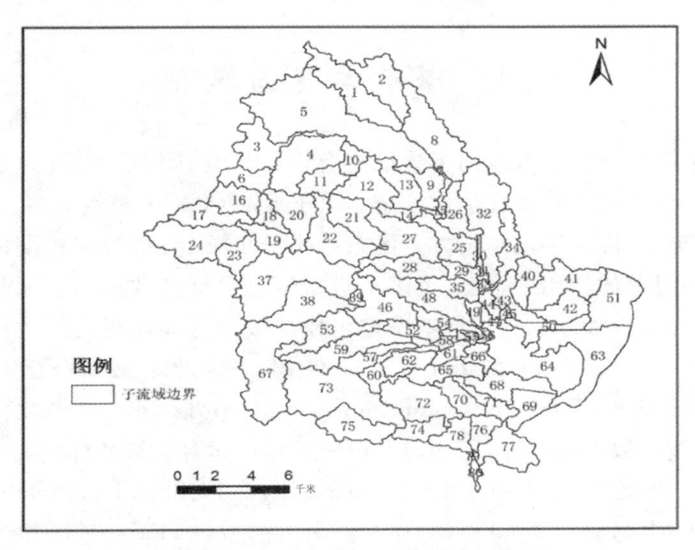

图 6-5　毛里湖流域子流域划分结果

另外,对 HRUs 的定义还需要设置土地利用类型、土壤类型和坡度分级的识别阈值,小于设定值的类别将被忽略。本书旨在尽可能细致模拟流域水文过程和水体面源污染负荷变化,因此通过将土地利用类型、土壤类型以及坡度类别的面积阈值全设为 0,从而保留所有 HRUs,并在全流域最终获得共计 2460 个 HRUs,如图 6-6所示。

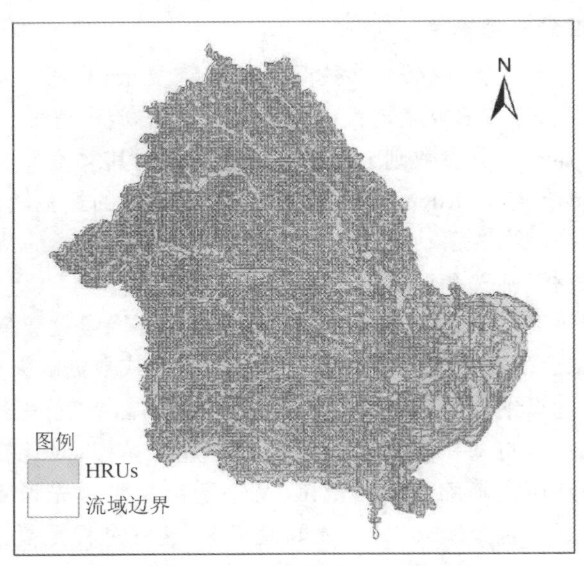

图 6-6　毛里湖流域 HRUs 划分

6.4 模型率定与验证

模型参数率定通常选取不同参数取组合进行反复迭代运算，通过比对运算结果来逐渐接近误差更小的最优值来确定。由于SWAT模型模块众多、内部关系复杂，参数体系庞大，因此手动率定方式的效率十分低下，且很难在短期内获得理想的率定值。在目前的应用中，集成了多个模型调适目标函数的调参软件可实现大量迭代的批处理，极大地提高了模型率定工作的效率且能获得良好的率定与验证效果(Arnold et al., 2012; Mamo et al., 2013)。因此本书结合已有研究选择SWAT-CUP12(SWAT calibration and uncertainty programs)开源软件来进行本书SWAT模型参数敏感性分析、率定及模型验证的运算。该软件能提供多种不确定性优化算法开展率定，包括GLUE(generalized likelihood uncertainty estimation)算法、SUFI-2(sequential uncertainty fitting)算法、ParaSol(parameter solution)算法、PSO(particle swarm optimization)算法、MCMC(markov chain monte carlo)方法等(Abbaspour,2014)。本书选择SUFI-2算法来开展模型参数敏感性分析和率定工作，该算法中涵盖了7个目标函数可作为参数率定目标函数，每次率定使用其中一个目标函数作为约束条件。后文将对选择的目标函数做详细说明。

6.4.1 方法

1. 参数敏感性分析与率定

SWAT模型有200余个参数，参数间关系错综复杂，将所有参数全部纳入率定几乎不可能实现。已有研究发现大部分参数可根据高程、气象、土地利用等情况基本确定其取值，而小部分参数则会因研究区域的不同其取值范围波动较大，而且取值对模拟结果影响较大(Xueman et al., 2020)。目前的经验做法是根据研究区特征结合已有研究经验，先手动挑选出一系列敏感性可能较大的待选参数，然后针对这些参数开展分析、筛选和调适。

本书选择SWAT-CUP12软件中的SUFI-2算法开展参数敏感性分析及率定，该算法可以灵活结合研究者的经验知识对于情况复杂或数据缺失的流域具有更多优势。另外，本书选择纳什效率系数(E_{NS})作为优选目标函数；采用拉丁超立方抽样法获取试验参数组，将随机参数组录入模型中进行模拟，对比模拟结果与实测值，反馈参数取值从而逐渐缩小调参范围，从中选出满足预先设置的阈值(径流：$E_{NS} \geq 0.5$；营养元素：$E_{NS} \geq 0.35$)的参数取值组合，这一过程重复迭代多次直至获得理想的参数值(Abbaspour et al., 2014)。本书运用SWAT-CUP软件通过2000次模型模拟获得满足预先设置阈值的参数组合。

2. 模拟效果评价指标

模拟效果评价通过评估一系列表达模拟值与观测值间差异的统计指标进来实现。本书采用纳什效率系数(E_{NS})、回归决定系数(R^2)、相对误差(E_R)三个指标来评价模型效果。

(1)纳什效率系数。该指标取值范围在$-\infty$～1之间,取值为1时表示模型获得完美模拟效果,取值小于0时表示模型模拟不及观测均值,模型模拟无意义。根据Moriasi et al. (2015)的研究,在模拟月径流时,若大于0.5,即可认为模型效果良好;当模拟营养物时,若大于0.35,就可认为模型具有合格的模拟效果。其计算公式如下:

$$E_{NS}=1-\frac{\sum_{i=1}^{n}(Q_{i,o}-Q_{i,s})^2}{\sum_{i=1}^{n}(Q_{i,o}-\bar{Q}_o)^2} \tag{6-3}$$

式中:$Q_{i,o}$表示第i个观测值;$Q_{i,s}$表示第i个模拟值;$\bar{Q}_o$表示模拟期的观测均值。

(2)相对误差。该指标用来衡量模拟值与观测值的差距水平,该值可为正值或负值,正值表明模拟值相较实测值偏低,负值表明模拟值相较实测值偏高。当取值为0时表示模型完美模拟实际情况,该值越接近0则模拟效果越好。根据Mamo et al. (2013)的研究,当径流模拟的相对误差在±5之间时表明模型模拟效果较好,相对误差在±10之间则可认为模型模拟效果合格。该指标计算公式为:

$$E_R=\left[\frac{\sum_{i=1}^{n}(Q_{i,s}-Q_{i,o})}{\sum_{i=1}^{n}Q_{i,o}}\right]\times 100 \tag{6-4}$$

式中:Q_s为模型模拟数据值;Q_o为实测数据值。

(3)回归决定系数。该指标衡量实测值在多大程度上被模型模拟,该指标取值范围在0～1,越接近1则模型的模型效果越佳。根据以往研究(Abbaspour et al., 2007),当模拟月径流时,$R^2>0.70$,可认为模型模拟效果良好。当模拟营养元素时,$R^2>0.30$,即可认为模型模拟效果合格。其计算公式如下:

$$R^2=\frac{\left[\sum_{i=1}^{n}(Q_{i,o}-\bar{Q}_o)(Q_{i,s}-\bar{Q}_s)\right]^2}{\sum_{i=1}^{n}(Q_{i,o}-\bar{Q}_o)^2\sum_{i=1}^{n}(Q_{i,s}-\bar{Q}_s)^2} \tag{6-5}$$

式中:Q_s为模型模拟数据值;Q_o为实测数据值;$\bar{Q}_o$为实测数据均值;$\bar{Q}_s$为模拟数据均值。

6.4.2 结果

1. 参数敏感性分析

根据以往工作经验，参考模型工具手册及国内外相关文献（Abbaspour et al., 2007；Niraula et al., 2015，李丹，2018）。选取 14 个敏感性较大的待选参数开展径流模拟的不确定性分析，选取 11 个敏感性较大的待选参数开展营养物模拟的不确定性分析；各参数敏感性采用 2 个评价指标进行衡量：T 值（t-stat.）和 P 值（p-value）。T 值表征参数的敏感性，其绝对值越大，则该参数的敏感性越大；P 值表征参数敏感性的显著性水平，其值越接近 0，则该参数的敏感性越显著，该参数对模型模拟结果的影响越大。一般来说，当 $P<0.05$ 时表示该参数对结果影响极为显著（Xie et al., 2013）。表 6－10 和表 6－11 列示了径流模拟和营养物模拟参数敏感性分析及率定结果。

表 6－10 径流模拟参数敏感性分析及率定结果

参数文件	描述	作用过程	调适范围	率定值	T	P	排序
R_CN2. mgt	SCS 径流曲线系数	径流	（－0.5，0.5）	0.12	22.87	0	1
V_SURLAG. bsn	地表径流延迟时间	径流	（1，24）	3.59	31.97	0	2
V_ESCO. hru	土壤蒸发补偿系数	蒸发	（0，1）	0.19	－6.01	0	3
R_SOL_K. sol	土壤饱和水传导率	径流	（－0.5，0.5）	0.08	5.28	0.02	4
V_GW_REVAP. gw	浅层地下水再蒸发系数	地下水	（0.02，0.2）	0.09	4.27	0.03	5
R_SOL_AWC. sol	土壤表层获水量	径流	（－0.5，0.5）	－0.03	3.11	0.07	6
V_REVAPMN. gw	浅层地下水再蒸发深度阈值	地下水	（0，1000）	49.92	2.19	0.07	7
V_EPCO. hru	作物蒸腾补偿系数	蒸发	（0，1）	0.35	－1.39	0.08	8
V_GW_DELAY. gw	地下水延迟时间	地下水	（0，500）	173.12	1.03	0.17	9

续表

参数文件	描述	作用过程	调适范围	率定值	*T*	*P*	排序
V_ALPHA_BF.gw	基流回落系数	地下水	(0，1)	0.39	−1.03	0.39	10
V_CANMX.hru	植被冠层截留量	径流	(0，30)	4.29	1.01	0.42	11
V_GWQMN.gw	浅层地下水回流的深度阈值	地下水	(0，500)	91.32	−0.98	0.42	12
R_SOL_Z.sol	表层土壤厚度	径流	(−0.5，0.5)	0.19	0.59	0.48	13
V_RCHRG_DP.gw	深层地下水渗透系数	地下水	(0，1)	0.72	0.02	0.59	14

表6-10反映了径流模拟参数敏感性分析及率定结果，可以看到：影响地表径流过程的SCS径流曲线系数、地表径流延迟时间、土壤饱和水传导率，影响地下水过程的浅层地下水再蒸发系数，以及影响蒸散发过程的土壤蒸发补偿系数，这5个参数敏感性极为显著，其中4个*T*值大于4.2，表明这些参数对模型模拟结果影响较大。

表6-11反映了营养物模拟参数敏感性分析及率定结果，可以看到：土壤初始有机氮浓度、泥沙流失线性因子、土壤初始有机磷含量、土壤磷分配系数、氮渗透系数这5个参数的*P*值小于0.20，表明这5个参数对模拟结果的影响较大。其中土壤初始有机氮浓度和土壤磷分配系数的*P*值小于或等于0.05，说明这2个参数的敏感性极为显著；从*T*值可以看到土壤磷分配系数、泥沙流失指数因子、土壤初始有机氮浓度、泥沙流失线性因子氮渗透系数是对营养物模拟影响较大的5个参数。

表6-11　营养物模拟参数敏感性分析及率定结果

参数文件	描述	作用过程	调适范围	率定值	*T*	*P*	排名
V_SOL_ORGN.chm	土壤初始有机氮浓度	营养物	(0，100)	72.2	7.94	0.03	1
V_PHOSKD.bsn	土壤磷分配系数	营养物	(100，200)	125	3.92	0.05	2
V_SPCON.bsn	泥沙流失线性因子	泥沙	(0.001，0.01)	0.015	−3.85	0.12	3
V_NPERCO.bsn	氮渗透系数	营养物	(0，1)	0.35	3.29	0.13	4

续表

参数文件	描述	作用过程	调适范围	率定值	T	P	排名
V_SOL_ORGP. chm	土壤初始有机磷含量	营养物	(0，100)	85.9	2.33	0.17	5
V_SPEXP. bsn	泥沙流失指数因子	泥沙	(1，1.5)	1.38	2.28	0.33	6
V_CDN. bsn	反硝化指数速率系数	营养物	(0，3)	0.72	1.93	0.34	7
R_USLE_P. mgt	管理支持因子	泥沙	(−0.5，0.5)	−0.35	0.91	0.65	9
V_RCN. bsn	降雨中氮浓度	营养物	(0，15)	2.3	0.34	0.69	10
V_CH_N2. rte	河道曼宁系数	径流、泥	(0，0.3)	0.11	0.19	0.71	11

2. 模拟效果评价

(1)径流模拟效果评价。本书通过对照模拟结果与实测值进行模型径流模拟效果评价。图 6-7 展示了实测点 2014 年 10 月至 2017 年 11 月每月径流量的模拟值和观测值。虽然率定期间 E_{NS} 仅为 0.619，但验证期值为 0.712，整个评价期内的 E_{NS} 为 0.690，接近于 0.70 的应用要求；整个评价期间 E_R 为−0.749，验证期的相对误差值优于率定期，表明相较率定期，验证期的模拟效果更优，率定期该值为正值，表示率定期的模拟值被高估。

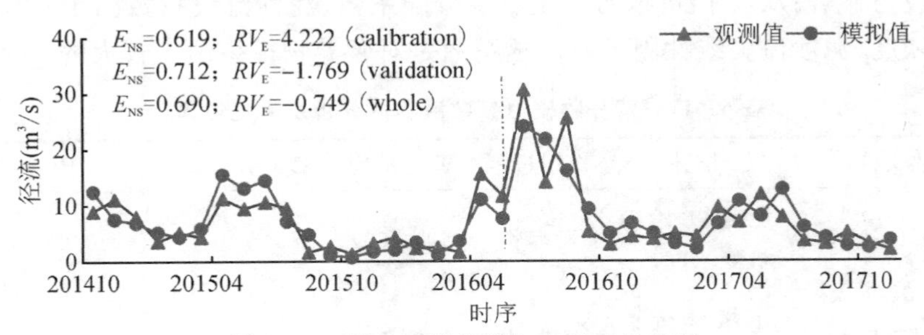

图 6-7　月径流量模拟与实测对比情况

图 6-8 展示了不同模拟期 R^2 情况。根据 Rahbeh et al. (2011)的研究，在应用 SWAT 模型开展小流域月径流模拟时，若 $R^2>0.6$，可认为模型模拟效果合格。由图 6-8 可知整个模拟期内 R^2 为 0.6936，验证期值为 0.7061，明显高于率定期的 0.6823，结合图 6-7 可推估模型在 2016 年丰水年的模拟中出现了较大误差，在

一定程度上影响了整个评价期间模拟结果的拟合效果。

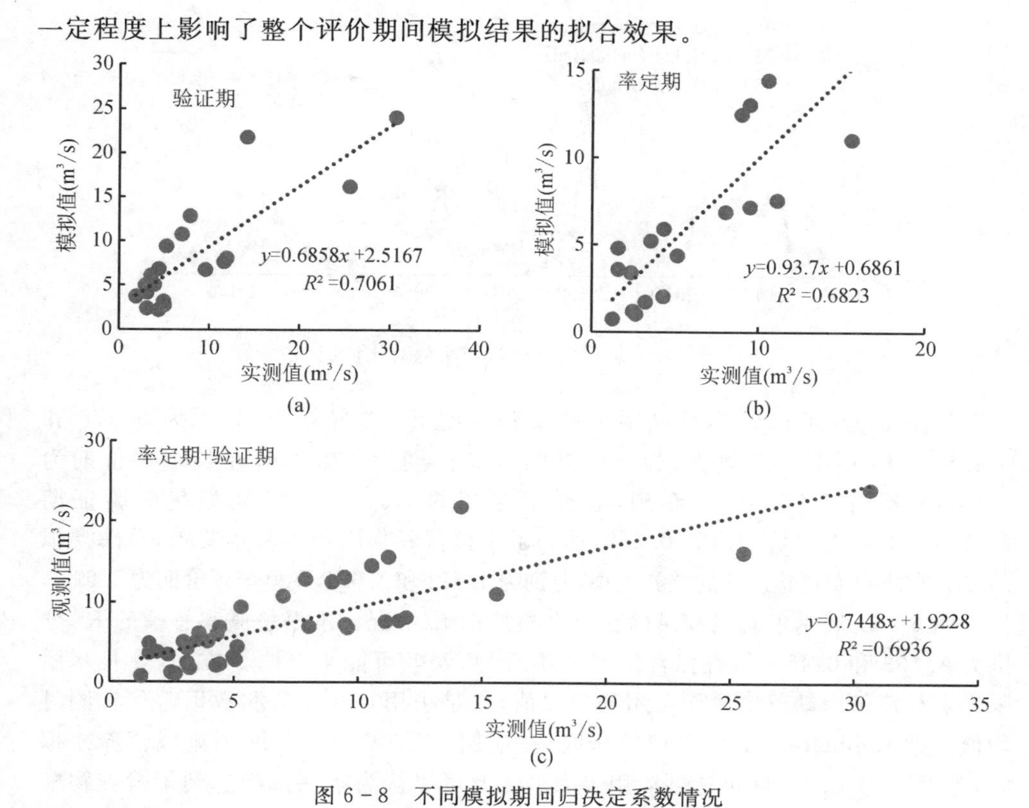

图 6-8　不同模拟期回归决定系数情况

(2)营养物负荷模拟效果评估。将模型模拟结果与实测总氮和总磷数据对照开展模型径流模拟效果评价。图 6-9 和图 6-10 展示了 2014 年 1 月至 2017 年 12 月间总氮及总磷负荷模拟值和实测值对比情况。

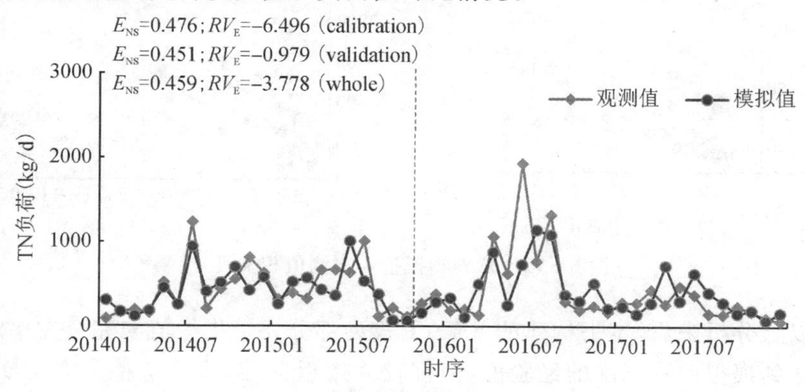

图 6-9　总氮负荷模拟与实测对比情况

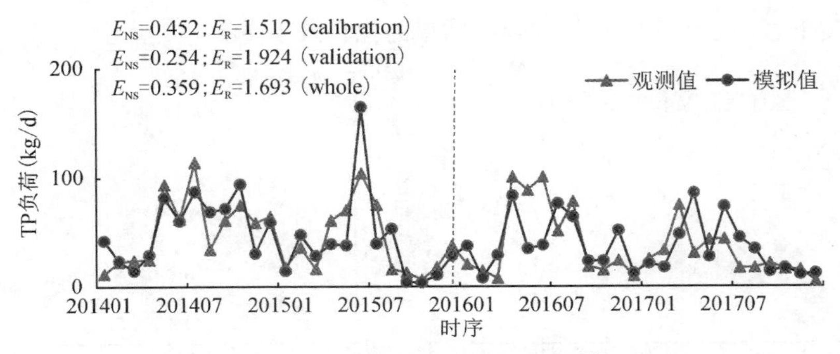

图 6-10　总磷负荷模拟与实测对比情况

从图 6-9 可以看到总氮率定期及验证期 E_{NS} 差异较小，分别为 0.476 和 0.451，而 E_R 在率定期较大，为 −6.496，在验证期为 −0.979，在整个评价期为 −3.778。从图 6-10 可以看到，总磷率定期的 E_{NS} (0.452) 明显优于验证期 (0.254)，但整个评价期值为 0.359，达到了模拟营养物应用的基本要求，总磷模拟的 (E_R) 在率定期及验证期的差异较小，分别为 1.512 和 1.924，在整个评价期为 1.693。

图 6-11 展示了总氮和总磷在整个模拟期 R^2 情况。本书总氮和总磷的 R^2 分别为 0.463 和 0.459，线性拟合情况并不理想，误差可能来自两个方面，一是水质采样点径流值因缺乏实测而采用的模拟值，二是采用日水质监测数据替代实测月均值。据 Rahbeh et al. (2011) 的研究，在应用 SWAT 模型开展小流域营养模拟时，若 R^2 大于 0.30，即可达到应用要求。因此可以认为本书模型达到了营养物模拟应用要求。

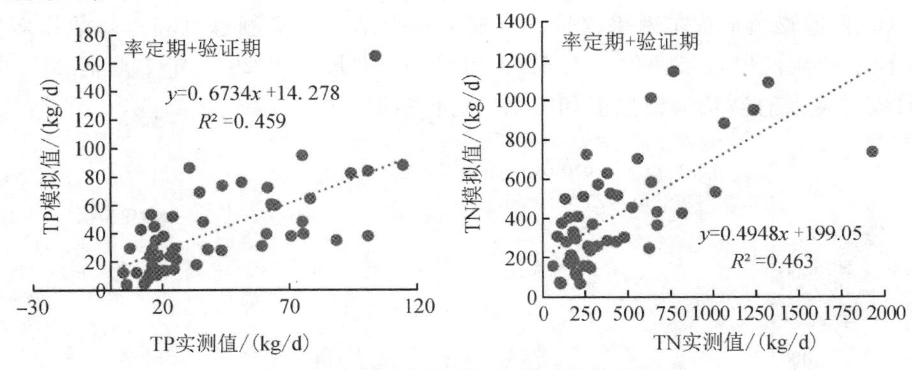

图 6-11　营养物模拟与实测值相关性

从以上分析来看，本书构建的 SWAT 模型部分评价指标值未完全在率定期或验证期达到模拟应用标准的经验值，但都较为接近标准；而且从整个评价期来看，均达到了基本应用要求。这可能与本书研究区为丘陵区小流域、部分区域高程落差不明显、平原区河网人工改变程度较大、历史监测数据误差、营养物实测数据仅有观测月的单日值等多方原因相关。综合上文率定期和模拟期各指标分析结果，可认为本书构建的 SWAT 模型可满足毛里湖流域产流、产污模拟应用要求。

6.5　研究区面源污染现状与生态补偿情景模拟说明

6.5.1　各生态补偿情景的模型设置

根据第 5 章中农地生态补偿情景设定(见表 5 - 5)，针对其中前三种情景运用 SWAT 模型进行面源污染流失负荷模拟。对模型中各情景的耕作和施肥设置说明如下：

(1)基准情景(S0)。为进行比较分析，本书将毛里湖流域农地利用和管理现状设置为基准情景。

(2)施肥减半情景(S1)。该情景侧重对施肥量的控制。设置为全流域所有水田、旱地以及果园的施肥量在现有基础上减半。

(3)农地休耕情景(S2)。该情景间接减少了农地投肥量，设置为全流域所有水田、旱地第一年正常耕作，第二年停耕植草，年底除草并留作肥料，第三年正常耕作，如此循环往复。

(4)退耕还林情景(S3)。该情景侧重农地用途转换对面源污染负荷的影响。需要说明的是，中国现行退耕还林措施主要针对坡度大于 25°的耕地，但毛里湖流域此类耕地极少。同时考虑到流域内湖泊河流众多，位于水系附近的农地有更大可能形成面源污染(胡小贞 等，2011)，因此针对研究区实际情况，将退耕区域划定为距湖泊 200 m 和距主要水系 100 m 范围内的水田和旱地，将其用途调整为生态林地。

6.5.2　模型输入与输出说明

将本书收集的土地利用数据与已有研究比较(陈鹏 等，2018)，发现近年来研究区土地利用变化幅度较小，结合数据的实际可得性，采用 2016 年土地利用数据作为所有模拟年份的基础数据，采用 2009—2010 年气象数据输入模型，进行模型预热，将收集的 2011—2018 年实测气象数据输入模型，进行基准情景和各生态补偿情景的模拟。

在 2016 年土地利用/覆盖条件下采用 2009—2018 年实测气象数据，定量模拟毛里湖流域地表径流及面源污染负荷情况，其中 2009—2010 年作为模型预热期，不输出模拟结果。对模拟结果的进一步说明如下：

(1)指标说明。SWAT 模型可模拟水文水质变化规律，包括蒸发、径流、泥沙、营养物及农药流失负荷等。本书的农地利用调整措施重点在于对农耕营养物投入的调整，因此对研究区水文状态的影响较小，根据本书研究目标选择输出主要营养物负荷结果。

SWAT 模拟结果数据组给出不同形态氮和磷的流失负荷，分别是有机氮、地表径流中硝态氮、侧向流中的硝态氮、土壤中沥滤的硝态氮、地下水中的硝态氮、有机磷、无机磷。使用的氮负荷、磷负荷计算公式分别为

氮负荷＝有机氮＋地表径流中的硝态氮＋侧向流中＋土壤中沥滤的硝态氮＋地下水中的硝态氮　　(6－6)

磷负荷＝有机磷＋无机磷　　(6－7)

(2)时间步长。SWAT 模型具有长期连续模拟的优势，模拟时间步长可以为天、月、年，本书选择以月为单位输出模拟结果。

(3)尺度。SWAT 模型可根据不同水文汇流尺度输出模拟结果，包括水文响应单元(HRUs)、子流域(subbasin)、主河道(main channel)输出数据组。根据本书研究目标选择前两种输出数据组进行分析。

一是在分析各情景氮、磷流失负荷时空分布特征时采用子流域尺度，该尺度可以综合考虑地形、土壤、土地利用、汇流等因素影响下的营养物迁移复杂规律，也能在一定程度上分析营养物负荷的空间分布规律。二是在分析各情景农地利用调整措施的减污效应时采用水文响应单元尺度。由于子流域级别的输出将其范围内的污染物负荷进行了汇总，难以准确反映子流域内不同区域和类型农地的营养物负荷变化情况。而 HRUs 中仅含有一种土地利用类型，因此在分析区域土壤侵蚀及营养物流失的研究中，基于 HRUs 级别的结果开展分析具有一定优势，如 Kumar 等(2015)在对印度恒河的 Damodar river 流域的研究中认为基于 HRUs 级别的侵蚀关键源区识别相较来说更有效率；Panagopoulos 等(2012)在研究希腊西部的 upper Arachtos 流域农业面源污染最佳管理措施优化决策中，采用 SWAT 模拟结果中 HRUs 级别的营养物输出硝态氮以及总磷，估算不同 BMPs 措施下流域面源污染的削减效率，取得了良好的评价效果。因此，本书基于 HRUs 数据组开展生态补偿情景效果评估。

以模拟结果输出文档中“HRUs output file”或“output. hru”文件集为例，对导出的各指标说明见表 6－12。

表 6－12　模拟结果中的主要营养物负荷说明

营养物名称	说明
ORGN(有机氮)	时间步长内从 HRUs 中运移到河道中的有机氮
ORGP(有机磷)	时间步长内从 HRUs 中运移到河道中的有机磷
SEDP(无机磷)	时间步长内从 HRUs 中运移到河道中的无机磷

续表

营养物名称	说明
NSURQ(地表径流中的硝态氮)	时间步长内从 HRUs 中随地表径流运移到河道中的硝态氮
NLATQ(侧向流中的硝态氮)	时间步长内从 HRUs 中随侧向流运移到河道中的硝态氮
NO_3L(土壤中沥滤的硝态氮)	时间步长内从土壤底层沥滤的硝态氮(这部分硝态氮不进入浅层含水层)
NO_3GW(地下水中的硝态氮)	时间步长内从 HRUs 中通过地下水运移到主河道中的硝态氮

(4)土地利用类型。本书研究目标包括模拟不同类型农地在生态补偿情景下面源污染负荷的响应情况,因此情景设计针对农地利用调整开展。各情景下研究区其他自然社会条件保持不变。因此,在分析各情景农地利用调整措施的污染负荷时,选择土地利用类型为各类农地的 HRUs 的输出结果展开分析,具体包括水田、旱地、园地、林地、草地。

6.6　毛里湖流域面源污染特征

根据 SWAT 模拟结果中子流域尺度输出数据分析毛里湖流域面源污染负荷的基本特征。

6.6.1　时间分布特征

从图 6-12 可以看到,8 年(2011—2018 年)模拟期中毛里湖流域总氮及总磷面源污染负荷年际差异明显。其中 TN 污染负荷 2015 年最高,为 1583.14 t;TP 污染负荷 2016 年最高,为 235.83 t;TN、TP 污染负荷最低值均出现在 2011 年,分别为 1003.22 t 和 121.99 t。综合来看,模拟期 TN 负荷年均值为(1377.50±374.28) t;TP 负荷年均值为(200.95±78.96) t。

图 6-13 描绘了模拟期月均总氮、总氮面源污染负荷特征。由图 6-13 可见,面源污染负荷主要集中在丰水期的 3—6 月,模拟期 3—6 月的氮素面源污染负荷占全年 66.51%~78.38%,磷素面源污染负荷占全年的 61.29%~78.69%。由于主要农作物的施肥时间规律与丰水期并不一致,因此研究区总氮、总磷的浓度在丰水期并没有明显降低。降水最少的 12 月至次年 2 月营养物流失量最少。对模拟期月均降雨量、总氮与总磷流失负荷做相关性分析发现,总氮、总磷与降水量的皮尔逊相关系数分别为 0.751、0.703,这表明降水是影响营养物流失的主要因素。

根据毛里湖流域面源氮、磷污染物负荷的年内时间分布特征,可知 3—6 月是毛里湖流域面源氮、磷污染削减的关键时期，在这一时期开展减施化肥、农地休耕等减少投肥量的管理措施可以有效降低农田面源污染风险。

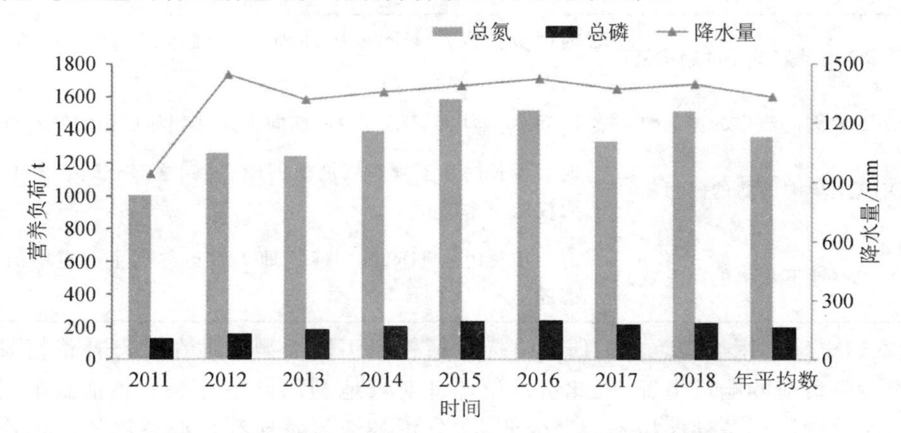

图 6-12　毛里湖流域 2011—2018 年总氮、总磷负荷

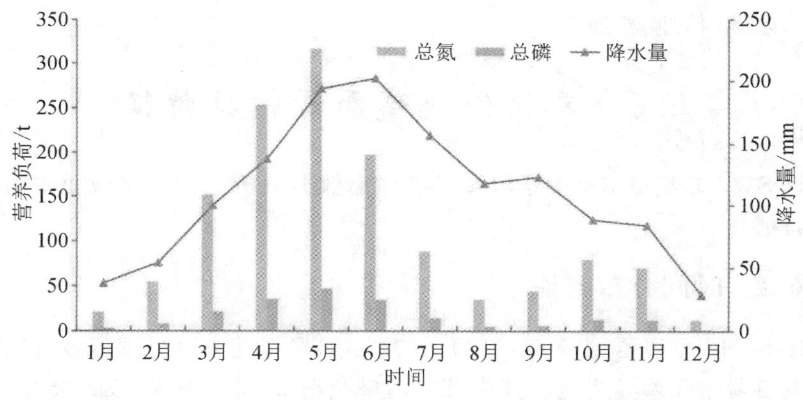

图 6-13　毛里湖流域 2011—2018 年月均总氮、总磷负荷

6.6.2　面源污染来源结构

根据模型结果中 HRUs 尺度的输出数据组，以不同土地利用类型为划分依据，可整理得出不用农地类型的营养物输出负荷，并结合流域点源排放量计算值，整理得出研究区水体面源污染来源结构(见表 6-13)。可以看到，农地利用、居民生活和畜禽养殖是目前流域水环境污染的主要来源，其中农地利用的贡献占比最大，其对 TN 负荷的贡献占流域总负荷的 68.12%，对 TP 负荷的贡献占流域总负荷的 62.72%；因此考虑到毛里湖区域近年来已开展了一系列针对居民生活和畜禽养殖的污染源排放整治工作，继续从这两个源头开展水环境质量提升措施的成本效率比已然降低，因此进一步改善湖南毛里湖水环境应考虑从农地面源污染防

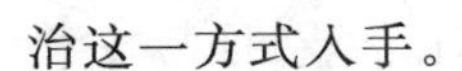
治这一方式入手。

表 6－13 毛里湖流域面源污染来源结构

污染负荷来源	TN		TP	
	模拟期年均负荷/t	来源占比/%	模拟期年均负荷/t	来源占比/%
农地	1162.39	68.12%	134.62	62.72%
坑塘养殖	154.80	9.07%	23.60	11.00%
畜禽养殖	175.68	10.30%	32.62	15.20%
居民生活	200.63	11.76%	20.36	9.49%
其他	13.01	0.76%	3.44	1.61%
合计	1706.27	—	214.63	—

6.6.3 讨论

农地面源污染是因降水对土壤冲刷而形成的农地营养物质流失，这一过程会对营养物迁移产生正反两方面作用，一是形成对土壤中营养物质的冲刷，二是对水体中营养物质的稀释。图 6－12 显示丰水年的营养物负荷高于平水及枯水年份，这与毛里湖流域属于亚热带季风潮湿气候区，降水对面源污染负荷具有显著影响有关。另外，土地利用对氮、磷的流失也具有显著影响，天然林地中氮的流失主要以泥沙结合态为主，而在耕作土地中氮的流失主要以可溶态氮为主，因此其流失量主要受径流强度影响，一般来说自然植被通常显著减少流失，而农业活动则会加剧流失。农业施肥是影响营养物的流失重要因素，水稻是研究区的主要农作物，每年4—6 月是中、晚水稻的施肥期，这一时期正是全年中丰水期，径流污染物浓度同降雨量呈正相关，表明这期间的主要污染来源为农田面源污染；3 月和 10 月是主要旱地作物的施肥时间段，结合春汛和秋汛，这两个月的营养物负荷具有小峰值的特征。

毛里湖流域是湖南省最大的山溪型流域，湿地资源丰富，坑塘、沟渠、湖汊等人工、半人工湿地星罗棋布，因此水产养殖一直是该区域的特色农业，根据 2016 年土地利用情况，其坑塘水面及水库水面的总面积为 29.73 km^2，占全流域面积的7.67%。这些坑塘大部分在渔业生产过程中实施精养工艺，主要采用投放化肥和有机饲料，降雨及人工换水使得坑塘水直接汇入径流，造成水质污染。其对总氮和总磷流失的贡献率分别达到 9.07%和 11.0%。此外，21 世纪初开始毛里湖区农户为提高经济收入逐渐发展养殖猪、鸡等畜禽养殖产业，养殖规模逐渐扩大、集约化程度逐渐提高。据统计，2012 年全流域出栏生猪 31.97 万头，出笼家禽 350 万只，调查资料显示当时的畜禽养殖污染物基本没有经过处理，大量直排入外围环境。2013 年以来，当地政府采取转移关停畜禽养殖场和食品加工企业、排污技术整改及工程建设等措施，在全流域范围内针对点源污染开展了一系列调控措施，如全流域所有鱼塘的禁止投肥倡议、环湖 100 m 鱼塘退养转产、乡村环保教育宣传、环保政策与规章制定等，这些措施在一定程度上改善了毛里湖水质。

另外流域面源污染空间分布特征说明了农田面源污染负荷与人口、农耕习惯、坡度等影响因素相关。具体来说，一是与区域农田耕种、人口分布因素有关，为便于农田灌溉，研究区农业用地多集中在河流水系两侧，降水冲刷和农田退水携带着大量的营养物质回归至河道中，造成了子流污染输出负荷较大；而农村人口分布则直接影响农村居民生活排污，进而影响面源污染负荷量。二是面源污染贡献量的高值区主要集中在坡度较大的西南山区水系附近，说明高程落差及河网水系对面源污染物的运移转化有较大影响。另外，研究区面源污染来源结构显示，农地利用是目前流域面源污染的主要源头，因此针对农地利用开展面源污染防治是改善湖南毛里湖国家湿地公园水环境的重要途径。

6.7 生态补偿情景下各类农地面源污染特征

根据各情景设计调整模型输入数据，进行生态补偿情景下研究区面源污染负荷模拟，并采用结果中 HRUs 尺度的输出数据分析不同生态补偿情景下各类农地面源污染特征。

6.7.1 各情景模拟概况

根据各生态补偿情景设定的农地利用调整措施，将土地利用、农耕施肥等调整数据输入模型，模拟不同生态补偿情景下氮、磷营养物负荷情况，如图 6－14 所示。

从图 6－14 可以看到，各生态补偿情景下研究区总氮、总磷污染负荷与现状具有相同的年际变化趋势。各情景与现状相比对总氮及总磷负荷均有不同程度的削减，其中减施化肥与退耕还林情景的削减程度相当，休耕情景具有更大削减效应，该情景中氮、磷负荷随休耕年份的交织呈现显著大幅降低与略有降低的波动状。

从各情景总氮、总磷年际差异情况可知(见表 6－14)：①各情景对总氮和总磷均有不同程度的削减，对总磷的削减效率均大于总氮削减效率；从各情景模拟期 8 年的平均削减率均值来看，对总氮的削减效率达到 31.8%，对总磷的削减效率为 37.5%。② 施肥减半情景模拟期年均总氮削减率为 23.4%，总氮负荷削减最高相对值出现在 2017 和 2018 年，均为 26.1%，最低值出现在 2011 年，为 18.6%；该情景模拟期年均总磷削减率为 33.6%，总磷负荷削减最高相对值出现在 2018 年，为 37%，最低值出现在 2011 年，为 27.5%。③ 农地休耕情景模拟期年均总氮削减率为 52.8%，年均总磷削减率为 59.2%。该情景下休耕年的总氮负荷削减最高值出

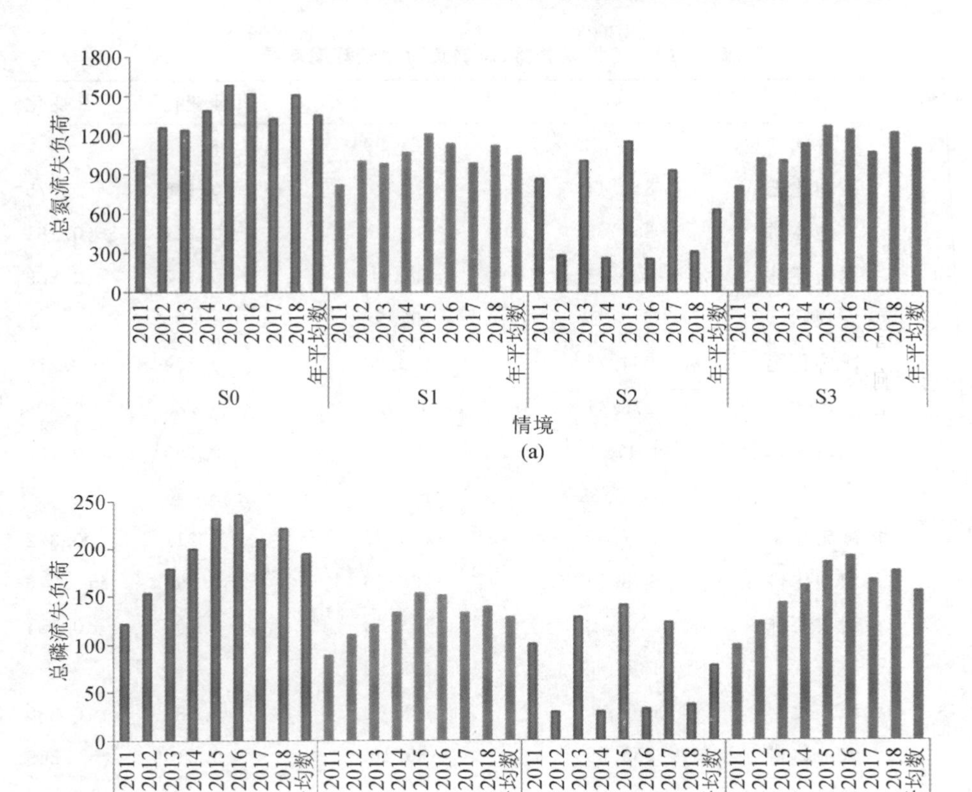

图 6-14 各情景总氮、总磷流失负荷

现在 2016 年，为 83.5%，总磷负荷削减最高相对值出现在 2016 年，为 86%。在正常耕作年总氮的最低削减率也达到了 14.1%和 18.1%，出现在 2011 年。④ 退耕还林情景在模拟期的年均总氮削减率为 19.3%，总磷削减率为 19.6%，因此该情景对氮素和磷素的削减效率相当。模拟期总氮削减最高相对值出现在 2015 年，为 20.1%，总磷削减最高相对值出现在 2018 年，为 20.4%。退耕还林情景仅涉及流域内部分农地，其单位面积削减效率超过了农地休耕。⑤ 综合来看，模拟期内农地休耕情景的总氮、总磷削减效率最为显著。

表 6-14　各情景总氮、总磷负荷相较基期差异

年份	情景	TN/t	TP/t	TN 变化	TP 变化
2011	现状	1003.22	121.99	—	—
	减施化肥	816.44	88.39	−0.186	−0.275
	农地休耕	861.66	99.95	−0.141	−0.181
	退耕还林	807.08	98.91	−0.196	−0.189
2012	现状	1257.21	152.88	—	—
	减施化肥	994.73	110.26	−0.209	−0.279
	农地休耕	276.41	29.82	−0.780	−0.805
	退耕还林	1017.81	123.47	−0.190	−0.192
2013	现状	1238.53	178.14	—	—
	减施化肥	977.32	120.77	−0.211	−0.322
	农地休耕	998.94	128.96	−0.193	−0.276
	退耕还林	1003.12	143.63	−0.190	−0.194
2014	现状	1388.59	199.52	—	—
	减施化肥	1063.35	133.61	−0.234	−0.330
	农地休耕	256.99	30.16	−0.815	−0.849
	退耕还林	1130.03	161.44	−0.186	−0.191
2015	现状	1583.14	232.18	—	—
	减施化肥	1205.40	153.03	−0.239	−0.341
	农地休耕	1148.60	141.40	−0.274	−0.391
	退耕还林	1264.93	185.03	−0.201	−0.203
2016	现状	1515.66	235.83	—	—
	减施化肥	1127.92	150.94	−0.256	−0.360
	农地休耕	250.76	32.93	−0.835	−0.860
	退耕还林	1234.07	191.28	−0.186	−0.189
2017	现状	1325.46	209.74	—	—
	减施化肥	979.41	133.16	−0.261	−0.365
	农地休耕	928.10	123.21	−0.300	−0.413
	退耕还林	1063.33	167.27	−0.198	−0.202
2018	现状	1508.21	221.31	—	—
	减施化肥	1114.50	139.36	−0.261	−0.370

续表

年份	情景	TN/t	TP/t	TN 变化	TP 变化
	农地休耕	305.73	37.22	−0.797	−0.832
	退耕还林	1212.76	176.10	−0.196	−0.204
年均	现状	1352.50	193.95	—	—
	减施化肥	1034.88	128.69	−0.234	−0.336
	农地休耕	628.40	77.96	−0.528	−0.592
	退耕还林	1091.64	155.89	−0.193	−0.196

注：变化指各情景相较基准期的变化程度。

6.7.2 各情景面源污染时间分布特征

从以上分析可知，各情景氮、磷面源污染负荷各年际间具有相同的变化趋势，在降水量较大年份具有较高值。以月为时间控制单元，对各情景总氮、总磷面源污染负荷逐月分布特征进行分析(见图 6－15、图 6－16)，总体看来月尺度上各情景具有类似的变化趋势，说明降水仍是影响各情景营养物负荷的主要原因；但各情景在变化幅度上具有差异，说明营养物投入及农地植被覆盖等因素在不同程度上影响营养物流失。此外，月尺度 12 周期移动平均趋势显示减施化肥和退耕还林情景的营养物削减程度相当。

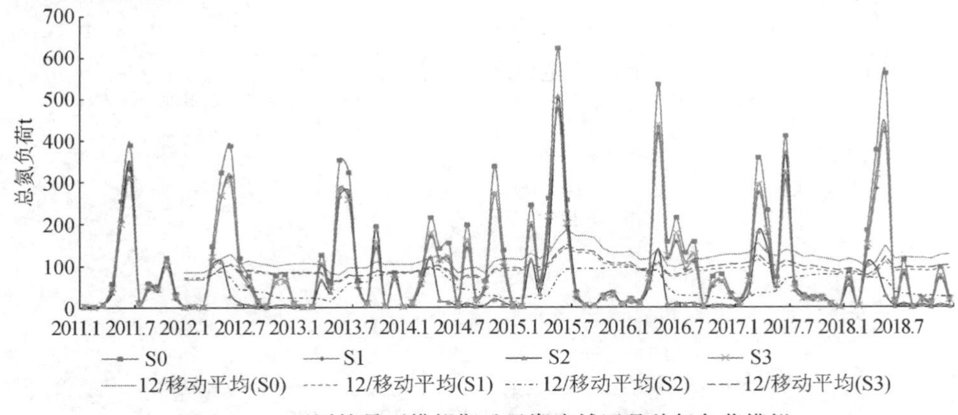

图 6－15 不同情景下模拟期毛里湖流域逐月总氮负荷模拟

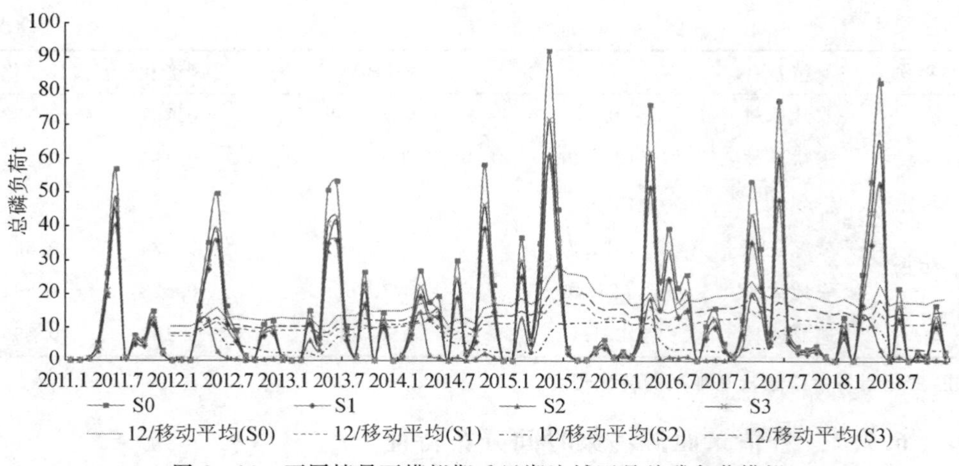

图 6-16　不同情景下模拟期毛里湖流域逐月总磷负荷模拟

对各情景月均总氮负荷相较于现状的削减率与月均降水进行相关性分析，如图 6-17 所示。

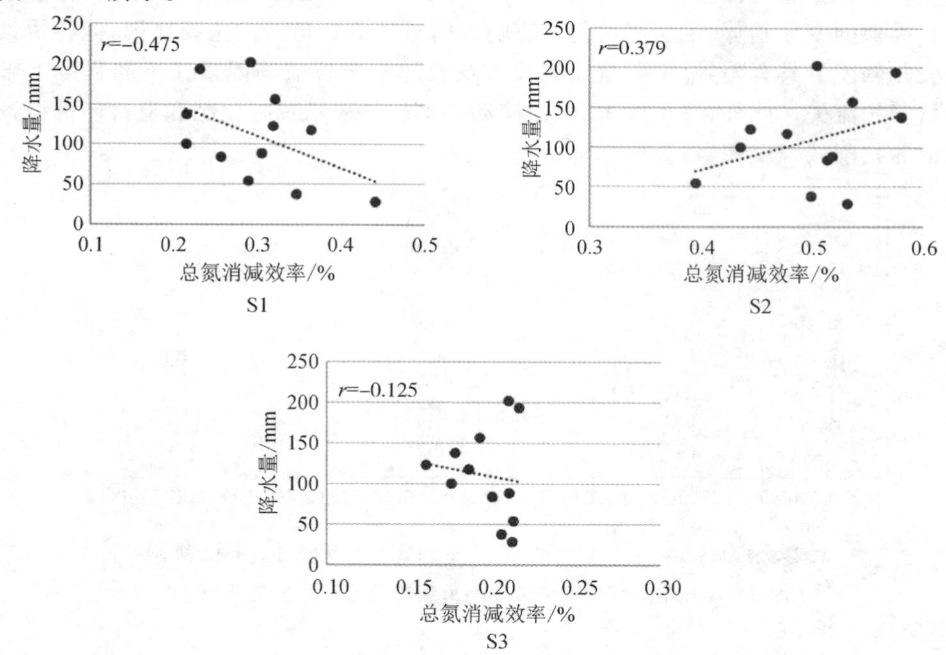

图 6-17　各情景下总氮削减效率与月均降水相关性分析

从图 6-17 可以看到，减施化肥情景的削减率与降水的皮尔逊系数为－0.475，该情景中污染负荷削减效率与降水呈中等强度的负相关关系，即降雨量大的月份该情景对污染负荷的相对削减程度小于枯水月份；农地休耕情景的削减率与降水量的皮尔逊相关系数为 0.379，说明情景中污染负荷削减效率与降水呈中等强度的正相关关系，即降雨量大的月份该情景对污染负荷的相对削减程度高于枯水月份；退耕还林情景的削减率与降水量的皮尔逊相关系数为－0.125，说明该情景中污染负荷削减效率与降水量基本无相关性，该情景下年内各月的污染削减效率差异不大。

6.7.3　各情景面源污染空间分布特征

在前文所述土地利用和气象条件下，采用 SWAT 模拟 2011—2018 年农地利用现状及三个生态补偿情景下毛里湖流域总氮和总磷流失负荷，得到研究区不同生态补偿情景下总氮、总磷年均单位面积流失负荷空间分布情况，该结果为 SWAT 模型中子流域级别的营养物输出情况，单位为 kg/ha。其空间分布情况如图 6－18 所示，图中 1—80 数字代表子流域序号。

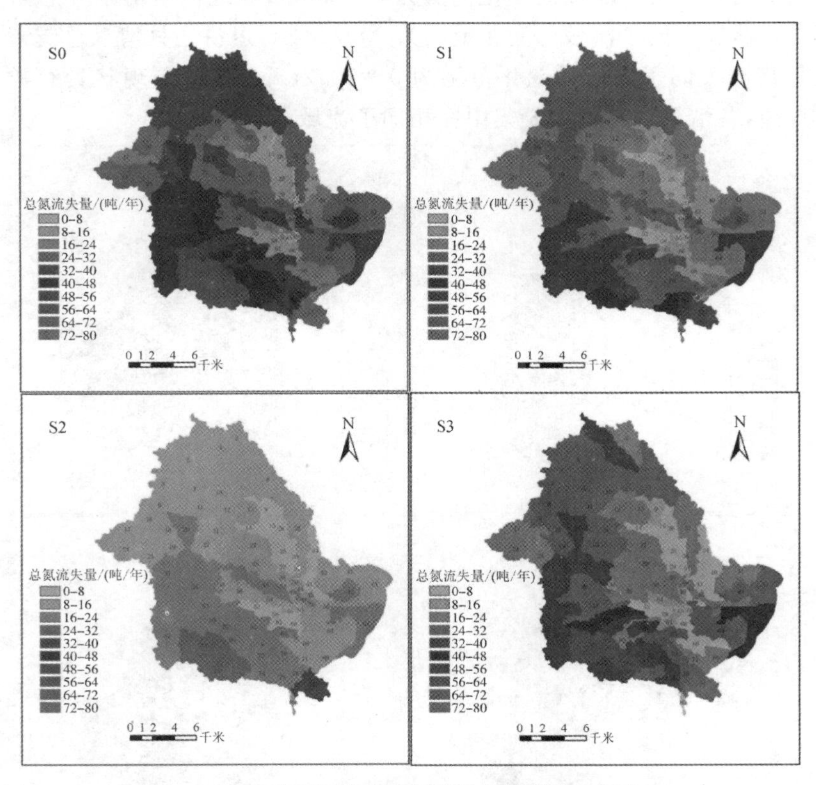

图 6－18　不同情景毛里湖流域总氮流失空间分布

图 6－18 描述了模拟期各情景下研究区年均总氮流失负荷空间分布。以子流域为单元，按上文公式计算子流域输出中的面源总氮负荷，表示模拟时间步长内从

每个子流域进入主河道的各种形态的氮。由图可知各子流域的总氮负荷在不同设计情景下相较现状均有不同程度的削减。其中,减施化肥情景中总氮营养物年均流失负荷在不同子流域的变化范围为 0～62.21 t;农地休耕情景中总氮营养物年均流失负荷在不同子流域的变化范围为 0～47.92 t;退耕还林情景总氮营养物年均流失负荷在不同子流域的变化范围为 0～77.69 t。各情景与现状具有类似的空间分布规律,高值区域主要集中西南部的 73、75、77 子流域,较高值集中在 57、59、62、63、76、78 子流域。

图 6－19 描述了各情景 2011—2018 年均非点源总磷负荷分布,以子流域为控制单元,按上文公式计算子流域输出面源总磷负荷的模拟期年均值,表示模拟时间步长内从每个子流域进入主河道的各种形态的磷。由图可知各子流域的总磷负荷在不同情景下相较现状均有不同程度的削减。其中,减施化肥情景中总磷营养物年均流失负荷在不同子流域的变化范围为 0～8.53t;农地休耕情景中总磷营养物年均流失负荷在不同子流域的变化范围为 0～7.34 t;退耕还林情景总磷营养物年均流失负荷在不同子流域的变化范围为 0～10.2t。各情景与现状具有类似的空间分布规律,各情景中高值主要集中在相同子流域。

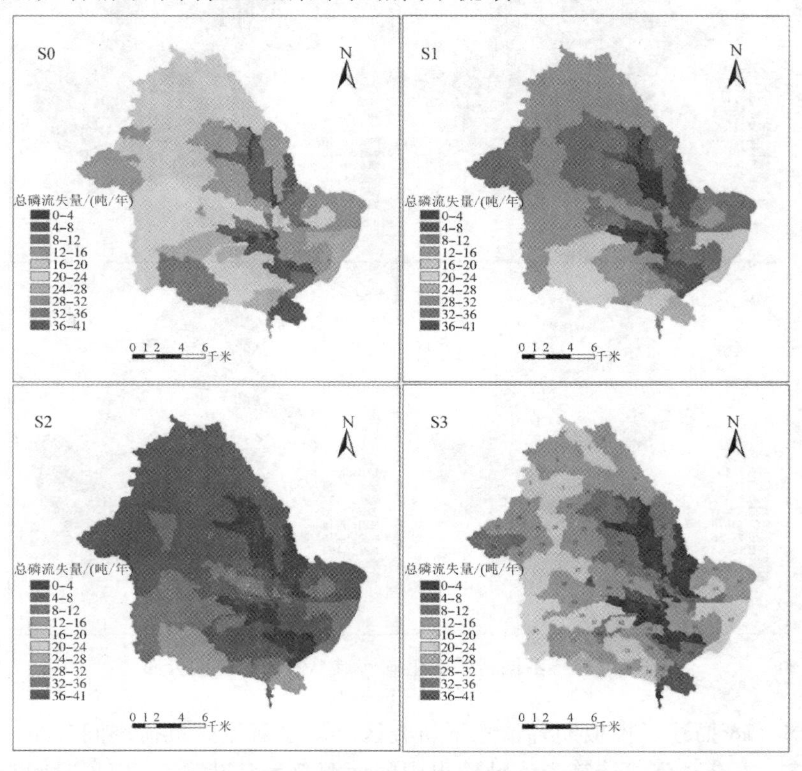

图 6－19　不同情景毛里湖流域总磷流失空间分布

6.7.4　不同类型农地面源污染特征与情景响应

流域内面源污染负荷的时空分布还与土地利用方式有关，不同的土地利用方式具有不同的营养物流失特性(Fayçal et al.，2013)，因此在进行各情景营养物流失分析时需要针对不同类型用地开展进一步细化分析。HRUs是SWAT模型模拟结果的最小输出单元，每个HRUs由相同土地利用方式、坡度和土壤属性的相连区域组成，在其所属子流域内具有唯一性。因此在开展土地利用类型的比较分析时，HRUs尺度的结果可以更加准确反映出特定用地类型的营养物流失情况。

本书在划分HRUs时将土地利用类型、土壤类型以及坡度类别的阈值全设为0，最终在流域范围内共获得2460个HRUs。根据土地利用类型水田、旱地、园地、林地、草地筛选HRUs模拟结果，在现状、休耕及减施情景中共获得1550个HRUs，其中包括水田类385个、旱地类371个、果园类237个、林地类363个、草地类194个。退耕还林情景中由于部分农地变更为林地，共获得2384个HRUs，其中包括水田类324个、旱地类325个、果园类212个、林地类412个、草地类197个。

根据前文式(6-6)、式(6-7)计算氮素、磷素流失负荷得到包括现状在内的每个情景各8年的模拟结果，对每个情景8年模拟结果进行逐年分析意义有限，因此采用8年均值来开展分析，下文中的月(年)均指模拟期8年的月(年)均数据。

基准情景(现状)下研究区不同类型农地营养物流失负荷情况见表6-15。在以HRUs为控制单元时，研究区农地(含水田、旱地、园地、林地、草地)年均氮素营养物流失负荷为1153.8 t、磷素为131.8 t。水田和旱地是研究区主要农地利用类型，也是农地营养物流失的主要源头。水田总面积占流域面积的28.87%，其年均总氮流失量为672.1 t，占总流失量的57.82%；旱地总面积占流域面积的16.53%，其年均总氮流失量为436.25 t，占总流失量的37.53%；园地占农地总面积为2.36%，但贡献了3%的氮素流失量，另一方面占农地总面积19.68%的林地仅贡献了0.8%的氮素负荷和1.41%的磷素负荷；占农地总面积1.36%的草地对营养物负荷的贡献为0.11%。

表6-15　毛里湖流不同类型农地营养物流失情况

农地类型	面积/km^2	总氮负荷/t	有机氮负荷/t	硝态负荷/t	总磷负荷/t	有机磷负荷/t	无机磷负荷/t
	占比/%	占比/%	占比/%	占比/%	占比/%	占比/%	占比/%
水田	112.00	672.10	99.70	572.40	63.81	7.24	56.57
	28.87	57.82	42.28	61.78	47.41	43.43	47.97
旱地	64.15	436.25	122.50	313.75	65.25	7.77	57.49
	16.53	37.53	51.95	33.86	48.48	46.57	48.75

续表

农地类型	面积/km²	总氮负荷/t	有机氮负荷/t	硝态负荷/t	总磷负荷/t	有机磷负荷/t	无机磷负荷/t
	占比/%	占比/%	占比/%	占比/%	占比/%	占比/%	占比/%
园地	9.15	34.87	0.11	34.76	0.48	0.01	0.48
	2.36	3.00	0.05	3.76	0.36	0.03	0.41
林地	76.35	9.30	5.59	3.71	1.90	0.68	1.22
	19.68	0.80	2.36	0.40	1.41	4.05	1.03
草地	5.28	1.28	1.06	0.21	0.36	0.14	0.23
	1.36	0.11	0.46	0.02	0.27	0.80	0.19

注：①表中数据指流域中相同土地利用类型的均值；②表中的投入和负荷量为8年模拟期均值；③占比为占总面积或总负荷的比例。

不同情景下各类农地单位面积营养物投入及流失情况见表6-16。

以水田为例，现状情景(S0)中氮素的流失率为62.33%，磷素流失率为11.06%。在减施化肥情景下(S1)水田的氮肥使用量减少了一半，氮素流失率减少到59.21%，为每公顷150.85 kg·a^{-1}，氮素总量流失减少了52.51%，氮素流失率减少了5.01%。在该情景下水田的磷肥使用量也减少了一半，尽管面源磷素负荷量减少到每公顷20.11 kg·a^{-1}，相较基准期减少了34.23%，但磷素的流失率却有所增加，相较基准期增加了31.54%；农地休耕情景(S2)模拟期年均氮、磷肥投入量与减施化肥情景一致(为现状情景的一半)，但比S1具有更好的面源污染削减效率，其中面源氮素流失率降低到47.14%，磷素降低到7.62%，氮素和磷素流失总量分别为每公顷120.11 kg·a^{-1}和每公顷10.53 kg·a^{-1}，相较基准期分别减少了62.18%和65.57%，氮素和磷素的流失率则相较基准期分别减少了24.37%和31.13%。退耕还林情景(S3)模拟期年均氮、磷肥投入量与现状情景一致，但该情景下，单位面积水田氮、磷营养物质的流失出现了小幅度的增加，分别为每公顷328.23 kg·a^{-1}和每公顷32.41 kg·a^{-1}，相较基准期氮素和磷素流失率分别增加了3.34%和6.06%。

表 6-16 各情景不同农地单位面积营养物投入、流失情况

情景	土地利用类型	氮肥投入/(kg/ha)	磷肥投入/(kg/ha)	面源氮素负荷/(kg/ha)	面源磷素负荷/(kg/ha)	氮素流失率/%	磷素流失率/%	面源氮素变化/%	面源磷素变化/%	氮素流失率变化/%	磷素流失率变化/%
S0	水田	509.57	276.37	317.61	30.58	62.33	11.06	—	—	—	—
	旱地	700.34	305.54	315.03	47.77	44.98	15.64	—	—	—	—
	果园	293.18	203.60	196.57	2.79	67.05	1.37	—	—	—	—
	林地	0	0	7.13	1.48	—	—	—	—	—	—
	草地	0	0	13.56	3.75	—	—	—	—	—	—
S1	水田	254.79	138.19	150.85	20.11	59.21	14.55	−52.51	−34.23	−5.01	31.54
	旱地	350.17	152.77	139.27	30.63	39.77	20.05	−55.79	−35.89	−11.58	28.21
	果园	146.59	101.80	99.42	1.19	67.82	1.17	−49.43	−57.32	1.15	−14.65
	林地	0	0	7.13	1.48	—	—	0	0	—	—
	草地	0	0	13.56	3.75	—	—	0	0	—	—
S2	水田	254.79	138.19	120.11	10.53	47.14	7.62	−62.18	−65.57	−24.37	−31.13
	旱地	350.17	152.77	110.09	17.22	31.44	11.27	−65.05	−63.96	−30.11	−27.92
	果园	293.18	203.60	196.57	2.79	67.05	1.37	0	0	0	0
	林地	0	0	7.13	1.48	—	—	0	0	—	—
	草地	0	0	13.56	3.75	—	—	0	0	—	—
S3	水田	509.57	276.37	328.23	32.41	64.41	11.73	3.34	5.98	3.34	6.06
	旱地	700.34	305.54	324.03	49.14	46.27	16.08	2.86	2.87	2.87	2.81
	果园	293.18	203.60	210.41	2.42	71.77	1.19	−7.04	−13.26	7.04	−13.14
	林地	0	0	6.10	1.11	—	—	−14.45	−25.00	—	—
	草地	0	0	13.46	3.72	—	—	−0.74	−0.80	—	—

注：①S0 为基准(现状)、S1 为减施化肥(减半施肥)、S2 为农地休耕、S3 为退耕还林；②氮、磷肥投入指农地投肥中纯氮、磷素含量；③表中的投入和负荷量为 8 年模拟期均值；④变化率指各情景相对于基准情景的变动比率。

6.7.5 讨论

已有采用 SWAT 模型开展的产流产污研究多基于子流域出口的模拟结果，这些结果以子流域为单元进行模拟结果分析，为识别优先控制流域和子流域提供了有益的信息(Silva et al.，2012；Chatterjee et al.，2013)。但子流域相对来说仍是一个较大的复杂区域,区内包含不同种地形、土壤、降水、土地利用等特征,土壤侵蚀及营养物流失在子流域的不同区域存在差异。HRUs是SWAT模拟结果最小计算单元,每个水文响应单元内仅有唯一土地利用方式。已有基于水文响应单元尺度数据组开展的土壤侵蚀及营养物输移研究获得了良好效果(Kumar & Mishra,2015;Sanjeet et al.,2015)。因此本章对HRUs尺度的营养物负荷模拟结果分析,实现了对生态补偿情景下不同农地减污效应更准确的刻画。

从情景模拟结果和分析可知:① 土地利用变化对营养物的流失具有显著影响,近自然农地,如林地、草地具有较低的营养物质流失负荷,而相同区域的其他类型农地,如水田、旱地、园地则会带来截然不同的营养物流失状态。② 农作施肥活动也是影响营养物流失的重要因素,事实上这一因素也与农地类型紧密相关。模拟结果显示各情景均具有一定面源污染减污效应,这些措施均以直接或间接减少化肥施用量作为设置原则,而投肥量的减少确能显著降低氮、磷的流失负荷量。③ 各情景的减污效应具有差异。从地块尺度上看退耕还林情景的减污效率最佳,但因其开展的范围受限(显然在全流域实施这一措施不现实),因此在流域尺度上该情景的削减效应最低;农地休耕情景从多年均的角度来看与减施化肥情景的化肥减施量相同,但从单位面积农田尺度及子流域尺度上都可以观察到这一情景对面源污染控制具有更佳的效果,这可能与该情景在休耕年设置为在停耕农地上实施植草的管理措施有关。④ 可从农地施肥减量着手控制面源污染来源,如减少化肥施用,增加有机肥施用等,这些措施可以得到较好的污染控制效果。但面向全流域落实这些措施的实施难度比较大,从研究区已开展多年的针对施肥管理的"测土配方"措施推行情况来看,缺乏完善管理和监督机制的政策难以很好落实和取得确实的成效。⑤ 情景措施的优选需要进一步的工作。农地生态补偿推行会在一定程度上损害了农户的经济利益并减少了农业收入,给区域社会、经济带来影响,如减施化肥会造成农产品产量减少从而降低农户收入,而农地休耕会带来整年收入的损失,退耕还林则会在相当长的时间上让农户无法获得农地收入等;另外,还显然会对农户的谋生方式产生影响,而农户对生态补偿项目的好感度与参与意愿也可能形成大范围的社会舆论。因此,符合研究区社会经济状况的最佳生态补偿情景确定仍需要进一步的工作。

6.8 生态补偿情景下农地面源污染特征数据库构建

通过本章工作获得了包括现状在内的四个不同情景下毛里湖流域2460个HRUs的TN、TP负荷值。这些具有差异性的农地营养物质面源污染特征值是不同农地利用调整措施在气候、气象、地形、地貌和其他下垫面等因素共同作用下的结果,蕴涵着确定性的动态规律和不确定性的统计规律(梁忠民 等,2010)。由于流域的自然地理特征，如下垫面条件、气候等在短时期内处于相对稳定的状态，而农地利用习惯在一定时期内也具有延续稳定的特点，因此已有研究发现自然地理因素及人为因素与面源污染负荷量之间存在着较好的相关关系。通过统计分析的方法将机理模型模拟产出的面源污染负荷量与各影响因子间建立对应关系，建立影响因子为输入量，面源污染负荷为输出量的面源污染负荷黑箱经验模型，从而简化面源污染在产生、输移的复杂过程(陈学凯，2019)。

本文旨在较精细的空间尺度上运用贝叶斯网络开展研究区农地生态补偿效应评估，这一工作开展需要将整个流域按 10 m 分辨率共划分为约 370.3 万个特定栅格，并以此为基本单元采用贝叶斯网络模型评估各生态补偿情景的综合效应。这一工作的研究工具-贝叶斯网络基于概率统计理论构建，其中重要工作之一是网络参数确定，包括先验概率确定和节点条件概率的确定，根据第 8 章贝叶斯网络参数学习方法，面源氮、磷负荷节点的参数通过观测数据库学习而获得。因此本书拟基于 SWAT 模拟结果构建贝叶斯网络部分观测数据库。通过 ArcGIS 平台将模拟结果中 HRUs 尺度营养物流失负荷数据，以及已获得的土壤数据、降水数据、坡度数据、高程数据等给每个栅格赋值。本章共模拟了四个农地利用情景的营养物负荷，按栅格提取后每情景获得 370.3 万个观测数据组，总计数据组共 1481.2 万个，形成了毛里湖流域生态补偿情景下农地营养物负荷特征数据库，该数据库部分数据如表 6－17 所示。这为后文贝叶斯网络建模提供了部分数据基础。

6.9 小结

本章构建了毛里湖流域 SWAT 模型，根据实测数据进行了模型参数率定与验证，验证结果表明本书模型基本满足毛里湖流域产流产污模拟应用要求。以 2016 年土地利用数据为基础，运用 SWAT 模型模拟了 2011—2018 年毛里湖流域氮、磷面源污染负荷现状，并分析了其时空分布特征；进而模拟了减施化肥(S1)、农地休耕(S2)、退耕还林(S3)这 3 个生态补偿情景下毛里湖流域氮、磷面源污染流失情况，并进行了相关分析和讨论。在此基础上比较不同类型农地面源污染负荷对不同生态补偿情景下的响应，研究发现不同情景下同一类型农地面源污染负荷以及同一情景下不同类型农地的面源污染负荷变化均有不同程度的差异。最后在以上工作基础上，以 10 m 分辨率栅格为基本空间单元构建了不同生态补偿情景下毛里湖流域农地面源污染负荷特征数据库。

表 6-17　生态补偿情景下农地面源污染特征数据库(部分)

编号	海拔 /m	坡度 /(%)	坡向 /(°)	经度 /(°)	纬度 /(°)	土壤	HRUs 编号	土地利用	降水量 /mm	施氮量 /kg	施磷量 /kg	氮流失量 /kg	磷流失量 /kg
1	84	3.00607	45	111.8137040	29.39940582	ALf 2	230013	AGRR	1215.55	7.00343	3.05535	2.795534	0.284901
2	84	3.00607	45	111.8138081	29.39940519	ALf 2	230013	AGRR	1215.55	7.00343	3.05535	2.795534	0.284901
3	84	3.00607	45	111.8136007	29.39949759	ALf 2	230013	AGRR	1215.55	7.00343	3.05535	2.795534	0.284901
4	85	3.00607	45	111.8137047	29.39949696	ALf 2	230013	AGRR	1215.55	7.00343	3.05535	2.795534	0.284901
5	84	3.00607	45	111.8138088	29.39949632	ALf 2	230013	AGRR	1215.55	7.00343	3.05535	2.795534	0.284901
6	84	3.00607	45	111.8136014	29.39958873	ALf 2	230013	AGRR	1215.55	7.00343	3.05535	2.795534	0.284901
7	85	3.00607	45	111.8137055	29.39958810	ALf 2	230013	AGRR	1215.55	7.00343	3.05535	2.795534	0.284901
8	84	3.00607	45	111.8138095	29.39958746	ALf 2	230013	AGRR	1215.55	7.00343	3.05535	2.795534	0.284901
9	82	3.00607	45	111.8136021	29.39967987	ALf 2	230033	RICE	1215.55	5.09569	2.76370	3.087153	0.223475
10	83	3.00607	45	111.8137062	29.39967923	ALf 2	230033	RICE	1215.55	5.09569	2.76370	3.087153	0.223475
11	83	3.00607	45	111.8138103	29.39967860	ALf 2	230033	RICE	1215.55	5.09569	2.76370	3.087153	0.223475
12	79	3.00607	45	111.8136028	29.39977100	ALf 2	230033	RICE	1215.55	5.09569	2.76370	3.087153	0.223475
13	81	3.00607	45	111.8137069	29.39977037	ALf 2	230033	RICE	1215.55	5.09569	2.76370	3.087153	0.223475
14	81	3.00607	45	111.8138110	29.39976973	ALf 2	230033	RICE	1215.55	5.09569	2.76370	3.087153	0.223475
15	77	3.00607	45	111.8136036	29.39986214	ALf 2	230033	RICE	1215.55	5.09569	2.76370	3.087153	0.223475
16	79	3.00607	45	111.8137076	29.39986151	ALf 2	230033	RICE	1215.55	5.09569	2.76370	3.087153	0.223475
22	76	3.00607	45	111.8140206	29.39995074	ATc2	230009	WATR	1215.55	0	0	0	0
……													
3,731,232	48	3.16835	333	111.9005237	29.51915184	ALf 2	20009	AGRR	1215.55	7.00343	3.05535	2.904583	0.352859
3,731,233	48	1.00284	315	111.9005245	29.51924297	ALf 2	20009	AGRR	1215.55	7.00343	3.05535	2.904583	0.352859

第 7 章　研究区生态补偿田野调查描述性分析与补偿标准估算

7.1　引言

毛里湖流域是洞庭湖流域传统农区。20 世纪 90 年代开始随着社会经济发展和农业市场化趋势，当地主要农产品由水稻、油菜、棉花、水产、畜牧、桑蚕等传统类型逐渐向经济蔬菜、果园、特色养殖等多类别发展。目前区内的农业土地形成了利用模式丰富多样、时空分布各异的混合状态，不同地类以及相同地类上的作物/农产品不尽相同，差异化的农地利用模式造就了错综复杂的细碎斑块化农地景观。这种类型的农田景观近年来在洞庭湖区以至长江中下游农区都较为常见（王丹，2018）。已有研究认为应在相关政策设计或评价中考虑这种复杂的农地利用背景（Yuan et al.，2017；陈海江 等，2019），但农地利用的复杂差异性的定量表达往往面临多重困难，导致已有研究多仅给出单一应对策略，使得研究结论缺乏精准度和适应性。本书在考虑农地利用差异的基础上开展生态补偿方案优选和优先区域瞄准，尝试将这些差异不但表征在生态补偿情景下农地利用的环境效应中，还表征在农地利用的经济效应和社会效应中。

因此，本章根据第 3 章中搭建的生态补偿综合效应多目标分析概念框架，开展研究区农地利用的田野调查，为下文不同农地类型生态补偿的经济、社会效应差异性分析提供基础数据与前期分析。具体来说，本书从“农地收入”“劳动力成本”两个方面考虑生态补偿实施下农地利用的经济效应；拟从“生计稳定性”“公平程度”“政策好感度”“农户受偿意愿”四个方面考虑生态补偿实施下的社会效应；这些指标选择的依据可参见本书第 8 章中“8.2.1 变量选择与因果关系确定”小节。

本章通过在毛里湖流域开展田野调查获取原始数据，对涉及以上几个方面的多个问题进行调查与分析，主要实地调查工作包括农地田野调查与农户问卷访谈，主要分析工作包括研究区农地种养特征描述性分析、农地生境特征描述性分析、农户基本特征描述性分析、农户参与意愿统计分析、各类农地补偿标准测算等。本章工作为后文农地生态补偿情景综合效应评估提供部分重要的基础数据。

7.2 田野调查概述

本书作者于2018年5月至2020年1月深入毛里湖流域主要乡镇开展了一系列深度田野调查，包括农村社会调查、农地田野调查、统计资料收集等。农村社会调查根据调查对象和目的的不同，包括三种类型：①农户入户访谈。②市(县)、乡(镇)、村行政管理部门访谈。③利益相关者座谈。农地田野调查主要通过在研究区田间地头目测观察或访谈，收集研究区农地管理、农地生境等各类信息数据。统计资料收集主要是走访研究区各乡镇基层行政管理部门，收集整理农村社会经济概况、农户情况、农地利用情况、其他背景情况等。

下面从调查方法、调查方案、问卷设计、调查开展情况、数据处理等五个方面概述本书田野调查。

7.2.1 调查方法

本书田野调查采用的主要方法有：

(1)参与式农村评估。采用参与式农村评估法(participatory rural appraisal，PRA)开展农户调查通常采用问卷调查和半结构访谈相结合的非正式访谈方式(梁流涛 等，2016)。根据研究目的设计问卷，在具体调查过程中采取开放式提问法与受访者进行交流，使被调查的农户、管理人员、学者等在和谐气氛中轻松自由地回答问题，表达对农业生产、农地面源污染及农地生态补偿的看法和建议，通常这种方式能更全面、深入地了解受访者的真实意愿和实际情况。

(2)实地调查。采用实地调查法收集农地耕作规律、管理习惯、农地及周边生境等原始数据。具体形式是在研究区田间地头进行目测调查，对农地利用特征、生境特征等定性评价并记录，与正在农作的农户进行沟通交流等。

(3)开放式座谈。组织召集各利益相关方，包括农户代表、乡镇职能部门代表、生态补偿领域学者开展区域协调发展与农业生态补偿计划讨论会，请各方代表自由陈述看法和建议，并就矛盾和问题展开讨论和协商(Gonzalez-Redin et al.，2016)，记录并整理座谈内容。

(4)官方资料收集。在毛里湖流域各级行政区(市/县、乡/镇、村)行政管理部门收集并整理文件类、统计资料类、网络类等相关资料。

7.2.2 开展情况

本书农村社会调研、农地田野调查、利益相关者座谈方案分别如下：

(1)农村社会调研。本书作者组建了调研小组，于2018年5月和7月分别开展了两次预调研，在第一次预调研中初步了解研究区基本情况，在此基础上制定调研计划和设计预调研问卷;在第二次预调研中发放30份预调研问卷,根据信息收集情况及项目设计思路对问卷进行修改。并于2019年8月开展了第1次正式调研,调研内容按调研对象不同,分为农户调研、政府调研和市场调研三大类;2019年11月至12月开展了第二次正式调研,主要是大范围农户调研,正式农户调研中每户访谈时长为30~40分钟。

农户调研问卷设计包括三个阶段。第一阶段,根据预调研了解的研究区基本情况结合预设调研指标设计问卷初稿;第二阶段,广泛征询相关领域专家、当地管理部门工作人员的意见修订问卷;第三阶段,在研究区随机选择农户发放问卷,并收集修订建议,最终形成问卷定稿。问卷内容由农户基本信息、农业环保情况、生态补偿意愿、农业技术情况4个部分,共计42个问题组成。

农户调研的抽样方法采用整体抽样与随机抽样相结合方式(张佰林 等,2015),样本覆盖了毛里湖流域3个主要乡镇的52个行政村。每个村庄随机选择10户左右农户进行调研。被调研农户覆盖了水稻、油菜、棉花、果园、蔬菜、鱼塘养殖为主的不同土地经营类型的农户。调研组由3个调研分队组成,每个分队由2名农业管理专业硕士研究生参与。为更有效地跟当地农户沟通交流,采取每分队配置1名当地向导的方式,组成共计3人的调查分队。在调研开始前,本书作者组织分队调研人员及向导进行培训与讨论,加深队员对研究区情况的了解,提高队员表达问卷和解读农户回应的能力。

本书田野调查覆盖了毛里湖流域的主要三镇:白衣镇、毛里湖镇和药山镇共计52个自然村。其中包含药山镇的三叉路社区、棠华铺社区、文昌阁社区、渡口镇街道、八宝湖村、白云山村、和平村、临东村、民康村、三新境村、棠华村、荣华乡渔场、天鹅村、西湖村、新湖村、杨坝挡村、药山村;包含白衣镇的白衣庵居委会、石板滩居委会、蒲山村、金泉村、天门村、金林村、红光村、荷花村、会云村、钟灵村、建国村、双马村、柏林村、永兴村、金星村、长安村、金坪村;包含毛里湖镇的大山社区、青苗社区、灯塔社区、荣台社区、复兴渔场、花桥村、箭楼村、七星村、清泉村、双坪村、唐家湾渔场、同乐堡村、铜盆岗渔场、万家村、西湖渔场、樟树村、中南村、中心村。

(2)利益相关者座谈。利益相关者座谈共召开了两场,分别是2019年3月在津市市国家湿地公园管理处开展(参加人员包括政府职能部门人员、专家、乡镇干部等,共10人参加)和2019年11月在毛里湖镇镇政府开展的农户代表座谈(水旱田农户代表、坑塘养殖农户代表、果农林农代表、乡镇干部共35人参与)。在座谈会上请各方代表发言就农业生产、农户生计、农地施肥管理、农地生态补偿等议题自由发表看法和意见。

(3)农地现场调查。调研小组分别于2018年7月、2019年3月、2019年11月开展了研究区农地现场调查。农地实地调查在研究区不同类型农地的田间地头开展,对农地的种植规律、管理方式、生境、农地收入和劳动力投入情况开展实地调查，具体方式包括目测观察以及与农户开展随机访谈。根据土地利用数据，对不同类型用地采用随机取点方式调查了共计 27 个农田地块，覆盖了水稻、油菜、棉花、橘园、蔬菜、鱼塘、人工林等农地利用类型。

(4)政府调研及数据资料收集。调解小组调查走访了津市市政府以及白衣镇、毛里湖镇、药山镇政府等 17 个政府职能部门，收集政府文件、统计资料、汇编资料、电子地图资料等若干，与 20 余名政府工作人员开展了开放式访谈。

7.2.3 调查数据概况

本书农户访谈共收集到 441 份答卷，通过剔除信息矛盾、有误和填写不全问卷，以及筛选目标样本，最终得到有效问卷 370 份，问卷有效率为 90.02%。农地的实地调查获得农地特征信息有水田地块 33 个、旱地地块 20 个、果园地块 9 个、林地地块 12 个、坑塘地块 15 个。政府调研和资料收集共获得政府职员意见、观点等信息 15 条，政府部门文件、统计信息等资料若干。利益相关者座谈获得农户代表意见、观点等 9 条。

7.2.4 数据处理说明

采用 SPSS 17.0 等软件进行数据处理及统计分析。方法一：比较组间差异性时，对于符合正态分布或转换后符合正态分布、方差齐性的数据组进行单因素方差分析(Clarke et al.，2013)，如组间差异显著、各组样本数量不同时，则多重比较采用雪费法(scheffe method)(刘伟 等，2004)；方法二：对于非正态分布或经过转化后仍不符合正态分布的数据，则采用非参数检验中 Kruskal-Wallis H 秩和检验进行分析(Martini，2011)，如组间存在显著差异，则采用两独立样本的秩和检验(Mann-Whitney U-tests)做各组间比较，显著水平为 $p=0.05$。

7.3 研究区农地利用及生境特征的描述性分析

差异化的农地利用使得不同类型农地，或同类农地的不同位置地块具有不同的环境效应(化肥农药投入)和经济效应(农产品收入)，这些因素可能导致农户对不同类型农地的生态补偿参与意愿和补偿标准期望都不尽相同。因此对研究区农地利用规律开展调查分析，目的是对农地利用的异质性进行定量表达，为后文农地生态补偿效应评价模型构建提供基础数据和依据。故本节在前文对研究区农地利用情况概述的基础上，通过田野调查，详细归纳整理并分析毛里湖流域各类农地的利用规律及生境特征。

7.3.1 研究区农地利用时空特征

毛里湖流域农业土地利用情况错综复杂，很难从地块尺度准确表达和刻画整个流域的农地利用情况。本书通过调查整理研究区农产品生产的时间规律，并结合同期农产品生产面积构成，对区内农地利用时空规律进行描述和表达。

结合实地调查与农业统计资料，根据种类、播种面积、产量、投肥、地类等特征将研究区主要农产品进行一定概括整理，共划分为9个大类，并统计一年内农地利用的时空特征，见表7-1。

表7-1 研究区农地利用时空特征

月份	地类	作物/农产品(种植面积占地类面积比)
1	水田	油菜(30%)、蔬果综合(45%)、空闲(25%)
	旱地	油菜(20%)、蔬果综合(60%)、其他(20%)
2	水田	油菜(30%)、蔬果综合(45%)、空闲(25%)
	旱地	油菜(20%)、蔬果综合(60%)、其他(20%)
3	水田	油菜(30%)、蔬果综合(40%)、水稻(20%)、空闲(10%)
	旱田	油菜(20%)、蔬果综合(60%)、其他(20%)
4	水田	油菜(30%)、蔬果综合(40%)、水稻(20%)、空闲(10%)
	旱田	油菜(20%)、蔬果综合(60%)、其他(20%)
5	水田	水稻(70%)、油菜(20%)、蔬果综合(10%)
	旱地	油菜(10%)蔬果综合(60%)、棉花(30%)
6	水田	水稻(70%)、蔬果综合(30%)
	旱田	蔬菜(50%)、棉花(30%)、其他(20%)
7	水田	水稻(70%)、蔬果综合(30%)
	旱地	蔬菜(50%)、棉花(30%)、其他(20%)
8	水田	水稻(70%)、蔬果综合(30%)
	旱地	蔬菜(50%)、棉花(30%)、其他(20%)
9	水田	水稻(50%)、蔬果综合(30%)
	旱地	蔬菜(50%)、棉花(30%)、其他(20%)
10	水田	蔬菜(40%)、水稻(20%)、空闲(20%)
	旱地	蔬菜(50%)、棉花(30%)、其他(20%)
11	水田	油菜(30%)、蔬果综合(45%)、空闲(25%)
	旱地	油菜(20%)、蔬菜(50%)、棉花(10%)、其他(20%)

续表

月份	地类	作物/农产品(种植面积占地类面积比)
12	水田	油菜(30%)、蔬果综合(45%)、空闲(25%)
	旱地	油菜(20%)、蔬果综合(60%)、其他(20%)
全年	园地	柑/橘/柚类(88%)、桃/李/梨(12%)
全年	坑塘	水产养殖(80%)、其中精细养殖(80%)、粗放养殖(20%) 莲藕/水生作物(20%)
全年	林地	乔木林(70.6%)、灌木林(5.6%)、其他林地(23.8%)

数据来源:毛里湖镇农林站、白衣镇农林站、药山镇农林站统计资料。

注:① 蔬果综合,是对农田种植的蔬菜瓜果进行的概化分类,包括藠头、白萝卜、白菜、辣椒、茄子、西瓜、香瓜等常见蔬菜,以及在农田种植的葡萄、草莓等设施水果。②其他,是指在多旱地里种植的芝麻、花生、甘薯、马铃薯、大豆等作物。③其他林地,主要为果树的经济型林地。

从表 7 - 1 可以看到,研究区水田除以水稻种植为主要利用形式外,还进行了大量其他作物的种植;旱地的种植品种也是丰富多样,以油菜、各类蔬果及棉花为主;果园和林地利用在年内相对稳定;坑塘的利用以水产养殖为主。上表对研究区各类农地利用进行了一定概化,仍呈现出时间和空间两个维度上复杂交错的特征。由于本书力求精确刻画农地生态补偿的综合效应,在难以获得全流域所有地块尺度上的土地利用信息情况下,可考虑以上表为基础给出一种概率化的农地利用表达方式(详见第 8 章表 8 - 4)。

7.3.2 研究区农地种植制度与生境特征

种植制度是指与当地农业资源、生产条件相适应的农作物类型、熟制以及种植方式所组成的农业技术管理体系,具有短期内不易改变,年际不断重复的特点。不同的种植制度下,农地利用的投入和产出存在差异(Teklwold et al., 2013),因此不同种植制度下农地利用经济、环境效应也不尽相同(李卫 等,2017)。本小节根据收集的数据和资料整理了研究区种植制度中的主要农地利用模式(见表 7 - 2)。

另外,由于农田生态系统属于半自然生态系统,在人类土地利用活动密集区域,农田生境已成为一些动植物重要的替代生境,农田区域蕴藏了丰富的生物多样性资源(Landis et al., 2016; Fahrig et al., 2011)。如湿地型自然保护地区域的水田已成为多种水鸟的重要栖息地之一(刘云珠 等,2013)。因此考虑农地生境特征可为农地生态补偿情景的环境效应分析提供重要依据,故表 7 - 2 对不同种植制定下的农地生境特征进行了描述性归纳。需要说明的是,农田中的非耕作生境(non-cropped habitat)包括农田中的林地、树篱、草地、田间路网、沟渠等,这些是农田生境中的重要组成部分；这些非耕作生境对生物多样性保护、耕地多功能性、农业产量等具有重要影响(Ernoult et al.，2011；Groot et al.，2010)。表 7-2 中生境描述包含农田(耕作生境)及农田边界(非耕作生境)。

表 7-2 研究区主要农地利用模式及生境特征

所属地类名称	农地利用模式类型	模式名称	主要农产品	生境描述
水田	双季稻型	水田 1	早稻+晚稻	每年 3—10 月淹水约 10 cm，淹水期种植两季水稻，收获后闲田，有浅淹水或淤泥。冬春有绿肥作物。田埂有杂草或豆科类作物
	稻油轮作型	水田 2	一季稻+油菜	每年 5—10 月淹水约 10 cm，淹水期种植一季水稻，水稻收获后干田种植油菜。田埂同上
	稻蔬轮作型	水田 3	一季稻+蔬菜	每年 5—10 月初周期性淹水约 10 cm，淹水期间种植一季水稻。水稻收获后干田种植各类蔬菜。田埂同上

数据来源：①实地调查；②毛里湖镇、白衣镇、药山镇政府农林站；③津市统计年鉴 2016—2018。

此外，对各农地利用模式在各地类中的面积占比进行了归纳量化，见图 7-1，可以看到，水田型地块属于双季稻型、稻油轮作型、稻蔬轮作型模式及生境的概率分别为 0.145、0.450、0.405；旱地型地块属于油棉轮作型、蔬菜瓜果型、油菜间种其他型的概率分别为 0.287、0.451、0.262；果园型地块属于柑橘柚型和其他型的概率分别为 0.885、0.115；坑塘型地块属于水产精养型和水产粗养型的概率分别为：0.839、0.161；林地型地块属于经济林型和生态林型的概率分别为 0.156、0.844。研究区各类农地利用模式面积占比为后文采用概率方式表达不同农地的利用模式及生境属性提供了依据。

7.4 农户问卷调查描述性统计分析

本书生态补偿的核心环节是农地利用调整措施的实施，这一环节的最终实施和行为主体是广大农户。农户参与生态补偿的意愿、态度等对生态补偿的最终效果具有显著影响(谢花林 等，2017；Mcgurk et al.，2020)，而农户家庭的基本特征，如资源禀赋、生计类型、收入水平以及主要决策者的个人特征等，对农户生产决

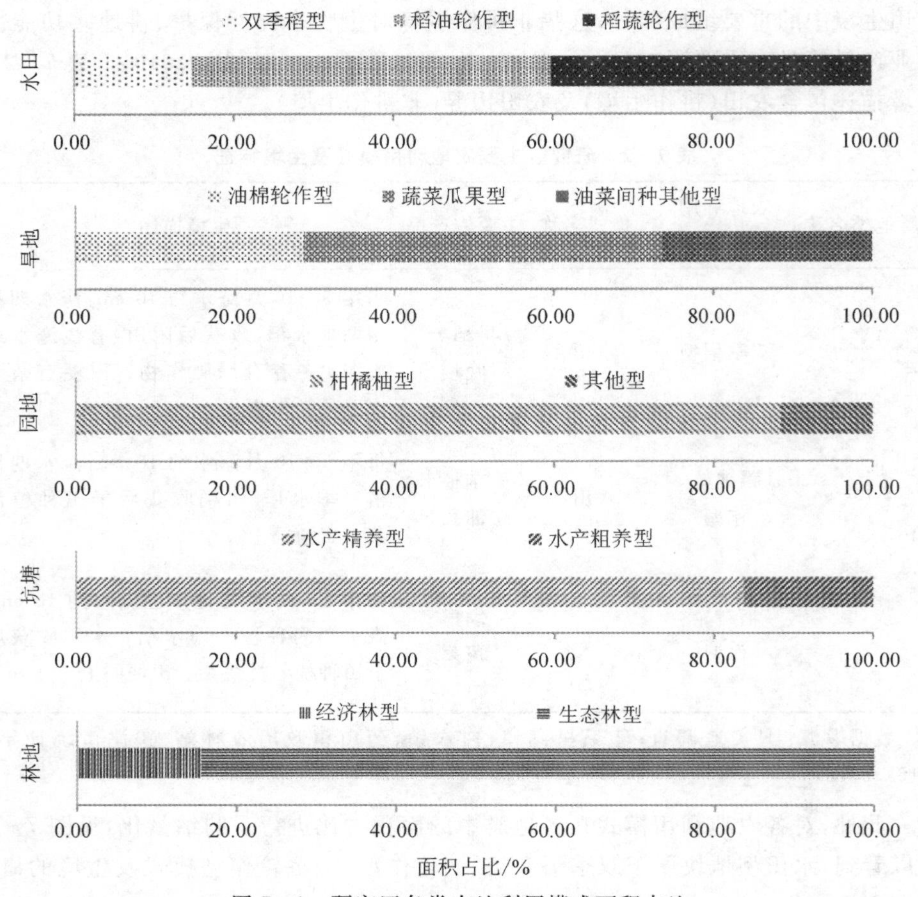

图 7-1　研究区各类农地利用模式面积占比

策行为和方式的影响具有一定的规律性(Van et al.，2016；Jian et al.，2016；高瑛 等,2017;俞振宁 等,2019)。

因此本书从受访农户人口统计学特征、农户家庭生计与农地资源禀赋特征、农户环保意识与行为特征、农户的生态补偿参与意愿 4 个方面设计了农户调查问卷，对收集的有效问卷调查数据进行描述性统计分析。

7.4.1　受访农户人口统计学特征

受访农户样本整体人口统计学特征见表 7-3。从表中可以看到，受访者多为男性，平均年龄为 55.8 岁，其中 50 岁以上的占比大于 74%，说明当地务农者多为中老年人，存在青壮年农村劳动力普遍外流现象，这一现象在一定程度上来说有助于生态补偿的推行(熊凯 等,2016)；从受教育水平来看，受访农户具有初中及以上学历的占比达到73%,说明当地农户大多具有一定学识水平;从家庭人口数可以看出,受访农户家庭多为3～6人的中等规模家庭;抚养比均值为12%,约有96%的家庭其抚养比小于40%,说明大部分受访农户家庭抚养压力较小。

表7-3 受访农户人口统计学特征

指标	含义与取值	平均值±标准差	最大值	最小值	分段类别	频数	占比/%
性别	男=1,女=0	0.92±0.26	1	0	男	342	92.43
					女	28	7.57
年龄	受访者2019年时的年龄	55.80±9.67	80	24	≤29岁	6	1.62
					30—39岁	5	1.35
					40—49岁	72	19.46
					50—59岁	175	47.30
					≥60岁	112	30.27
受教育水平	受教育程度,小学=1,初中=2,高中=3,大学=4	1.99±0.75	4	1	小学水平	98	26.49
					初中水平	185	50.00
					高中水平	79	21.35
					大学水平	8	2.16
家庭人口数	2019年时家庭人口总数	3.90±1.57	11	1	1～2人	78	21.08
					3～4人	161	43.51
					5～6人	113	30.54
					7人以上	18	4.86
抚养比	家庭中未成年人数占家庭人口总数的比例	0.12±0.15	0.67	0	0～20%	280	75.68
					21%～40%	76	20.54
					41%～60%	13	3.51
					>60%	1	0.27

7.4.2 研究区主要农产品收入情况

农地生态补偿标准与农地利用收入密切相关,后者受地块质量、耕作条件、农户技能、劳动力投入、作物品种、生产要素投入等多种因素影响(王学 等,2016)。毛里湖区域农地种植模式丰富多样,农户调查发现同类型农地其收入也存在较大差异。因此本书首先整理研究区主要农作物/产品收入情况见表7-4,进而通过综合不同农地利用模式收入水平的方式推算各地类的收入水平。由表7-4可知收入较高的农产品包括水产精养、藠头、蔬菜等经济类作物,果树收入也处在较高水平;传统的粮油作物收入普遍偏低。

表 7-4 研究区主要农产品收入情况

农产品(种养周期)	样本数	最大值	最小值	中位数	均值	标准差
水稻(季)	340	1600	100	900	853.52	323.52
农产品(种养周期)	114	1500	100	650	636.69	324.91
油菜(季)	153	822	100	368	345.01	139.93
藠头(季)	122	6000	1000	4566	4429.176	1406.1
蔬菜及其他(年)	150	15000	200	2800	2688.45	2316.12
芝麻、薯类、大豆(季)	49	600	200	300	354.55	180.91
柑橘(年)	65	7000	1000	2800	2798.88	1510.16
梨、柚、桃(年)	8	7000	1000	3000	2502.28	1239.83
水产粗养(年)	45	2200	300	1000	1210.49	655.79
水产精养(年)	64	20000	2800	5569	5752.30	4176.27
莲子(季)	28	20000	300	2000	2842.70	3318.63

注:①收入单位为(元/亩);②收入指已扣除种子、化肥、农药、农机等(不含劳动力投入)农业生产资料投入成本的纯收入。

7.4.3 研究区农地生产劳动力投入情况

毛里湖区主要农产品生产劳动力投入情况见表 7-5。从表中可知,劳动力需要量最高的农产品为精养水产,平均需投入的工作量为 92 天/年/亩,其次为经济类作物如蔬菜、藠头,平均需投入的工作量约为 40～50 天/年/亩,传统粮棉油作物需要投入的劳动力普遍较少,约为 10 天/年/亩。此外,果树及湘莲等水生作物的工作量投入约为 30 天/年/亩。综合看来,农产品的劳动力投入与收入成正比关系,劳动力需要量大的农产品其收入更高。

表 7-5 研究区主要农产品生产劳动力投入量

农产品种类	种养周期	样本数	最大值	最小值	中位数	均值	标准差
水稻	约 130 天(季)	332	10	3	6	6.52	2.2
棉花	约 190 天(季)	110	32	8	16	15.24	4.5
油菜	约 190 天(季)	145	8	2	3	2.80	0.8
藠头	约 280 天(季)	122	25	10	18	19.91	3.0
四季蔬菜	365 天(年)	150	55	12	38	40.33	13.5
芝麻、薯类、大豆	约 150 天(季)	47	10	3	4	4.60	2.8
柑橘	365 天(年)	65	60	10	30	29.19	6.5

续表

农产品种类	种养周期	样本数	最大值	最小值	中位数	均值	标准差
梨、柚、桃	365 天(年)	8	40	6	20	20.71	4.8
水产粗养	365 天(年)	45	30	3	10	11.90	7.4
水产精养	365 天(年)	64	200	60	90	92.23	28.4
湘莲	约 230 天(季)	28	45	15	30	29.47	6.1

注:①单位为(天/亩);②工时单位“天”指 1 个标准成年劳动力 1 天内完成 8 小时的工作量。

7.4.4 农户环保意识及其对既有政策和行政管理的评价

近年来关注农户意愿的生态补偿研究发现,农户的主观认知如环保意识、政策体验和外部社会环境如政府环保宣传、重视程度等作为潜在因素会显著影响农户的参与意愿与积极性(Pagiola et al., 2010;Kwayu et al., 2014; 俞振宁 等,2019; 周俊俊 等,2019),这些因素由于各种原因可能在不同地理区域,通常是不同行政区间形成一定差异(Reimer et al., 2013)。另外,在本书开展的利益相关者座谈中,参与代表认为农户参与生态补偿的意愿受农户环境态度、已有的政策体验以及政府职能部门的宣传力度和环保工作等因素影响。因此,本书就农户环境意识、农户对已有政策评价、政府环保工作力度设计了调查问题,并对收集数据进行描述性统计分析。

1. 受访农户环保意识

综合已有研究的设计思路,本书问卷从三方面评价农户的环保意识水平:一是农户的农业环境知识水平;二是农户在农业生产中的环保行为意愿;三是农户对所处生态环境的珍视程度。从表 7-6 可以看到,样本农户大多较重视生活居所周边的生态环境,对环境改善具有积极期望;农户的环境知识水平整体上处于中等水平,更多农户认为过量的化肥施用对生态环境仅造成轻微影响;多数农户在生产中关注了环保问题,具有较积极农业环保行为意愿。

表 7-6 样本农户环保认知水平

项目	取值	均值	标准差	最大值	最小值
农业环境知识	无影响到很多影响(1—5 分)	2.12	1.03	5	1
农业环保行为	不注意到非常注意(1—5 分)	3.50	1.09	5	1
生态环境珍视	不在意到非常高兴(1—5 分)	4.03	1.12	5	1
农户环保意识(综合)	水平低到水平高(3—15 分)	9.24	3.05	15	4

2. 受访农户对已有政策评价

本书问卷从两个角度刻画农户对已有政策的评价:一是农户对已实施的各类农业生产、生活补偿政策中补偿标准满意程度;二是农户对已有补偿政策的实施质量/参与体验开展评价。在统计中对每个问题按选项强弱程度分5个等级评分,两题评分累加获得样本农户对已有政策评价综合水平。从表7-7中可以看到,受访农户对已有各项农业政策实施效果给予了中等偏上的评价,认为已有政策涉农补助标准基本合理,说明当地农户对已实施政策基本满意。

表7-7 样本农户对已实施政策的评价

项目	取值	均值	标准差	最大值	最小值
补偿标准评价	不合理到合理(1—5分)	3.70	0.98	5	1
政策实施评价	不好到很好(1—5分)	3.68	1.02	5	1
已有政策评价(综合)	低到高(3—10分)	7.72	2.11	10	2

3. 政府环保工作力度

调查问卷从两个角度刻画农户对政府环保工作力度的评价:一是农户对政府就农业相关的生态环境问题管理开展评价;二是农户对地方政府的环保宣传力度开展评价。在统计中对于每个问题按选项强弱程度分5个等级进行评分,两题评分累加获得样本农户对政府工作评价的综合水平。从表7-8可以看到,研究区农户普遍认为当地政府对农业环境管理非常重视,有78.81%的受访农户对管理强度的评分为5分。在对政府环保宣传工作的评价中,有51.3%的受访农户的评分为3分,该值的均值处于中等偏上水平,说明大部分农户认为政府的环保宣传工作基本到位。

表7-8 样本农户对政府工作的评价

项 目	取 值	均值	标准差	最大值	最小值
环保宣传评价	极少到很多(1—5分)	2.87	1.03	5	1
环境管理评价	极少到很多(1—5分)	4.33	0.74	5	1
政府工作评价(综合)	低到高(2—10)	7.17	0.88	10	3

4. 样本农户行政区组间差异

对样本农户环保认知综合得分、对已有政策评价综合得分、对政府工作评价综合得分三组数据,采用自然断点分割法将各指标得分划分为低、中、高三个等级,统计三组分级中不同行政区样本农户的频数占比,分别得到每个指标中样本农户按行政区分组的各分级样本频数,分布情况见表7-9。

表 7-9　不同行政区样本农户环保意识、政策评价、政府管理评价分布

指标	行政区	样本量	分段样本量占比		
			低	中	高
环保意识	白衣镇	87	10.2	41.5	48.3
	毛里湖镇	113	14.7	85.0	0.3
	药山镇	137	0.2	86.7	13.1
	其他乡镇	33	8.0	70.2	21.8
	全部	370	7.2	72.5	20.3
已有政策评价	白衣镇	87	0.0	83.6	16.4
	毛里湖镇	113	68.7	18.8	12.5
	药山镇	137	52.4	33.2	14.4
	其他乡镇	33	67.7	22.9	9.4
	全部	370	47.2	39.6	13.2
政府工作评价	白衣镇	87	2.0	69.4	28.6
	毛里湖镇	113	14.9	56.8	28.4
	药山镇	137	3.9	63.6	32.5
	其他乡镇	33	6.3	60.2	33.5
	全部	370	6.1	66.6	32.9

总体来看，研究区农户普遍具有中上水平的环保认知与意识，但对已实施的各项农业生态环境政策的满意度不高。另外，多数样本农户认为政府对农业环保的管理处于中等水平。其中白衣镇农户的环保意识水平和对已有政策的满意程度较其他乡镇来说均为最高，其中环保意识水平的中、高占比达到了89.8%，政策评价中、高占比达到了100%；药山镇农户的环保认知程度及其对既有政策的好感程度在几个乡镇中处于中等水平；毛里湖镇农户的环保认知程度及其对既有政策的满意程度最低，对已有政策评价处于低水平的农户占到全部样本的68.7%，只有12.5%的农户对已有政策评价较高。这可能与近年来毛里湖流域环境整治中的退耕还湿、退养还湿等生态修复工程多涉及毛里湖镇有关。毛里湖镇是三镇中湖泊岸线最长的乡镇，长期以来在环湖和近湖边形成了数量众多的水产养殖坑塘、围湖坝以及农田，因此成为毛里湖生态修复工程实施的主要区域，这些工程的实施直接影响到了相关农户生计的可持续性。此外，毛里湖区域在2015年开展了乡镇行政区划调整，毛里湖镇及药山镇均有涉及，辖区的调整使得地方政府和农户都需要经历适应和磨合，这可能也在一定程度上影响了农户对已有政策和政府工作的评价。另外，在对政府环保工作的管理评价中，各个乡镇的差异不大，其中给出较低评价

的农户也多属于毛里湖镇。

为进一步了解各乡镇样本农户组间差异，进行组间差异显著性分析，我们采用单因素方差分析法，分析结果见表7-10。

表7-10 不同行政区样本农户环保意识、政策评价、行政管理评价的组间差异

指标	行政区	样本量	均值	标准差	F	sig.
环保意识	白衣镇	87	10.29	2.11	4.42	*
	毛里湖镇	113	9.64	1.65		
	药山镇	137	9.23	2.07		
	其他乡镇	33	9.22	2.85		
政策评价	白衣镇	87	7.20	1.69	17.71	***
	毛里湖镇	113	6.17	1.03		
	药山镇	137	6.88	0.83		
	其他乡镇	33	6.22	1.35		
行政管理评价	白衣镇	87	6.63	1.50	2.57	ns
	毛里湖镇	113	6.49	1.72		
	药山镇	137	7.04	1.37		
	其他乡镇	33	6.92	1.35		

注：ns即“not significant”，表示不重要；*$p<0.05$；**$p<0.01$；***$p<0.001$。

结果显示，不同行政区农户的环保意识存在显著性差异，均值提示白衣镇农户在环保认知水平上高于其他乡镇；在对已有政策评价中，不同行政区农户存在极高的显著性差异，研究区内三个主要乡镇的样本农户对政策评价大相径庭，其中毛里湖镇的农户对于已有政策实施的满意程度最低，白衣镇农户的满意度最高，药山镇农户居中；在对地方政府行政管理评价中，不同乡镇农户间无显著差异。已有研究认为，与农户的生态补偿认知判断相关变量是解释农户意向选择的关键因素，即农户对与生态补偿相关环境政策的认知判断水平越高，其参与生态补偿的可能性越高(俞振宁，2019)。因此，可推估的研究区不同行政区农户在生态补偿参与意愿与补偿标准倾向上存在一定差异。

7.4.5 农户的生态补偿参与意愿与补偿标准意向

1.受访农户生态补偿参与意愿

调查问卷中与农户生态补偿参与意愿相关的问题包括：是否愿意参加农地生态补偿和愿意选择的方式？参加生态补偿会对您的生产生活带来影响，您期望的

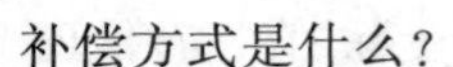

补偿方式是什么？

对于农户是否愿意参加农地生态补偿和选择何种方案，将获取的有效样本按农地资源禀赋及行政区分组开展频数统计，统计结果如表 7－11 所示。从表中可以看到，样本中有 84.6％受访农户表示愿意参加农地生态补偿，可知在研究区推行这一面源污染防控措施具有广泛的社区支持度，政策实际推行的可能性较高。在生态补偿方案参与意愿的选择上，从全部样本看，减施化肥＞耕地休耕＞退耕还林＞水塘转产。其中减施化肥和耕地休耕的接纳度分别为 62.5％和 45.5％，获得较多农户的支持，可能因为这两种方案基本不改变原有农地利用方式，仅调整耕作习惯，农户的接受度较高。

表 7－11 受访农户参与生态补偿的意愿意向

分组依据	农户类别	样本量	愿意频数占比/％	生态补偿方案被选频数占比/％			
				耕地休耕	减施化肥	退耕还林	水塘转产
按所属行政区划分	白衣镇	87	92.22	36.73	42.86	20.41	26.53
	毛里湖镇	113	78.45	40.54	78.38	43.24	36.49
	药山镇	137	82.81	55.84	59.74	37.66	31.17
	其他乡镇	33	84.49	51.47	67.55	40.95	29.91
按农地资源禀赋划分	水田为主型	170	87.06	49.47	75.79	30.53	31.58
	旱地为主型	36	83.33	35.29	47.06	41.18	35.29
	果园为主型	12	75.00	32.64	48.29	33.53	43.01
	水产养殖型	31	74.19	43.75	62.50	37.50	43.75
	混合型	121	81.82	42.47	49.32	39.73	28.77
全部样本		370	84.65	45.50	62.50	35.50	32.00

对按所属行政区的进行分组统计，在农户生态补偿接纳意愿上，白衣镇＞其他乡镇＞药山镇＞毛里湖镇。各乡镇农户对耕地休耕的接纳程度差异较小，接受度最高的是药山镇，最低的为白衣镇；减施化肥措施的接纳程度在各乡镇中差异较大，其中毛里湖镇农户接纳度为 78.38％，白衣镇农户接纳度为 42.86％；退耕还林措施与水塘转产的农户接纳程度在各乡镇间的差异较小，其中白衣镇农户对退耕还林的接纳程度最低，药山镇农户对退耕还林的接纳程度最高；在对坑塘转产方式的选择中，毛里湖镇的农户接纳度最高，白衣镇最低。农户的生态补偿参与意愿在一定程度上与其自然资源禀赋的拥有状况相关(段伟 等，2017)，本书研究区中药山镇辖区内的丘陵山地面积较大，毛里湖镇辖区与毛里湖湿地接壤面积最大，这可能是农户方案选择的影响因素之一。

对于农户期望的补偿方式，问卷设计采用先询问是否愿意接受除“直接补偿现金”外的其他补偿方式，共计获得 329 个回答，其中回答“愿意”的有 19 个，占样本总数的 0.58%，对“其他补偿方式的描述”包括“提供稳定就业”“修缮农村基础设施”“提供技术支持”“给予农产品价格补贴”等。据此可知绝大多数农户希望生态补偿项目能直接补贴现金，对其他间接补偿方式普遍没有意愿或信心，这可能与研究区农村劳动力老龄化有关(李潇，2018)。

2. 受访农户对生态补偿标准的意愿

调查农户对补偿标准的意愿可采用多种方式，其中开放性提问方式可能因受访者的主观期望、对政策的理解差异或对收入水平的估计偏差等原因造成意愿值可能出现较大失真(蔡银莺 等，2014；熊凯 等，2106)。因此本书在调查农户意愿时借鉴条件价值评估法(张化楠 等，2019)的问卷设计方式，即不直接询问受访农户期望的补偿金额，而是预先设定好若干收入损失补偿比例，供给农户选择。

为了分析补偿情景和补偿比例对农户意愿的影响，将四种生态补偿情景分别设置不同的损失补偿比例：农地休耕为 50%，减施化肥为 70%，退耕还林为 90%，鱼塘转产为 100%。根据农户资源禀赋分组选择统计样本，其中耕地休耕的样本农户为水田型、旱地型、混合型，减施化肥的样本农户为水田型、旱地型、混合型、果园型，退耕还林的样本农户为水田型、旱地型、混合型，水塘转产的样本农户为混合型、水产型，共获得 1142 个回答，见表 7 - 12。对不同乡镇农户样本组间进行 Kruskal-Wallis H 秩和检验，发现各组间无显著差异($p>0.05$)，可知研究区各乡镇农户对补偿标准的意愿具有一致性。

统计结果显示，受访农户对生态补偿持较为积极的参与态度。在对最低档补偿比例的接受意愿中，即补偿标准为纯收入损失 50%，有 25.87%的农户表示愿意，有 20.4%表示较愿意，仅有 24%的农户表示不愿意接受。对于减施化肥补偿 90%和水塘转产补偿 100%，分别有 74%和 69%的农户表示愿意接受。由此可估计相比具体参加何种生态补偿情景，受访农户更关注补偿比例，对 50%、70%、90%、100%补偿比例表示“愿意”的比例分别为 25.87%、34.83%、41.79%、49.25%；表示“不愿意”的比例分别为 10.45%、6.47%、5.47%、8.96%，基本与补偿比例呈正相关和负相关关系，其中坑塘转产的“不愿意”比例相对较高，这可能与鱼塘经济效益较高、农户生产资料投入较多有关。此外，还有 11 个受访回答表示补偿标准比纯收入损失应达到 200%～400%，这部分受访者占全部受访者 2.97%。

表 7-12　受访农户对补偿标准比例的受偿意愿情况

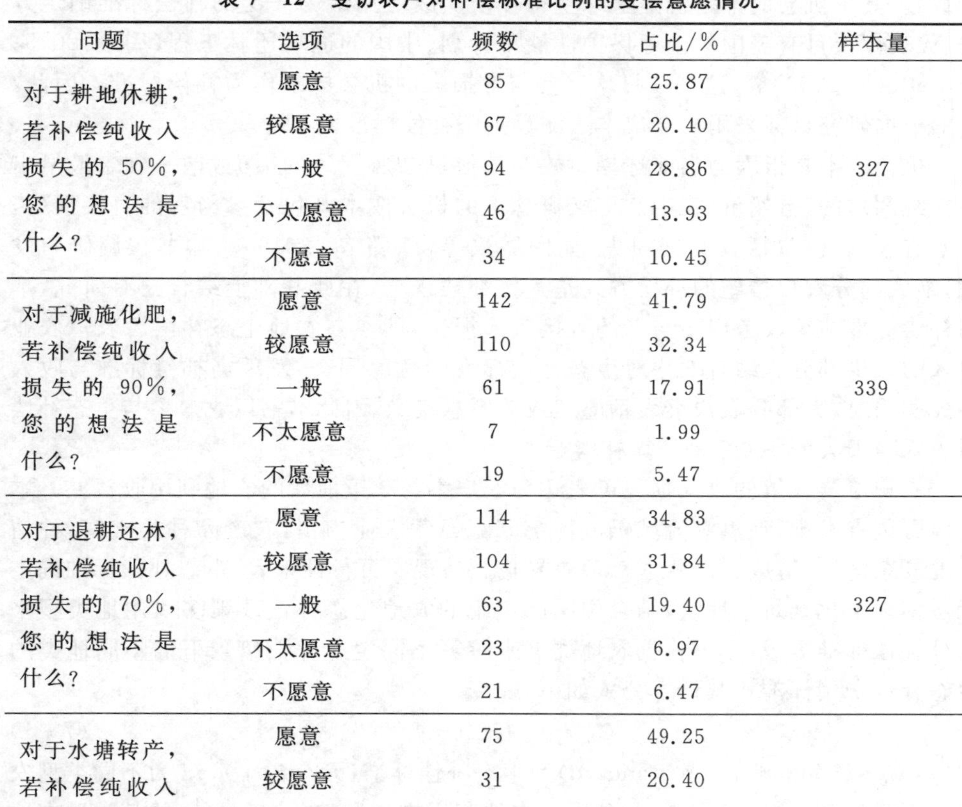

问题	选项	频数	占比/%	样本量
对于耕地休耕，若补偿纯收入损失的50%，您的想法是什么？	愿意	85	25.87	327
	较愿意	67	20.40	
	一般	94	28.86	
	不太愿意	46	13.93	
	不愿意	34	10.45	
对于减施化肥，若补偿纯收入损失的90%，您的想法是什么？	愿意	142	41.79	339
	较愿意	110	32.34	
	一般	61	17.91	
	不太愿意	7	1.99	
	不愿意	19	5.47	
对于退耕还林，若补偿纯收入损失的70%，您的想法是什么？	愿意	114	34.83	327
	较愿意	104	31.84	
	一般	63	19.40	
	不太愿意	23	6.97	
	不愿意	21	6.47	
对于水塘转产，若补偿纯收入损失的100%，您的想法是什么？	愿意	75	49.25	152
	较愿意	31	20.40	
	一般	25	16.42	
	不太愿意	7	4.48	
	不愿意	14	8.96	

7.5　各情景下各类农地生态补偿标准估算

7.5.1　方法与数据来源

1.方法

根据不同理论依据，农业生态补偿标准估算方法多种多样。如基于生态系统服务理论(Pagiola et al.，2007)、能值理论(刘文婧 等，2016)估算生态环境保护行动获得的货币化价值增量作为补偿标准；基于机会成本理论以实施环境保护措施引起的收益损失作为补偿标准(王学 等，2016；谢花林 等，2017)；根据心理学理论开展调研设计，根据参与者对支付意愿的偏好选择来估算补偿标准等(Strand et al.，

2017)。其中机会成本定价是全球生态补偿实践应用最为广泛的补偿标准确定方法,代表性项目有美国的土地保护性储备计划、中国的退耕还林工程(周晨,2015;Cao et al.,2020)等,这些项目均以参与者损失的机会成本作为补偿标准。因此,本书根据研究目标采用机会成本法测算生态补偿标准。

机会成本是指因为当前选择而放弃其他机会所导致的损失,这一概念最早出现在维塞尔的《自然价值》中。广义概念下的机会成本既包括参与者的直接损失,如既有收入,也包括其间接损失,如发展权等(陈璐 等,2019)。本书在调研中发现,绝大部分农户希望的补偿方式是直接补偿现金;在此基础上结合已有研究,本书补偿标准估算仅考虑参与者的直接收入损失,即参与农地生态补偿后农户农业收入的减少部分。结合农户对生态补偿标准的意愿调查,发现当补偿标准与收入损失相当时,大部分农户会表示愿意或较愿意接受,因此本书以农户参与生态补偿后收入净损失的100%来核算补偿标准。

农户参与政策的收入损失可表达为农户参与政策前后的农地利用收益差。本书田野调查发现,毛里湖流域仍以传统家庭经营农业为主,农产品种类丰富,种植制度复杂多样,造成农地收入普遍差异化。从现实可行性来看,生态补偿标准确定无法实现细化到每个地块,结合中国已实施的农地生态补偿政策多以用地类型来划分补偿标准等级,本书根据农地类型来核算不同生态补偿情景下的不同地类的生态补偿费用标准。其计算公式如下:

$$C_{S_{fi}} = N_{I_{fi0}} - N_{I_{fix}} \tag{7-1}$$

式中,$C_{S_{fi}}$ (compensation standard)为生态补偿标准(元/亩/年),fi 为不同类型农地;$N_{I_{fi0}}$ (net income)和 $N_{I_{fix}}$ 分别为农地利用措施调整前和调整后的某类型农地净收益(元/亩/年)。fi 后缀中0为基准情景(即现状);fi 后缀中 $x=1,2,3,4$(分别为4个生态补偿情景:农地休耕、减施化肥、退耕还林、坑塘转产)。

其中 $N_{I_{fi}}$ 通过计算农地纯收入与劳动力投入成本间的差值来计算。由于生态补偿实施通常面向一定区域内的所有农地,其标准估算应尽可能反映区域农地收入的综合水平,因此本书采用结合用地类型和农地利用模式来计算地类净收益。计算公式如下:

$$N_{I_{fi}} = \sum_{m=1}^{n} (I_{fim} - L_{fim}) \times P_{fim} \tag{7-2}$$

式(7-2)中,I_{fim} 为该类农地中农地利用模式 m 下的农地利用纯收入;L_{fim} 为 i 类型农地利用劳动力投入成本;P_{fim} 为农地利用模式 m 在该农地类型中的面积占比。对上式的进一步的说明包括以下五点:

(1)基准(现状)情景中 I_{fi0} 的确定方法:农地纯收入确定可采用成本收益差值、调研样本均值等方法(谢花林 等,2016)。本书田野调查发现研究区农业规模化程度低,在相同农地利用模式下因地块自然禀赋上的差异以及不同农户的生产资料投入、农业技能、劳动力投入、耕作习惯等不尽相同,不同地块的收入存在较大差异。采用传统的成本收益分析需要获得每个成本要素的大量样本信息,均值化处理后其估算结果可能误差较大。因此本书采用直接整理农户调研问卷中收集的农产品收入数据(见表7-4),来估测研究区不同农地利用模式年纯收入水平,计算公式如下:

$$I_{fi0} = \sum_{i=1}^{n} \mu_{pi} \tag{7-3}$$

式(7-3)中,μ_{pi} 为农户调研数据集中该农地利用模式中生产的第 i 种农产品的纯收入均值(元/年)。

(2)各生态补偿情景中 I_{fim} 的确定方法:以现状情景中 I_{fim} 的估算值为依据,结合常识和推理给出不同补偿情景农地生产纯收入估值方法。

① 农地休耕情景。根据对该情景的描述,农地种养一年后停种一年,因此该情景下年农地收入为基准情景中年纯收入的1/2。

② 退耕还林情景。根据对该情景的描述,农户将农地利用转为生态林地,不能随意砍伐利用,因此该情景下年农地收入为0。

③ 减施化肥情景。根据对该情景的描述,农户农作时在原有基础上减少50%的化肥施用量。研究区农作物众多,限于研究条件和时间无法针对每种作物进行投肥量减半的产量实验。另外,已有相关实证研究丰富,因此本书采取文献分析法估算减施化肥情景下不同农地类型的主要代表性作物的产量,并据此计算农地收入。

文献分析显示,农作物产量与施肥量在一定阈值内存在线性正相关关系(王伟妮,2014;Liu et al.,2016)。徐新朋(2015)收集和汇总了2000—2013年中国水稻主产区2218个水稻试验,应用QUEFTS模型分析了不同种植类型水稻产量与养分吸收之间的关系,发现在潜在产量的60%~70%范围内水稻养分吸收随产量增长呈直线增长,水稻生产1000 kg 籽粒的养分需求约为17.1 kg 氮肥、3.4 kg 磷肥。根据这一关系,结合毛里湖流域稻田施肥量的统计数据,计算得到早/中/晚稻在复合肥施用量减半后其产量减少率约为25.2%;钱海燕等(2008)在对旱地4种连作蔬菜(甘蓝、青花菜、芹菜、大白菜)的施肥及产量实验中发现,4茬蔬菜鲜样可食部分产量随着施氮量的增加而增加,二者存在着极显著的线性相关关系,产量具有报酬递增逐步向报酬递减转变的规律,当施氮量由0增至175 kg/ha时,4茬蔬菜平均增产幅度为18%;当施氮量由175 kg/ha增至350 kg/ha时,4茬蔬菜平均增产幅度为18%;当施氮量由350 kg/ha增至525 kg/ha时,4茬蔬菜平均增产幅度为5%。研究发现随着施氮量的增加,前两茬蔬菜的边际产量和增产幅度先增加后减小,而后两茬蔬菜的边际产量和增产幅度递减。综合4茬蔬菜的肥料效应方程为 $y = 22.12x + 20823$,$R^2 = 0.9584$,根据此式,当蔬菜连作地投肥量减半时4茬蔬菜的产量减少量约为17.87%。综合本书研究区实际并考虑可能的不确定性,本书推估蔬菜地施肥减半时,其产量减少量约为20%。氮、磷等复合肥的施用对柑橘产量亦有显著影响(王蕊 等,2004),鲁剑巍等(2004)采用为期 3 年试验研究了氮、磷、钾肥对幼龄柑橘树生长发育和果实产量及品质的影响,发现施用氮、磷、钾肥明显影响柑橘树叶片、开花及产量、不施氮、磷、钾肥柑橘果实产量分别下降 22.2%、16.8%和 21.2%。另外,果实的品质指标尤其是外观品质受到较大影响,据此,本书推估柑橘园地施肥减半时,其产量减少量约为 30%。

④ 坑塘转产情景。根据对该情景描述,坑塘由水产养殖改为水生作物种植,因此认为该情景下农地收入约为基准情景中水生作物(莲、藕等)的纯收入。

根据以上分析汇总公式如下:

$$I_{fmx}=\begin{cases}\frac{1}{2}I_{fmx}, & x=1\\ 0, & x=2\\ \frac{7}{10}I_{fmx}, & x=3\\ 2274.9, & x=4\end{cases} \tag{7-4}$$

(3)基准(现状)情景中,采用务农劳动力的工资(Wage,元/工日)与农产品生产周期内劳动力投入总工时(Labor,工日/亩)相乘得到。

务农劳动力工资在理论上可根据劳动力市场工资水平加以反映,其前提是有一个成熟的农村劳动力市场,农户以实现收入最大化为目标来自由决定用于供给农业生产的劳动力数量和价格(黄祖辉 等,2012)。但事实上中国很多地区农村劳动力市场发育并不完善,而且在多数传统农区,农产品生产仍是大多数农户用于满足日常生活所需的主要消费品来源,因此农户的劳动供给决策很难独立于其消费决策(都阳,2000)。另外,由于研究区农产品种类繁多,收入差异普遍,采用生产函数开展边际收入计算的数据收集工作极为繁复且可能出现较大误差。因此本书采用直接调研农户对某农产品的最低收入水平生产意愿,从而推估该农产品的劳动力成本。农产品生产劳动力投入总工时采用前文已统计数据(见表 7-5)。

(4)各生态补偿情景中的确定方法。以现状情景中的估算值为基础,推理给出各情景农地生产单位劳动投入量(工日/亩/年),然后结合务农劳动力工资进行计算。各情景农地生产单位劳动投入量分别为:①农地休耕情景。农地生产年劳动投入量为基准情景的 50%。②减施化肥情景。农地生产年劳动投入量为基准情景的 100%。③退耕还林情景。农地生产年劳动投入量为基准情景的 15%(根据研究区已有退耕还林调研情况)。④坑塘转产情景。转产后农地生产年劳动投入量来源于表 7-5 中农户调研信息。

(5)采用农地利用细分模式中不同模式在地类中的占比,见图 7-1。

2. 数据来源

本书数据均来源于 2018—2020 年在研究区开展的农户调研数据集,本章前文

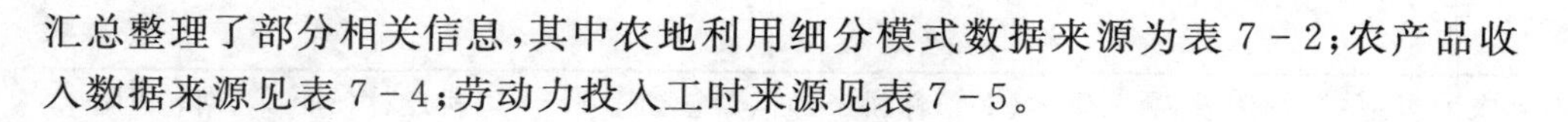

汇总整理了部分相关信息，其中农地利用细分模式数据来源为表 7－2；农产品收入数据来源见表 7－4；劳动力投入工时来源见表 7－5。

7.5.2 结果

1. 各生态补偿情景下农地年纯收入估值

根据式(7－3)、(7－4)计算得到研究区不同生态补偿措施实施情景下各类农地利用模式年农业生产纯收入估值，见表 7－13。

表 7－13 各生态补偿情景下农地利用模式年纯收入估值 单位(元/亩)

农地类型	利用模式	基准(S0)	休耕(S1)	减施化肥(S2)	退耕还林(S3)	坑塘转产(S4)
水田	双季稻型	1707.0	853.5	1194.9	0	—
	稻油轮作型	1198.5	599.3	839.0	0	—
	稻蔬轮作型	2675.6	1337.8	1872.9	0	—
旱地	油棉轮作型	981.7	490.9	687.2	0	—
	蔬菜瓜果型	3123.6	1561.8	2186.5	0	—
	油菜其他型	699.6	349.8	489.7	0	—
果园	柑橘型	2798.9	—	1959.2	—	—
	其他型	2502.3	—	1751.6	—	—
坑塘	粗养水产型	1210.5	—	—	—	1210.5
	精养水产型	5752.3	—	—	—	1210.5

2. 各生态补偿情景下农地利用劳动力成本估算

根据 7.5.1 中(3)及(4)，计算得到各生态补偿情景下不同农地利用模式年劳动力投入成本估值，见表 7－14。

表 7－14 各生态补偿情景下农地利用模式年劳动力成本估值 单位(元/亩)

农地类型	利用模式	基准(S0)	休耕(S1)	减施化肥(S2)	退耕还林(S3)	坑塘转产(S4)
水田	双季稻型	466.8	233.4	466.8	0	—
	稻油轮作型	333.7	166.8	333.7	0	—
	稻蔬轮作型	969.0	484.5	969.0	0	—
旱地	油棉轮作型	645.8	322.9	645.8	0	—
	蔬菜瓜果型	1443.8	721.9	1443.8	—	—
	油菜其他型	264.9	132.5	264.9	—	—

续表

农地类型	利用模式	基准(S0)	休耕(S1)	减施化肥(S2)	退耕还林(S3)	坑塘转产(S4)
果园	柑橘型	1045.0	—	1045.0	—	—
	其他型	741.4	—	741.4	—	—
坑塘	粗养水产型	426.0	—	—	—	447.5
	精养水产型	3301.8	—	—	—	447.5

注：根据已有政策实施情况，退耕还林地的用工仅考虑第1年栽种的劳动力，这一成本连同种苗费用在项目推行时由政府一并支付，因此将退耕还林的劳动力成本估值为0。

3. 各生态补偿情景下农地生产净收入

结合表7－13及表7－14可得到各生态补偿情景下研究区农地利用模式净收入见表7－15。

表7－15　不同类型农地在各生态补偿情景下的年净收入估值　单位(元/亩)

农地类型	利用模式类型	基准(S0)	休耕(S1)	减施化肥(S2)	退耕还林(S3)	坑塘转产(S4)
水田	双季稻型	1240.2	620.1	728.1	0	—
	稻油轮作型	864.9	432.4	505.3	0	—
	稻蔬轮作型	1706.6	853.3	903.9	0	—
旱地	油棉轮作型	335.9	167.9	41.4	0	—
	蔬菜瓜果型	1679.8	839.9	742.7	—	—
	油菜其他型	434.6	217.3	224.8	—	—
果园	柑橘型	1753.9	—	914.2	—	—
	其他型	1760.9	—	1010.2	—	—
坑塘	粗养水产型	784.5	—	—	—	763.0
	精养水产型	2450.5	—	—	—	763.0

4. 各生态补偿情景下各类农地补偿标准

采用上文结果，根据(式7－1)和(式7－2)，计算得到不同生态补偿情景下各类农地的年补偿标准，见表7－16。

表7－16　各生态补偿情景下不同类型农地的年补偿标准　单位(元/亩)

农地类型	休耕(S1)	减施化肥(S2)	退耕还林(S3)	坑塘转产(S4)
水田	628.9	559.7	1257.9	—
旱地	511.3	603.1	1022.7	—
果园	—	829.4	—	—
坑塘	—	—	—	1419.3

7.5.3 讨论

根据表7-16，农地休耕情景中，水田型农地年补偿标准为9428.79元/公顷，旱地型农地年补偿标准为7665.67元/公顷；减施化肥情景中，水田型农地年补偿标准为8391.30元/公顷，旱地型农地年补偿标准为9041.98元/公顷，果园型农地年补偿标准为12434.78元/公顷；退耕还林情景中，水田型农地年补偿标准为18859.07元/公顷，旱地型农地年补偿标准为15332.83元/公顷；坑塘转产情景中，坑塘型农地年补偿标准为21278.86元/公顷。该估算结果中农地休耕补偿标准与近年来在湖南省长株潭区域实施的“重金属污染区农田休耕”补偿标准近似；而退耕还林补偿标准则明显高于目前国家新一轮退耕还林政策的补偿标准，每亩第一年补偿800元、第三年300元、第五年400元，共计补偿1500元。这与本书将退耕还林后的林地设定为短期无收益的生态公益林，以及不区分退耕农地区位与质量，将全部农地均纳入情景有关；另外，旱地减施化肥情景的补偿标准高于旱地休耕情景的补偿标准，而水田减施化肥的补偿标准低于水田休耕情景的标准，这是由于旱地农作的劳动力投入大于水田，因此休耕使得农作劳动力得到更多的释放。结果显示，补偿标准最高的是坑塘，这类农地的总面积占全流域面积约7%，呈斑块化广泛分布于流域各处，是研究区重要的农地类型，其分布的广泛以及近20年来水产养殖业的快速发展使得坑塘养殖给农户带来了较高收入，因此坑塘转产的补偿标准相对较高。

7.6 小结

本书在毛里湖流域主要乡镇开展了一系列深度田野调查，包括农村社会调查、农地田野调查、统计资料收集等。本章对田野调查数据开展了描述性统计分析，并估算了各生态补偿情景下各类农地的补偿标准，主要工作内容包括：概述了农户社会调研及农地田野调查的调查方案、问卷设计等；基于调查数据分析了研究区农地利用模式及相应的生境特征；对农户基本特征以及农产品生产、农业劳动力投入、农户环保意识与参与生态补偿意愿进行了描述性统计分析；根据研究区不同农地利用模式下成本投入、收益情况，采用机会成本法估算不同生态补偿情景下不同类型农地的生态补偿标准。

另外，本章的数据收集与分析工作也为后文第9章中农地生态补偿综合效应贝叶斯评价模型构建提供了部分证据数据。

第 8 章　农地利用综合效应评估贝叶斯网络模型构建

本章从社会、经济、环境三个维度开展研究区生态补偿情景下农地利用综合效应评价。实现这一目标面临学科交叉、指标异质、数据缺乏、区域背景复杂多变等多重挑战，为此本章选择贝叶斯网络模型作为核心研究工具，并已在第 5 章详述理由。本章对贝叶斯网络及建模步骤进行概述，以结构搭建和参数计算为思路，逐步阐述模型构建过程。

8.1　贝叶斯网络简介与建模步骤

8.1.1　贝叶斯网络概述

1. 简要概述

贝叶斯网络（bayesian network，BN）又被称为贝叶斯信念网络（bayesian belief network，BBN），是一种用图形化和概率化形式表达变量间关系的概率图模型，由 Pearl（1988）首次提出，可用于受多种因素影响的概率性事件的表达和对事件的发生概率进行推理（Landuyt et al.，2016）。自 Stassopoulou 等（1998）将贝叶斯网络应用于决策领域后，其逐渐成为在不确定条件下进行决策分析的重要工具，被广泛应用于与生态环境相关领域的预测、模拟和诊断（Barton et al.，2012；Gonzalezredin et al.，2016）。

贝叶斯网络是基于概率的数学推理模型，可表示为一种以随机变量为节点，以条件概率分布表（conditional probability tables，CPTs）为节点间关系的有向无环图（directed acyclic graph，DAG）（Giordano et al.，2012）。一个贝叶斯网络由网络拓扑结构 G 和参数 P 两部分构成，表达为 BN＝(G,P)。网络拓扑结构即有向无环图，由 2 个以上的节点及连接有向弧构成，每个节点对应一个属性，假设父节点为 π，X_i 是一个事件，在网络中表示一个节点，同时又对应于概率中的随机变量。网中的有向弧表示变量间的因果关系，从节点 X_1 到节点 X_2 的有向弧表示 X_1 对 X_2 有直接的因果影响（Grafius，2019）。贝叶斯网络还蕴含着非常重要的条件独立性假设，当变量 X_i 的父节点 $Pa(X_i)$ 确定时，则假设 X_i 与所有 $Pa(X_i)$ 的非后代节点间是相互独立的。它描述了随机变量间的依赖关系，即贝叶斯网络中任一节点与它的非祖先节点和非后代节点都是条件独立的。参数 P 是局部概率分布的集合，条件概率表示因果影响的强度，所以包含了每个属性的条件概率。

$$P(X_i \mid X_1,\cdots,X_{i-1}) = P(X_i \mid \pi(X_i)) \tag{8-1}$$

同时，给定父节点集 πx 代表节点 x 的父节点集合，以结构表达属性之间的条件独立性，假设每个属性与它的非后代属性独立，于是联合概率分布定义为：

$$P(X_1,\cdots,X_n) = \prod_{i=1}^{n} P(X_i \mid X_1,\cdots,X_{i-1}) \tag{8-2}$$

因此，整个网络表示了一个定义在网络上的所有节点对应的随机变量集合上的概率密度函数，可表达为：

$$P(X_1,\cdots,X_n) = \prod_{i=1}^{n} P(X_i \mid \pi(X_i)) \tag{8-3}$$

同时，给定包含所有中间节点的集合 N，X 节点通过第三个中间节点 Z 联系 Y 节点。由此，X 和 Y 的关系被分为以下三种：

(1)顺连关系代表一个原因导致一种结果，见图 8－1(a)。当节点 Z 未知时，节点 X 通过影响 Z，间接影响 Y，此时 X 和 Y 不独立。当节点 Z 已知时，X 就不能影响 Z，从而不能影响 Y，此时 X 和 Y 独立，即 X 和 Y 的路径受阻。

(2)分连关系代表一个原因导致多个结果，见图 8－1(b)。当节点 Z 已知时，节点 X 和 Y 相互独立。当节点 Z 未知时，Z 可以在节点 X 和 Y 之间传递信息，从而使节点 X 和 Y 相互影响。

(3)汇连关系代表多个原因导致一个结果，见图 8－1(c)。节点 Z 和后继者 Z_1、Z_2 都不在集合 N 中，当节点 Z 已知时，节点 X 的置信度的提高会降低节点 Y 的置信度，节点 X 和 Y 之间会相互影响。而当 Z 未知时，节点 X 和 Y 之间是相互独立的。

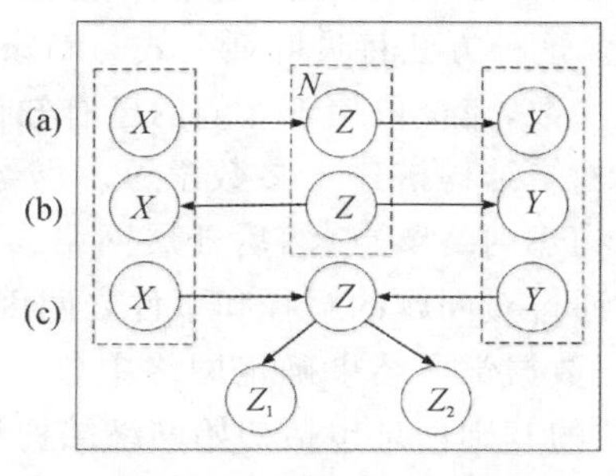

图 8－1　贝叶斯网络节点关系图

2. 贝叶斯网络构建方式

贝叶斯网络构建包括两个主要任务：一是网络拓扑结构(DAG)确定，即网络拓扑结构的发掘或搭建；二是网络参数的确定，即以条件概率表(CPTs)的形式量化网络中各节点间的关系。

目前网络拓扑结构的确定主要有三种方式：一是完全依赖于数据驱动，通过对海量数据统计运算来发掘变量及变量间的关系，以此确定网络的拓扑结构，这种方法以大量充足的观测数据为前提（李俊生 等，2008），采用这种方法构建的模型被称为统计模型。二是根据既有理论、公式或专家经验等来构建网络结构，这种方式符合贝叶斯理论对主观先验有效性的肯定，可以基于不完备数据建模（Carriger et al.，2016），采用这种方法构建的模型被称为机理模型。三是采用机理模型和统计模型相结合的方法，即在构网过程中既采用数据统计又采用经验应用的方式。随着贝叶斯网络的应用向不同领域快速拓展，在现实场景中经常面临数据不完备、不完整的情况，因此这种构网方式在生态系统综合管理、生态服务权衡、环境政策决策等方面已得到广泛应用（Dal Ferro et al.，2018；Dang et al.，2018）。对于网络参数的确定，根据应用中数据性质和情况的不同，其确定方式各异：当数据集完备时，可采用参数学习方式（Gonzalezredin et al.，2016）；当数据集不完备时，可以根据具体情况，采用参数学习，或者经验知识、模型估算等方式（曾莉 等，2018）。综合结构搭建和参数确定，可将贝叶斯网络构建方式归纳为以下三种：

（1）全学习建模：网络结构学习＋参数学习。这是BN传统建模方式，通过对观测数据的学习获取整个网络，包括结构学习和参数学习两个方面。结构学习基于训练样本集，综合先验知识尽可能地确定最合适的拓扑结构，参数学习是利用给定的拓扑结构，确定贝叶斯网络中各节点间的关系，这两个学习过程都是NP（non-deterministic polynomial）难度的，可通过机器学习的方法来解决。

（2）经验建模：经验网络结构搭建＋经验参数估算。即手动建模，该方式借助已有经验知识，手动搭建模型拓扑结构并给出节点参数。这种方式又称主观贝叶斯方法，最初由Duda 等（1979）提出，并成功应用于地质勘探专家系统（prospector consultant system，PCS）。这种方法将贝叶斯公式与专家及用户的主观经验相结合来确定网络结构和网络参数，完全依赖于人们的已有知识和判断。

（3）两阶段建模：经验网络结构搭建＋参数学习。即综合前两者的优势，首先结合理论与经验知识手动构建网络节点，然后开展网络参数学习，完成网络构建。这一建模方式在第一阶段通过对问题的解释和事件之间因果关系的理解来建立初始网络结构，第二阶段根据数据学习结果确定网络中各节点概率分布关系从而完成参数确定，这种建模方式的基础信息包括初始网络结构和数据集合两个部分。

8.1.2 贝叶斯网络模型构建步骤

1. 贝叶斯网络构建的一般步骤

构建贝叶斯网络首先应熟悉问题的领域背景、明确研究目标、深入剖析研究内容，并根据已有数据状态选择网络构建的基本方式。因此，不同场景贝叶斯网络模型构建难易和复杂程度不尽相同。

但不论何种情况，其基本步骤可以归纳为四个：① 选择网络节点变量，即确定问题场景中会影响推理结果的关键因子。在实际建模中关键因子的确定受很多因素影响，包括先验数据可获得性、后验数据丰富程度、领域专家意见等。② 确定节点间的因果关系，即厘清变量间的独立性及相互影响方向，以确定网络的拓扑结构。在这个过程中，专家意见在某些场景中具有重要的建设性意义。③确定节点状态空间，即对获得的先验数据集和证据数据集进行分析，确定所选变量的取值范围，并对变量数据进行离散化处理，实现变量状态区间划分等。④ 确定各节点的条件概率分布，该环节是采用各类算法处理数据，计算节点条件概率，根据不同情况开展合适的验证，最终得到最接近真实状态的贝叶斯网络。在实际构网中前两个步骤通常紧密关联，二者实现了贝叶斯网络拓扑结构的搭建，决定了模型的合理性和可靠性；后两个步骤可确定网络参数，决定了模型的真实性和有效性（徐晓甫，2013）。

2. 本书贝叶斯网络构建步骤

根据对贝叶斯网络建模方法的分析，综合考虑研究目的、应用特征和基础数据特征，本书采用两阶段方法建模，即首先基于生态环境机理、社会经济规律、文献专家经验等搭建贝叶斯网络结构，再利用客观和主观两种方式来确定变量间的概率关系。

本书模型构建的技术路线见图 8－2，具体可分为以下步骤：

(1)以社会-生态系统理论、多目标协同决策理论、微观经济与行为理论等为基础，并结合农业面源污染形成机理，采用机理分析、文献研究、专家征询等方法构建概念框架（见图 4－2）。

(2)遴选能表达和描述概念框架的指标/变量集。对于每一变量，在贝叶斯网络中建立一个与之对应节点，并根据该变量名称进行节点命名，对具有多个关系的变量只建立一个节点。

(3)搭建网络有向无环图。厘清各节点间的因果关系，完成父节点与子节点间有向弧的连接，初步实现贝叶斯网络拓扑图搭建，进一步结合专家知识进行校验和调整，最终完成结构搭建。

(4)节点描述与网络参数的确定。节点描述包括确定节点状态区间和分级，网络参数确定即估计各节点的先验概率分布和条件概率，这一过程可采用主观和客观两种类型的方法实现，后文将此进行详述。

(5)模型检验，即对模型有效性进行验证。根据观测数据集状态和参数估计方式的不同，采用不同的模型验证方法，如数据集交叉检验、经验知识验证等。

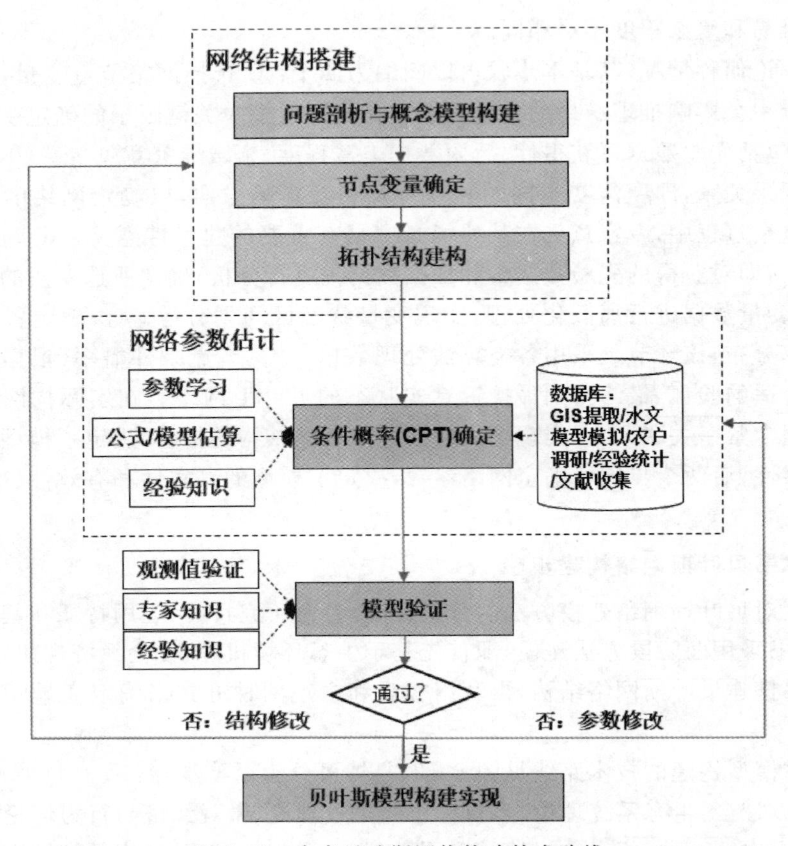

图 8-2　本书贝叶斯网络构建技术路线

8.2　贝叶斯网络拓扑结构搭建

本书基于经验知识搭建网络拓扑结构，这一工作可分为三个步骤：问题剖析与概念模型构建、节点变量选择、节点间因果关系确定。问题剖析与概念框架构建在第 3 章已经完成，本节的主要工作是基于概念框架进一步从环境、社会、经济三个维度开展理论、机理、机制等经验知识分析，从而确定节点变量和节点间的关系，最终实现贝叶斯网络拓扑结构的搭建。

8.2.1　变量选择与因果关系确定

变量选择即确定贝叶斯网络的节点。本节在前文概念框架基础上，以“农地利用综合效应”为最终目标节点，结合模型构建目的和毛里湖流域实际情况，采用逆向分析的方式，通过场景剖析、机理分析、文献收集、专家咨询等方法逐步确定影响特定节点的关键变量，对应为本书贝叶斯网络的节点集。本节将详述网络变量选择的依据，定义变量，并确定各级变量间的关系。

1. 基于多目标分析概念框架的变量选择及关系确定

前文第4章中针对本书核心问题搭建了生态补偿情景下农地利用综合效应多目标分析概念框架(见图4-2)。该概念框架搭建的理论依据和相关分析已在第4章中阐述，这里不再赘述。基于这一概念框架可获得本书贝叶斯网络部分变量，根据变量间关系绘制有向弧，得到本书贝叶斯网络的核心结构(见图8-3至图8-11)，以此为基础进一步完善整体拓扑结构。

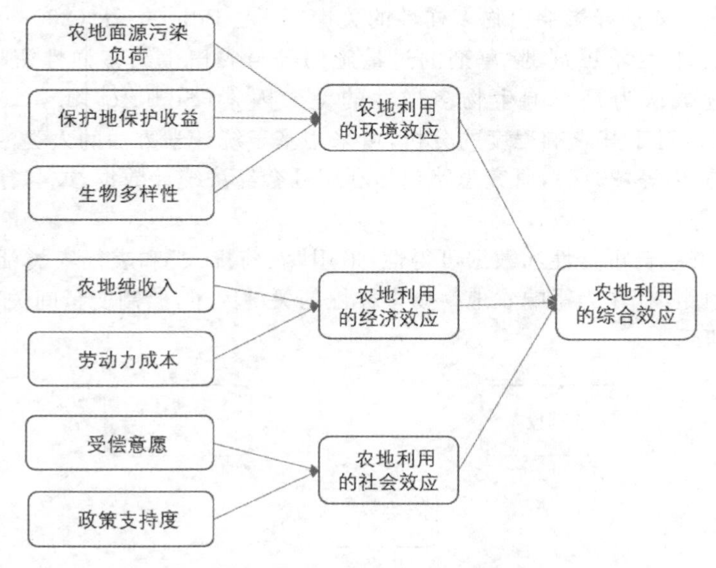

图8-3　本书贝叶斯网络节点关系图(1)

2. 农地面源污染负荷影响因子

根据面源污染机理确定其影响因子。前文运用SWAT模型对不同生态补偿情景的环境效应进行了定量模拟，在模型中根据流域内不同区域的土地利用类型、土壤类型及坡度差异，将流域划分为若干水文响应单元，并结合区域气象条件、耕作制定、作物管理等对农地营养物质在流域水系的运移进行模拟。因此，根据分布式面源污染模型的模拟机理，结合文献分析选择影响“农地面源污染负荷”关键因子，包括农地类型、土壤、坡度、降水量、营养物投入。

根据变量间关系绘制有向弧，获得各节点关系表达图，如图8-4所示。

3. 生物多样性影响因子

影响农地生物多样性的因子众多，本书认为不同生态补偿情景下的农地利用

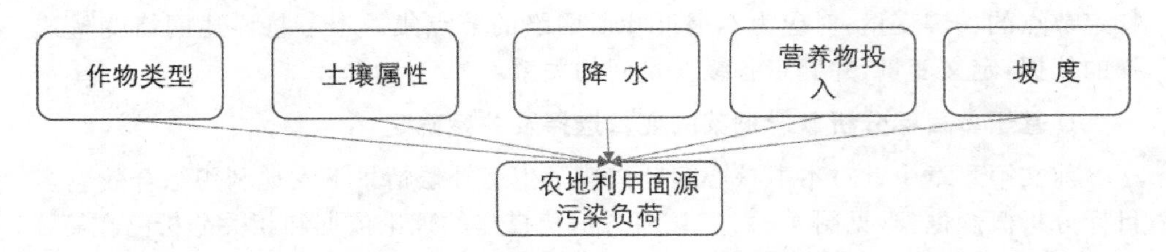

图 8-4 本书贝叶斯网络节点关系图(2)

调整措施对农地地块内乃至整个区域的生物多样性产生影响。对影响程度进行定量估计，首先需要选择影响生物多样性的关键因子。Billeter 等 (2008) 发现农业活动中化学肥料与杀虫剂、除草剂的过量施用等与农田生物多样性密切相关；此外，人类干扰被认为是影响生物多样性的重要因素(Stella et al.，2000；Quan et al.，2002)，对于其影响程度的分析，可采用基于统计学方法的人类活动强度综合评价(刘慧明 等，2016)，研究思路包括利用社会经济统计数据，或与行政区划边界进行配置等。

因此本书结合可行性和数据可得性，采用"农药投入"和表征人类活动水平的"农地离城镇距离"作为影响农地生物多样性的关键因子，绘制变量间关系表达图，如图 8-5 所示。

图 8-5 本书贝叶斯网络节点关系图(3)

4. 保护区保护收益影响因子

前文第 3 章已阐述自然保护地区域生态补偿应将自然保护地保护需求纳入考虑，因此本书在概念框架选取"保护地保护收益"来表征这一需求。自然保护地是处在生态补偿政策实施范围内的由各级政府部门依法认定的一定区域，在本书中指湖南毛里湖国家湿地公园。

首先，以生态环境保护修复为目标的土地利用调整措施距离保护区越近，则保护区收益(如人类活动的减少、生境的完整性、缓冲区的隐形扩大等)会更多(Gonzalezredin et al.，2016)。目前中国的自然保护区的功能分区也是根据保护适宜度水平从保护区核心向外递减，通常划分为核心区、缓冲区和实验区。一般通过专家意见和区域科考工作等分析保护效果来确定各区的划分距离，间距分为近(0～100 m)，中等(100～250 m)，远(＞250 m)三个等级；一般对保护区附近的区域(即 0～100 m)给出的适宜度值越大,而距离保护区越远,则适宜度值越小;这种适宜度等级区分有助于确定不同保护方案和策略的生态价值(Redon, 2012)。因此,本书认为生态补偿实施区域距自然保护地的距离是影响生态系统保护的重要因素,且实施生态补偿的区域距离保护地越近,给自然保护地带来的益处更多。

其次,研究区内的湖南毛里湖国家湿地公园是湿地类生态系统。根据保护生态学原理,区域内的初级生产者和顶级消费者往往是决定生态系统稳定性最重要的物种因素。因此可从湿地生态系统顶级消费者——水鸟的收益角度出发,考虑生态补偿实施后不同农地生境对水鸟生存的适宜度来估计保护地保护收益。因此本书选择“离保护地距离”及“生境质量”两个指标作为表征保护地保护收益的关键因子。绘制变量间关系表达图,如图 8-6 所示。

图 8-6　本书贝叶斯网络节点关系图(4)

5. 农户参与意愿影响因子

农户参与意愿一直是生态补偿研究的热点问题,其中补偿标准被认为是影响农户参与意愿的重要因素(余亮亮,2015;李晓平 等,2018;林杰 等,2018)。另外,本书的研究目标包括在精细化地理空间上识别生态补偿优先区域,所选指标需要能体现不同地类、不同区域的差异,以便于开展综合效应的空间化表达。因此,选择“补偿标准”和“农地类型”作为关键影响因子。绘制变量间关系表达图,如图 8-7所示。

图 8-7　本书贝叶斯网络节点关系图(5)

6. 农户政策信任度的影响因子

已有研究认为生态补偿项目对农户生计产生的影响会显著影响农户对政策的评价(赵雪雁 等,2013;刘婷 等,2020);国政等(2020)建立农户可持续生计评估框架,研究了农户对退耕还林工程建设与管理的满意度;朱庆莹等(2019)探讨参照依赖、公平感知与农户农地转出满意度之间的作用机制；钱文荣等(2014)从微观角度构建了农户参与农村公共基础设施供给意愿的分析框架，发现农户对已有政策的评价和感受会影响其对未来政策的参与意愿与预期。综合已有研究，本书认为由"生计稳定性""政策公平程度""政策接受度"等因素形成的民众对生态补偿政策的接纳度和支持度是影响生态补偿政策社会效应的重要因素。

各指标对政策信任程度的影响体现在：对生计稳定更重要的农地实施生态补偿政策会负向影响政策信任度；政策实施的公平程度与农户政策信任度正向相关；农户对政策直观的好感程度与其对政策的信任度正向相关。综合以上，绘制变量间关系表达图，如图 8-8 所示。

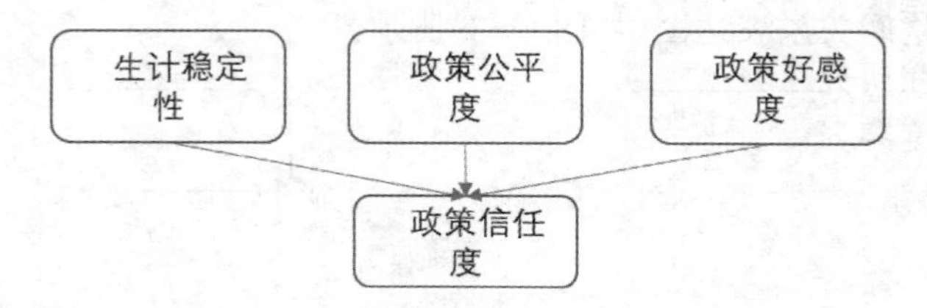

图 8-8　本书贝叶斯网络节点关系图(6)

7. 生计稳定性、公平程度、政策好感度的影响因素分析

根据本书研究目标，结合在研究区开展的农户问卷调查和社会调研，选择影响生计稳定性的因素：农地收入重要度，假设农地收入重要程度负向影响农户生计稳定；选择影响政策实施公平程度的因子：农地收入差距，假设农地收入差距负向影响政策实施的公平程度；选择影响农户的政策好感度的因子：政府宣传监管力度、农户环保认知、农户对已有政策评价，假设这三个因子均正向影响农户对生态补偿政策的好感程度。绘制指标间关系表达图，如图 8-9 所示。

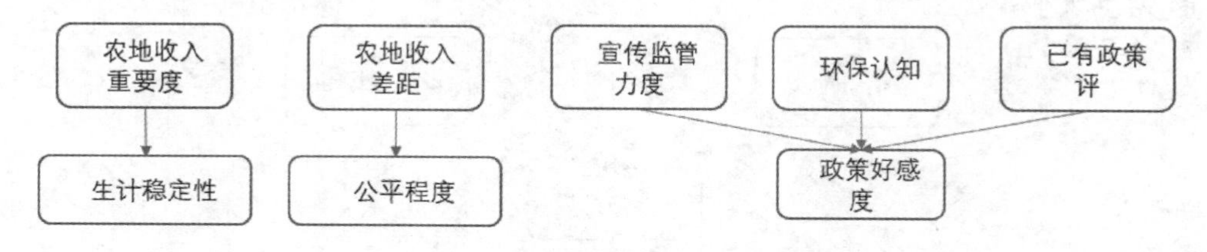

图 8-9　本书贝叶斯网络节点关系图(7)

8. 生态补偿情景表征因子

本书通过贝叶斯网络进行农地生态补偿情景的综合效应评价。因此将体现情景间差异的生态补偿实施前后的农地利用状态定义为网络输入层节点之一，该节点取值的不同即代表不同情景下的不同类型农地，将其定义为"情景地类"，通过定义该节点影响的子节点，可实现对不同情景下不同农地生态补偿综合效应的表达。绘制相关节点关系表达图，如图 8－10 所示。

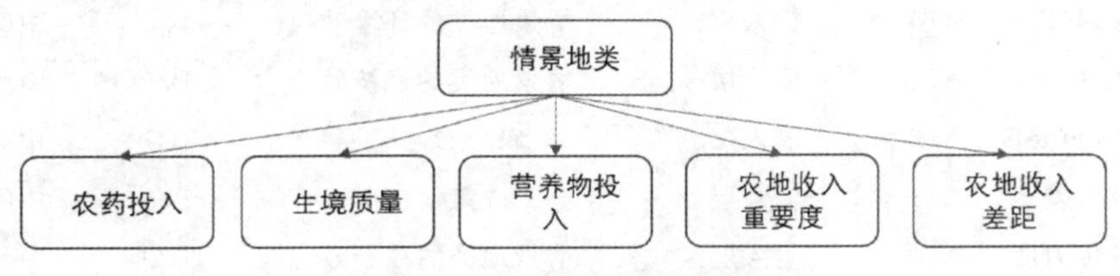

图 8－10　本书贝叶斯网络节点关系图(8)

9. 生态补偿政策接受意愿区域差异表征因子

根据本书在研究区开展的农户社会调研，研究区不同行政区对农业生态环保的宣传监管程度差异显著。另外，不同区域农户的环保认知和对已有政策评价具有显著差异(见第 7 章)，因此可认为这些因素明显受行政区划的影响，可绘制关系表达图，如图 8－11 所示。

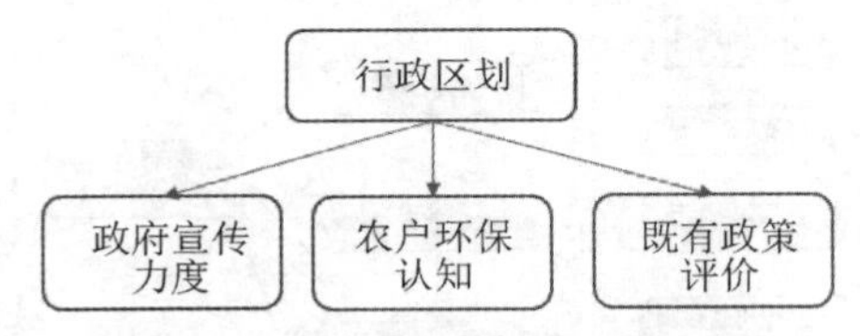

图 8－11　本书贝叶斯网络节点关系图(9)

综上，本书形成生态补偿情景下农地利用综合效应评估 BN 的节点变量集，见表 8－1。

表 8－1　本书贝叶斯网络节点/变量集

节点名称	节点代码	层级	节点名称	节点代码	层级
情景地类	A1	输入层	既有政策评价	A16	输入层
补偿标准	A2	输入层	农地生物多样性	B17	中间层
行政区	A3	输入层	保护地保护收益	B18	中间层
离城镇距离	A4	输入层	面源氮、磷负荷	B19	中间层
农药投入	A5	输入层	农地纯收入	B20	中间层
离保护区距离	A6	输入层	劳动力成本	B21	中间层
生境质量	A7	输入层	生计稳定性	B22	中间层
投肥量	A8	输入层	公平程度	B23	中间层
降水量	A9	输入层	政策好感度	B24	中间层

续表

节点名称	节点代码	层级	节点名称	节点代码	层级
土壤属性	A10	输入层	情景地类的环境效应	B25	中间层
坡度	A11	输入层	情景地类的经济效应	B26	中间层
地类收入重要度	A12	输入层	农户参与意愿	B27	中间层
地类收入差距	A13	输入层	政策信任度	B28	中间层
政府宣传力度	A14	输入层	情景地类的社会效应	B29	中间层
农户环保认知	A15	输入层	情景地类综合效应	C30	评价层

8.2.2 网络拓扑结构确定

采用经验网络结构搭建的方式构建本书BN拓扑结构。整理上文确定的变量(节点)集和节点关系网,获得本书农地生态补偿综合效应评估BN拓扑结构,如图8－12所示。

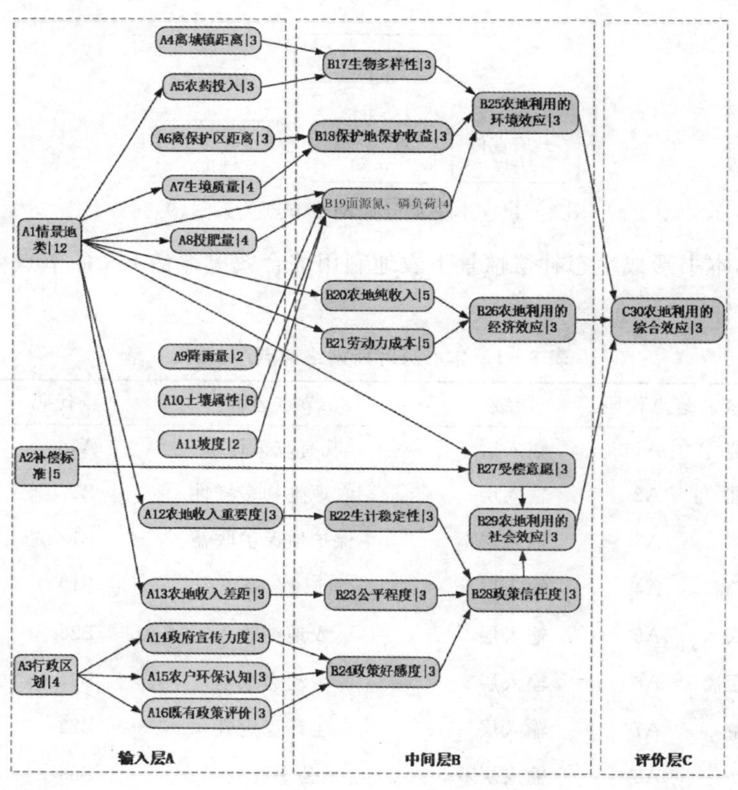

("|"后为节点的分级数)

图8－12　农地生态补偿综合效应评价贝叶斯网络拓扑结构图

8.2.3　变量描述与分级

根据已获得的各节点观测数据情况开展节点状态分级/离散化。根据节点所获观测数据的情况不同采用不同的分级方法：具备观测数据时，对具有量化值的离散型数据，采用自然断点法分级；对具有量化值的连续型数据，结合等间隔分割法和自然断点法进行分级；对于不具备观测数据的节点，根据文献资料、标准或专家知识进行等级划分。本书 BN 输入层节点分级情况见表 8-2。

表 8-2　输入层节点描述与分级

变量	描述	单位	分级	分级含义	分级依据或来源
情景地类(DL)	研究区现有农地类型以及生态补偿情景实施后各农地类型	—	1	水田	研究区农地利用调查和生态补偿情景设计
			2	旱地	
			3	果园	
			4	坑塘	
			5	水田休耕地	
			6	旱地休耕地	
			7	水田减施地	
			8	旱地减施地	
			9	水田退耕还林地	
			10	旱地退耕还林地	
			11	果园减施地	
			12	坑塘转产地	
补偿标准(BZ)	农地生态补偿情景推行需要补偿农户的标准	元/亩	1	428	研究区农地生态补偿社会调查
			2	826	
			3	1223	
			4	1621	
			5	2018	
行政区(ZQ)	研究区乡镇级行政分区	—	1	白衣镇	行政区划（其余乡镇为：新洲镇、鼎城区、临澧县烽火乡部分区域）
			2	毛里湖镇	
			3	药山镇	
			4	其余乡镇	

续表

变量	描述	单位	分级	分级含义	分级依据或来源
离城镇距离(CZ)	评价栅格离所在乡/镇政府的距离	m	1	[0,2000]	每栅格到最近乡镇中心距离，结合直方图和实际情况情况开展分级
			2	(2000,4000)	
			3	[4000,12810]	
农药投入(NY)	农地农药投入量	—	1	低	研究区农地田野调查和生态补偿社会问卷调查
			2	中	
			3	高	
			4	很高	
离保护区距离(BH)	评价栅格离湖南毛里湖国家湿地公园距离	m	1	[0,1000]	计算每栅格到湖南毛里湖国家湿地公园红线的最近距离(自然断点分级)
			2	(1000,3000)	
			3	[3000,8501]	
生境质量(SJ)	农地自然属性和社会属性共同影响下的生境质量	—	1	低	研究区农地田野调查、文献分析、专家咨询
			2	中	
			3	高	
			4	很高	
投肥量(TF)	每年每亩化肥投入量	—	1	[0,0.06]	研究区农地田野调查、将投肥量标准化后分级
			2	(0.06,0.13]	
			3	(0.13,1]	
			4	(1,2]	
降水量(JS)	评价栅格区域多年平均降雨量	mm/年	1	1215	根据近10年毛里湖区域气象数据
			2	1332	
土壤属性(TR)	评价栅格土壤属性	—	1	ACh3	HWSD土壤数据库
			2	ALf2	
			3	ATc2	
			4	CMo2	
			5	FLe2	
			6	WR	

续表

变量	描述	单位	分级	分级含义	分级依据或来源
坡度(PD)	评价栅格坡度值	度	1	[0,6]	研究区地势分布,已有退耕还林政策规范
			2	(6,15]	
地类收入重要程度(SZ)	农地收入对维持农户生计的重要性等级	—	1	低	研究区农地田野调查和生态补偿社会问卷调查
			2	中	
			3	高	
地类收入差距(SC)	同地类农地收入差异程度	—	1	低	研究区农地田野调查和生态补偿社会问卷调查
			2	中	
			3	高	
政府宣传力度(XC)	地方政府对农业环保知识的宣传力度	—	1	低	研究区农地田野调查和生态补偿社会问卷调查
			2	中	
			3	高	
农户环保认知(NH)	农户对农业环保知识的认知水平	—	1	低	研究区农地田野调查和生态补偿社会问卷调查
			2	中	
			3	高	

注:“投肥量”和“面源氮磷负荷”为对现状和情景设置数值进行标准化后的无量纲指标。

上表中中间层和评价层节点的分级依据分别是:“面源氮磷负荷”来源于本书第6章中生态补偿情景面源污染负荷模拟结果;“农地纯收入”“劳动力成本”“农户受偿意愿”“生计稳定性”“公平程度”“政策好感度”来源于第7章中研究区农地生态补偿社会问卷调查;“农地生物多样性”来源于第7章中研究区农地田野调查;对于缺少观测数据的节点,“保护地保护收益”“政策接受度”“农地利用生态环境效应”“农地利用经济效应”“农地利用社会效应”“农地利用综合效应”等,采用文献分析、专家经验知识等方式划分节点状态分级。

8.3 贝叶斯网络参数估算

8.3.1 估算方法与数据来源

贝叶斯网络参数即表达各节点间关系的条件概率表集(CPT),其确定是模型构建的核心环节。CPT的确定与父子节点观测数据状态相关,根据本书节点变量、已有观测数据状态及具体应用背景,对于不同情况的节点采用不同的CPT估算方法,见表8-3。

表8-3 不同情况下的CPT估算方法

父子节点数据和关联情况		CPT估算方法	方法对应的子节点
数据基本完备	数据完备,父子节点状态组合较少	基于频数统计和最大似然原理(maximum likelihood estimate, MLE)得出CPT	A5,A7,A8,A12~A16,B20,B21
	数据完备,父子节点状态组合较多	采用“MLE-BYS”参数学习算法,首先基于频数统计和最大似然原理得出子节点发生的情况下各父节点单独发生的概率,再结合各父节点间的独立性和乘法定理,采用贝叶斯公式和“概率和为1”原理求得CPT	B19
	数据有很少的缺失	采用最大期望算法(Expectation-Maximization,EM)修补数据,并进行CPT参数学习	—
数据缺失较多	父子节点同学科且相互关系满足某种概率分布模型	采用文献、模型、统计数据、经验公式、专家知识或层次分析法两两比较确定权重,再确定出概率分布模型和对应参数,按“各分级都有概率出现”得出CPT	B26,B27
	父子节点同学科且相互关系可基于既有资料或方法量化为权重	采用文献、模型、统计数据、经验公式、专家知识或层次分析法两两比较确定权重,加权求和后按“各分级概率非0即1”得出CPT	B17,B18,B25,B24,B28
	父子节点同学科且相互关系难用概率模型描述	专家咨询法。设计概率引导表EPT收集专家信息后再扩展成为一个完整的CPT,条件概率表可以是“各分级概率非0即1”,也可以是“各分级都有概率出现”	B22,B23,B29
	父子节点不同学科	“领土假想”参与讨论法。结合各利益相关方意愿确定出权重,加权求和后按“各级概率非0即1”得出CPT	C30

注：参数估算观测数据来源见表 8-2。

8.3.2 不同情况下的参数估算

本小节对采用上述方法开展节点条件概率估算的具体过程进行详述。

1.具有完备数据且父子节点状态组合较少的情况

对观测数据都完备的父子节点，且节点数和各节点的状态数较少时，本书采用频数统计估算 CPT。以"A8/投肥量"节点为例，其估算步骤如下：

(1) 统计研究区农地利用模式及面积占比(见表 8-4 步骤 1)。这一工作已完成，见第 7 章 7.3.2 节。

(2) 确定各农地利用模式的标准化投肥量。首先结合问卷数据计算不同农地利用模式下主要作物的年纯氮投入 N_i 和年纯磷投入 P_i；然后将 N_i 和 P_i 标准化，设年标准化纯氮投入量为 F_{N_i}，年标准化纯磷投入量为 F_{P_i}，标准化公式为：

$$F_{N_i} = N_i/\max(N_i)\text{或}F_{P_i} = P_i/\max(P_i) \tag{8-4}$$

由此得到年标准化投肥量 $F_{NP_i}=F_{N_i}+F_{P_i}$，(见表 8-4 步骤 2)。

(3) 确定不同情景地类到投肥量的条件概率表。由于无法获得地块尺度上的全流域农地利用完整信息，因此某一情景地类栅格具体采用哪种农地利用模式是不确定的，故本书将各农地利用模式的面积占比作为对应地类采用某农地利用模式的概率，进而将年标准化投肥量进行分级，从而获得对应地类相应的各投肥量等级的概率(见表 8-4 步骤 3)。

最终整理获得节点 A8 的条件概率表，见表 8-5。

表 8-4 "投肥量"节点条件概率表计算过程

序号	情景地类	步骤 1：统计农地利用模式及其占地类面积的比值			步骤 2：计算各模式标准化投肥量		步骤 3：确定地类的投肥量概率	
		模式编号	模式主要作物	模式占比	标准化投肥量	投肥量均值	投肥量分级	各分级概率
1	水田	水田 1	双季稻、冬闲置	14.5%	0.211	0.211	高	0.145
		水田 2	单季稻、油菜	45.0%	0.100	0.100	中	0.450
			单季稻、蓏果		0.181			
		水田 3	单季稻、白萝卜	40.5%	0.112	0.148	高	0.405
			单季稻、白菜		0.150			

续表

序号	情景地类	步骤1:统计农地利用模式及其占地类面积的比值			步骤2:计算各模式标准化投肥量		步骤3:确定地类的投肥量概率	
		模式编号	模式主要作物	模式占比	标准化投肥量	投肥量均值	投肥量分级	各分级概率
2	旱地	旱地1	油菜、棉花	28.7%	0.179	0.179	高	0.287
			藠果		0.128			
			白萝卜		0.177			
		旱地2	白菜	45.1%	0.150	0.138	中	0.451
			黄豆		0.045			
			辣椒		0.187			
			油菜、花生		0.198			
		旱地3	油菜、黄豆	26.2%	0.123	0.163	高	0.262
			油菜、白菜		0.168			
3	果园	果园1	柑橘类	88.5%	0.141	0.141	高	0.885
		果园2	梨桃李等	11.5%	0.040	0.040	低	0.115
4	坑塘	坑塘1	精养鱼塘	83.9%	2.000	2.000	很高	0.839
		坑塘2	粗养鱼塘	16.1%	0.381	0.381	高	0.161
5	水田休耕地	水田1	双季稻、冬闲置	14.5%	0.106	0.106	中	0.145
		水田2	单季稻、油菜	45.0%	0.050	0.050	低	0.450
			单季稻、藠果		0.090			
		水田3	单季稻、白萝卜	40.5%	0.056	0.074	中	0.405
			单季稻、白菜		0.075			
6	旱地休耕地	旱地1	油菜、棉花	28.7%	0.090	0.090	中	0.287
			藠果		0.064			
			白萝卜		0.089			
		旱地2	白菜	45.1%	0.075	0.069	低	0.451
			黄豆		0.023			
			辣椒		0.094			
			油菜、花生		0.099			
		旱地3	油菜、黄豆	26.2%	0.062	0.082	中	0.262
			油菜、白菜		0.084			

续表

序号	情景地类	步骤1:统计农地利用模式及其占地类面积的比值			步骤2:计算各模式标准化投肥量		步骤3:确定地类的投肥量概率	
		模式编号	模式主要作物	模式占比	标准化投肥量	投肥量均值	投肥量分级	各分级概率
7	水田减施化肥地	水田1	双季稻、冬闲置	14.5%	0.106	0.106	中	0.145
		水田2	单季稻、油菜	45.0%	0.050	0.050	低	0.450
		水田3	单季稻、蔬果	40.5%	0.090	0.074	中	0.405
			单季稻、白萝卜		0.056			
			单季稻、白菜		0.075			
8	旱地减施化肥地	旱地1	油菜、棉花	28.7%	0.090	0.090	中	0.287
		旱地2	蔬果	45.1%	0.064	0.069	低	0.451
			白萝卜		0.089			
			白菜		0.075			
			黄豆		0.023			
			辣椒		0.094			
		旱地3	油菜、花生	26.2%	0.099	0.082	中	0.262
			油菜、黄豆		0.062			
			油菜、白菜		0.084			
9	水田退耕还林地	林地1	油茶	15.0%	0.057	0.057	低	0.150
		林地2	生态林地	85.0%	0.000	0.000	低	0.850
10	旱地退耕还林地	林地1	油茶	15.0%	0.057	0.057	低	0.150
		林地2	生态林地	85.0%	0.000	0.000	低	0.850
11	果园减施化肥地	果园1	柑、橘类	88.5%	0.070	0.070	低	0.885
		果园2	梨、桃、李等	11.5%	0.020	0.020	低	0.115
12	坑塘转产地	—	莲、菱角、荸荠	100.0%	0.150	0.150	高	1.000

表8-5 投肥量/A8节点的条件概率表

情景地类	P(投肥量=低)	P(投肥量=中)	P(投肥量=高)	P(投肥量=很高)
水田	0	0.450	0.550	0
旱地	0	0.451	0.549	0

续表

情景地类	P(投肥量=低)	P(投肥量=中)	P(投肥量=高)	P(投肥量=很高)
果园	0.115	0	0.885	0
坑塘	0	0	0.161	0.839
水田休耕地	0.450	0.550	0	0
旱地休耕地	0.451	0.549	0	0
水田减施地	0.450	0.550	0	0
旱地减施地	0.451	0.549	0	0
水田退耕还林地	1	0	0	0
旱地退耕还林地	1	0	0	0
果园减施化肥地	0.115	0.885	0	0
坑塘转产地	0	0	1	0

2. 具有完备数据且父子节点状态组合较多的情况

对观测数据都完备的父节点和子节点，且节点数和各节点的状态数较多时，本书提出"结合最大似然原理和贝叶斯公式"的贝叶斯网络参数学习算法（简称MLE-BYS参数学习算法）。其计算过程包括：首先基于频数统计和最大似然原理得出子节点发生的情况下各父节点单独发生的概率，再结合各父节点间的独立性和乘法定理，以及贝叶斯公式和"概率和为1"的原理求得CPT。以"面源氮、磷负荷/B19"节点为例进行参数计算过程介绍。该节点的父子节点关系表达为"情景地类/A1& 投肥量/A8& 降雨量/A9& 土壤属性/A10& 坡度/A11→面源氮磷负荷/B19"（简称水文模型子网）。

（1）MLE-BYS参数学习算法原理。对于 i 个父节点 $x_1, x_2, \cdots, x_i$ 和1个子节点c组成的贝叶斯网络，根据贝叶斯公式，$P(c \mid x_1, x_2, \cdots, x_i)$ 可写为：

$$P(c \mid x_1, x_2, \cdots, x_i) = \frac{P(c)P(x_1, x_2, \cdots, x_i \mid c)}{P(x_1, x_2, \cdots, x_i)} \tag{8-5}$$

式中，$P(c)$ 为先验概率；$P(x_1, x_2, \cdots, x_i \mid c)$ 是相对于标记 c 的类条件概率（似然）。对于给定样本，$P(x_1, x_2, \cdots, x_i)$ 为定值。此时求 $P(c \mid x_1, x_2, \cdots, x_i)$ 的问题就转化为求先验概率 $P(c)$ 与类条件概率 $P(x_1, x_2, \cdots, x_i \mid c)$ 的问题。

若各父节点 $x_1, x_2, \cdots, x_i$ 独立对子节点 c 产生影响，即各父节点之间条件独立，根据乘法定理，它们的联合分布 $P(x_1, x_2, \cdots, x_i \mid c)$ 就等于它们各自的边缘分布的乘积，即：

$$P(c \mid x_1, x_2, \cdots, x_i) = \frac{P(c)\prod_{i=1}^{i} P(x_i \mid c)}{P(x_1, x_2, \cdots, x_i)} \tag{8-6}$$

对于先验概率 $P(c)$，令 $|D|$ 为数据集 D 中样本总个数，$|D_c|$ 表示数据集 D 中第 c 类样本组成的集合的样本个数，假设数据集 D 中包含足够的独立同分布样本，则 $P(c)$ 可以下式进行估计：

$$P(c)=\frac{|D_c|}{D} \tag{8-7}$$

对于类条件概率 $P(x_i \mid c)$，令 $|D_{c,x_i}|$ 表示第 c 类样本当中在第 i 个属性上取值为 x_i 的样本组成的集合的样本个数，则 $P(x_i \mid c)$ 可以用下式进行估计：

$$P(x_i \mid c)=\frac{|D_{c,x_i}|}{|D_c|} \tag{8-8}$$

当父节点的状态数较多时，会对应有很多种状态数组合的情况，采用频数统计法计算 $P(x_1,x_2,\cdots,x_i)$ 的工作量会很大。在此引入"概率和为 1"原理，可简化计算，即对任意确定的父节点 $x_1,x_2,\cdots,x_i$ 状态值组合，令 $P(x_1,x_2,\cdots,x_i)=\mathrm{y}$，可知 y 为定值；若子节点 c 状态取值有 n 种，即 $c=c(1),c(1),\cdots c(n)$，子节点 c 取到各状态值的概率和应为 1。综上，可得以下方程组：

$$\begin{cases} P(c=c(1) \mid x_1,x_2,\cdots,x_i)=P(c=c(1))\prod\limits_{i=1}^{i}P(x_i \mid c=c(1))/y \\ P(c=c(2) \mid x_1,x_2,\cdots,x_i)=P(c=c(2))\prod\limits_{i=1}^{i}P(x_i \mid c=c(2))/y \\ \qquad\qquad\cdots\cdots \\ P(c=c(n) \mid x_1,x_2,\cdots,x_i)=P(c=c(n))\prod\limits_{i=1}^{i}P(x_i \mid c=c(n))/y \\ \sum\limits_{n=1}^{n}P(c=c(n) \mid x_1,x_2,\cdots,x_i)=1 \end{cases} \tag{8-9}$$

根据以上方程组，对任意确定的父节点 $x_1,x_2,\cdots,x_i$ 状态值组合，y 均可直接由上述方程组等号两边全部累加后解出：

$$y=P(x_1,x_2,\cdots,x_i)=\sum_{n=1}^{n}\left[P(c=c(n))\prod_{i=1}^{i}P(x_i \mid c=c(n))\right] \tag{8-10}$$

最终，代入 y 值即可解出贝叶斯网络条件概率表所需的概率 $P(c \mid x_1,x_2,\cdots,x_i)$。可见，本书方法避免了采用频数统计法获得 $P(x_1,x_2,\cdots,x_i)$ 所需计算量过大的问题，算法的性能分析详见下一节。

(2)参数学习算法性能分析。假设 i 个父节点 $x_1,x_2,\cdots,x_i$ 和 1 个子节点 c 组成一个贝叶斯网络，各节点的状态数均为 n 个。

①若全部采用频数统计法来获得 $P(c \mid x_1,x_2,\cdots,x_i)$，需统计计算的概率值个数为 n^{i+1} 个，考虑到原始数据的复杂性和不规则性，需统计计算的概率值常常难以直接编程实现。

②若采用 MLE-BYS 参数学习算法，只需统计计算 $n+i \cdot n^2$ 个中间概率值，然后按上述方程组即可求解得 $P(x_1, x_2, \cdots, x_i)$，求解过程可以很方便编程实现。

显然，全部采用频数统计法的统计计算工作量将随着节点数和节点的状态数成指数式增长，节点数和节点的状态数较多时将难以实用；本书所提的 MLE-BYS 参数学习算法则为幂函数式增长，节点数和节点的状态数越多，相比前者节省的计算工作量越大。

以节点 B19 为例，全部采用频数统计法需统计的概率值个数为：$12 \times 4 \times 2 \times 6 \times 2 \times 4 = 4608$ 个，而 MLE-BYS 参数学习算法需统计的中间概率值个数 $4+12 \times 4+4 \times 4+2 \times 4+6 \times 4+2 \times 4=108$ 个，后者的算法性能优势是非常显著的。

③基于 MLE-BYS 参数学习算法的 B19 节点 CPT 估算

对该节点，情景地类、投肥量、降雨量、土壤属性、坡度为样本 x 的样本属性，分别令它们的取值为 x_1、x_2、x_3、x_4、x_5，$x=[x_1, x_2, x_3, x_4, x_5]$。面源氮、磷负荷为样本类别标记 c，则 $P(c|x_1, x_2, \cdots, x_i)$的确定步骤如下。

步骤 1：基础数据处理。

采用 ArcGIS 平台，以 10 m 分辨率栅格为基本单元，根据已获得的土壤、降水、坡度、高程数据以及第 4 章中获得的各生态补偿情景下 HRUs 营养物流失负荷数据，给每个栅格赋值，共获得 370.3 万组观测数据，形成研究区生态补偿农地营养物负荷特征数据库（见第 6 章表 6－14）。通过上节“情景地类→投肥量”的标准化方法将氮、磷投肥量合并为“投肥量”这一指标，同理将氮、磷负荷量合并为“面源氮、磷负荷”这一指标。从而为水文模型的子网的各节点“降雨量”“投肥量”“土壤属性”“坡度”“面源氮、磷负荷”提供了数据来源，并据此开展了子网中输入层节点的状态空间分级，见表 8－2。对面源氮、磷负荷节点所有观测数据值开展归一化处理，得到其分布情况（见图 8－13），采用 SPSS 15.0 当中的“可视分箱”并结合等间隔分割法和自然断点法实现分级，最终得到的各节点分级情况。

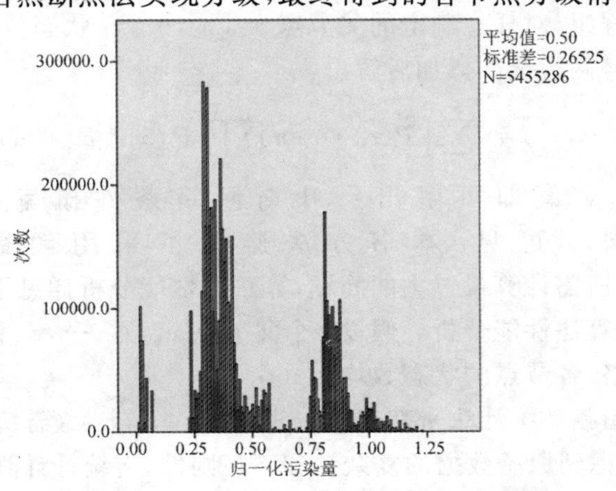

图 8－13　各情景氮、磷负荷数据分布图

步骤2:估算中间概率值。

因具备充足数据量,故可根据最大似然原理,采用频数统计法获得中间概率值,即直接用样本频率估计概率。采用SPSS 15.0计算数据集中各级氮、磷面源负荷的频率,得到其先验概率$P(c)$,见表8-6,同理统计出所有父节点各分级情况下的类条件概率$P(x_i|c)$,见表8-7。

表8-6 氮、磷负荷变量(B19)描述、分级与先验概率分布

变量	描述	单位	分级	分级含义	先验概率分布
面源氮、磷负荷	因农地利用产生的氮、磷等营养要素流失量	—	1	低	0.049
			2	中	0.642
			3	高	0.208
			4	很高	0.101

表8-7 类条件概率表

子节点	分级	$P(x_i\|c=FH1)$	$P(x_i\|c=FH2)$	$P(x_i\|c=FH3)$	$P(x_i\|c=FH4)$
情景地类x_1	DL1	0.000	0.124	0.153	0.000
	DL2	0.000	0.000	0.278	0.000
	DL3	0.029	0.000	0.246	0.000
	DL4	0.000	0.000	0.045	1.000
	DL5	0.115	0.151	0.000	0.000
	DL6	0.102	0.165	0.000	0.000
	DL7	0.115	0.151	0.000	0.000
	DL8	0.102	0.165	0.000	0.000
	DL9	0.254	0.000	0.000	0.000
	DL10	0.254	0.000	0.000	0.000
	DL11	0.029	0.243	0.000	0.000
	DL12	0.000	0.000	0.278	0.000
投肥量x_2	TF1	0.450	0.336	0.066	0.000
	TF2	0.318	0.444	0.201	0.000
	TF3	0.232	0.123	0.576	0.006
	TF4	0.000	0.097	0.157	0.994

续表

子节点	分级	$P(x_i\|c=\text{FH1})$	$P(x_i\|c=\text{FH2})$	$P(x_i\|c=\text{FH3})$	$P(x_i\|c=\text{FH4})$
降雨量 x_3	JY1	0.688	0.565	0.435	0.428
	JY2	0.312	0.435	0.565	0.572
土壤属性 x_4	TR1	0.007	0.018	0.029	0.000
	TR2	0.452	0.389	0.423	0.000
	TR3	0.308	0.498	0.457	0.000
	TR4	0.007	0.010	0.009	0.000
	TR5	0.079	0.086	0.083	0.000
	TR6	0.000	0.000	0.000	1.000
坡度 x_5	PD1	0.920	0.791	0.796	1.000
	PD2	0.080	0.209	0.204	0.000

步骤3:条件概率表估算。

采用特定数学软件的循环语句编程求出父节点各种组合情况下,其子节点面源氮、磷负荷属于低、中、较高、高各级的概率值,最终得到B19节点的CPT,由于该表共有1152行数据(对应4608个概率值),这里随机选取50行数据列示,见表8-8。

表8-8 面源氮、磷负荷的条件概率表

情景地类 x_1	投肥量 x_2	降雨量 x_3	土壤属性 x_4	坡度 x_5	$P(c=\text{FH1})$	$P(c=\text{FH2})$	$P(c=\text{FH3})$	$P(c=\text{FH4})$
3	4	2	3	2	0.000	0.002	0.998	0.000
9	4	1	1	1	0.049	0.642	0.208	0.101
6	1	1	6	1	0.049	0.642	0.208	0.101
12	2	1	1	2	0.002	0.021	0.974	0.003
3	2	2	3	1	0.019	0.000	0.981	0.000
8	2	1	4	1	0.032	0.966	0.001	0.000
1	4	2	3	2	0.000	0.570	0.429	0.000
6	2	2	2	1	0.032	0.968	0.000	0.000
8	4	1	1	2	0.002	0.984	0.009	0.005
8	1	2	6	2	0.049	0.642	0.208	0.101
11	1	1	6	1	0.049	0.642	0.208	0.101
5	4	2	2	1	0.000	1.000	0.000	0.000
4	4	2	4	2	0.021	0.277	0.658	0.044
3	4	2	6	1	0.049	0.642	0.208	0.101
1	3	2	3	1	0.000	0.308	0.692	0.000

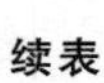

续表

情景地类 x_1	投肥量 x_2	降雨量 x_3	土壤属性 x_4	坡度 x_5	$P(c=\mathrm{FH1})$	$P(c=\mathrm{FH2})$	$P(c=\mathrm{FH3})$	$P(c=\mathrm{FH4})$
1	3	2	5	1	0.000	0.297	0.702	0.000
11	3	2	5	2	0.004	0.994	0.001	0.001
2	1	2	6	2	0.049	0.642	0.208	0.101
7	2	1	1	2	0.007	0.989	0.002	0.001
1	3	2	4	1	0.000	0.312	0.687	0.001
9	3	2	2	2	0.972	0.019	0.006	0.003
6	2	2	4	2	0.006	0.986	0.005	0.002
1	3	1	3	2	0.000	0.436	0.563	0.000
12	1	1	3	2	0.000	0.004	0.995	0.001
11	1	1	5	2	0.005	0.994	0.000	0.000
6	3	2	4	1	0.049	0.944	0.004	0.002
4	1	1	2	2	0.002	0.027	0.967	0.004
4	2	1	6	2	0.049	0.642	0.208	0.101
10	4	2	2	2	0.049	0.642	0.208	0.101
3	1	2	6	2	0.049	0.642	0.208	0.101
1	3	1	4	2	0.002	0.439	0.556	0.004
8	1	2	2	2	0.020	0.980	0.000	0.000
4	1	1	2	2	0.002	0.027	0.967	0.004
6	3	2	3	1	0.044	0.956	0.000	0.000
7	4	2	4	2	0.006	0.960	0.023	0.011
1	2	2	3	1	0.000	0.822	0.178	0.000
1	4	2	1	1	0.000	0.423	0.576	0.001
3	3	1	6	2	0.049	0.642	0.208	0.101
10	2	2	4	1	0.893	0.072	0.023	0.011
1	1	1	1	1	0.000	0.910	0.089	0.000
9	3	2	1	1	0.859	0.095	0.031	0.015
7	1	2	2	2	0.024	0.976	0.000	0.000
10	4	1	3	2	0.049	0.642	0.208	0.101
2	4	2	6	2	0.049	0.642	0.208	0.101
7	4	2	2	2	0.000	0.999	0.001	0.000
4	1	2	2	2	0.002	0.021	0.974	0.003
1	2	2	1	2	0.001	0.729	0.269	0.001
8	1	1	5	2	0.026	0.973	0.001	0.000
7	3	2	3	2	0.018	0.981	0.000	0.000

注:各父节点列中数字代表其分级号。

3. 数据缺失,父子节点同学科且关系满足某种概率分布模型的情况

观测数据缺失情况下,对属于同一学科领域,且父节点对子节点的影响具有满足某种概率分布模型的情况,可采取先量化父节点等级并确定权重后进行加权求和,再通过描述父子节点关系的概率分布模型估算子节点的分级和对应的条件概率,最终整理出条件概率表。

以"农地纯收入和劳动力成本→经济效应"这一子网为例,由于经济效应的等级值大概率和两个父节点的等级成正相关关系,故"农地纯收入和劳动力成本量化后的加权求和等级"可等效为"经济效应等级值的均值",见图 8-14,即通过父子节点的等级关系可推导出 B26 节点的等级。

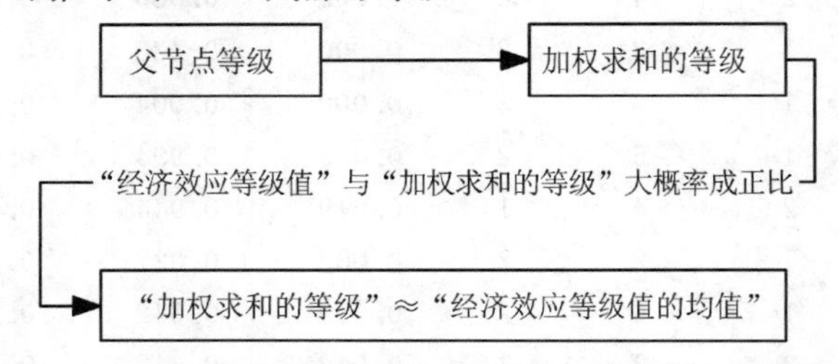

图 8-14 "经济效益"节点(B26)等级与其父节点等级关系

经济效应节点(B26)的 CPT 计算过程如下:

(1)建立基于正态分布的经济效应等级值概率分布模型。

对父节点为第 i 种组合情况时,设经济效应等级值为随机变量 X_i,其数学期望 $E(X_i)=\mu_i$,根据已有研究(李俊慧,2012)可将经济效应视为满足正态分布的扣除劳动力成本后的农地纯收入,故 $X_i \sim N(\mu_i, \sigma 2)$。

同时,对所有父节点的组合情况考虑正态分布的 3σ 法则(陈希孺,2002),X 的值域为:

$$[\min(X)=\min(\mu_i)-3\sigma, \max(X)=\max(\mu_i)+3\sigma] \quad (8-11)$$

则所有 X 取值域内所有值时所对应的概率密度曲线围成的面积,如图 8-15 所示。

$$S=\frac{1}{2}+(\max(\mu_i)-\min(\mu_i))\times\left(\frac{\frac{1}{\mathrm{sqrt}(2\times\pi)}}{\sigma}\right)+1/2 \quad (8-12)$$

2)对经济效应等级值分级,得出各等级对应条件概率的计算公式。

设分级点的经济效应等级值为 X_{Fn},$n=1,2,3\cdots,N-1$,对经济效应等级值 X 若按 $N-1$ 个分级点分为 N 等级,由于等级数较少时正态分布概率密度曲线的均值半侧面积对总面积影响较大,故不宜按 X 的值域直接等分为 N 等级,而应求解上述面积 S 的 $N-1$ 个等分点作为分级点。

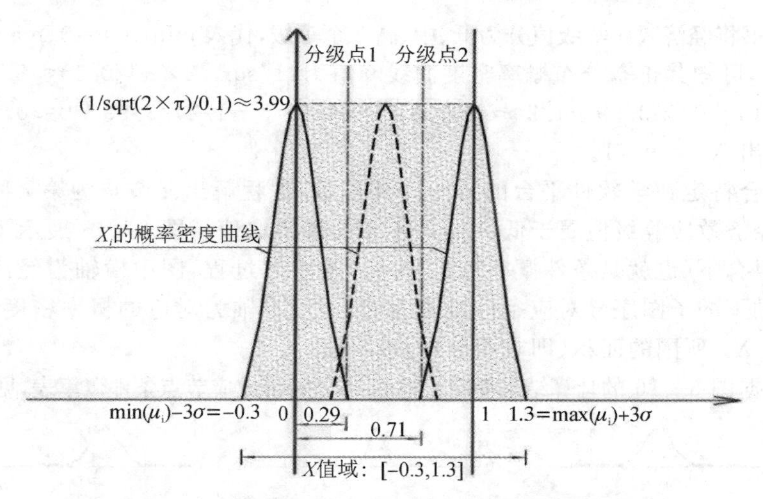

图 8-15 满足正态分布的 X 取值的概率密度曲线图

结合图 8-15，X_{F_1} 求解公式如下：

$$\frac{S}{N}=\frac{1}{2}+X_{F_1}-\min(\mu_i))\times\left(\frac{\frac{1}{\mathrm{sqrt}(2\times\pi)}}{\sigma}\right) \quad (8-13)$$

同理，$X_{F_{N-1}}$ 求解公式如下：

$$\frac{S}{N}=\max(\mu_i)-X_{F_{(N-1)}}\times\left(\frac{\frac{1}{\mathrm{sqrt}(2\times\pi)}}{\sigma}\right)+\frac{1}{2} \quad (8-14)$$

其余分级点则可按区间$[X_{F_1},X_{F_{N-1}}]$进行 $N-2$ 等分后求得，公式如下：

$$X_{F_n}=X_{F_1}+\frac{X_{F_N}-X_{F_1}}{N-2}\times(n-1) \quad (8-15)$$

因此，父节点为第 i 种组合情况时，X_i 属于第 1 级的概率为 $P(X_i\leqslant X_{F_1})$，即 $X_i\sim N(\mu_i,\sigma2)$的概率密度曲线与 $X\in[-\infty,X_{F_1}]$所围成的面积；同理，X_i 属于第 N 级的概率为 $P(X_i\geqslant X_{F_{N-1}})$，$X_i$ 属于其余级的概率则为 $P(X_{F_{N-1}}\leqslant X_i\leqslant X_{F_N})$。

(3)条件概率表估算。

①根据前文研究区调研统计数据将农地纯收入等级和劳动力成本等级均量化为 5 级："很低=1、低=2、中=3、高=4、很高=5"。根据已有研究(吴丽丽，2016)，农业生产中劳动力成本一般占纯收入的 1/3，故本书用(农地纯收入量化等级−1/3劳动力成本量化等级)所得的"[0,1]区间"标准化加权等级 d_i 代替 μ_i，即认为经济效应等级值满足均值为标准化加权等级 d_i、标准差为 σ 的正态分布。

②根据已有农业收入分布研究(周雪娇 等，2020；程名望 等 2015)，在相似的农业生产条件和劳动力投入情况下，多数净利润在均值的±30%上下浮动，即相当于正态分布模型的 $3\sigma=0.3$，故本书取 $\sigma=0.1$，即经济效应等级值 $X_i\sim N(d_i,0.12)$。

③本书将经济效应等级值分为低、中、高 3 个等级，代入 $\min(d_i)=0$、$\max(d_i)=1$ 和 $\sigma=0.1$，可知其正态分布概率密度曲线峰值为 $(1/\mathrm{sqrt}(2\times\pi)/0.1)\approx3.99$，解得 $S=1/2+(1-0)\times3.99+1/2\approx4.99$，$X_{F_1}=(4.99/3-1/2)/3.99+0\approx0.29$，按对称性可推出 $X_{F_2}=0.71$。

④结合特定数学软件平台的 normpdf 函数，编程解出父节点为第 i 种组合情况时，其经济效应等级值属于低、中、高各级的概率取值。图 8－16 展示了父节点前 24 种组合下（也就是条件概率表前 24 行）的求解过程，图中横轴为经济效应等级值，横轴下的子图序号对应条件概率表的行号，纵轴为对应的概率密度，与蓝线 X_{F_1}、红线 X_{F_2} 所围的面积（即求积分）为概率值。

⑤根据图 8－16 的计算结果得出完整的 B25 经济效应节点条件概率表，见表 8－9。

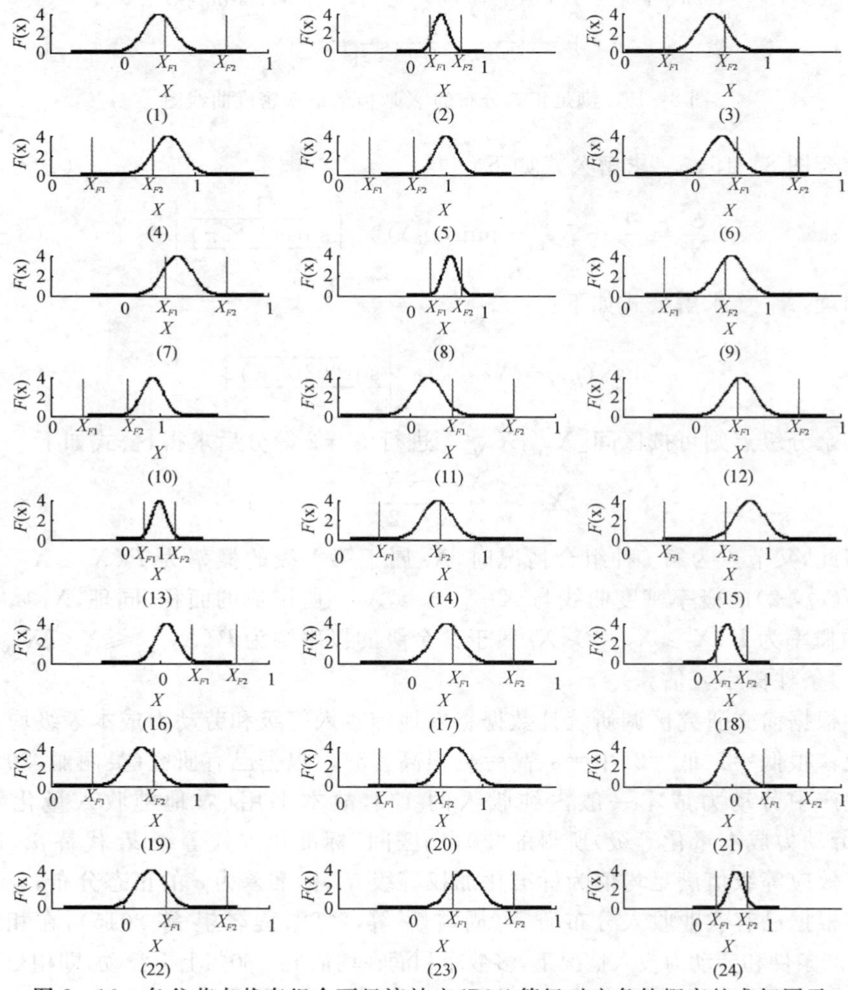

图 8－16　各父节点状态组合下经济效应(B26)等级对应条件概率的求解图示

表 8-9　经济效应(B25)节点条件概率表

农地纯收入量化等级	劳动力成本量化等级	[0,1]标准化加权等级	P(经济效应=低)	P(经济效应=中)	P(经济效应=高)
1	1	0.250	0.637	0.363	0.000
2	1	0.438	0.073	0.924	0.003
3	1	0.625	0.000	0.802	0.198
4	1	0.813	0.000	0.147	0.853
5	1	1.000	0.000	0.002	0.998
1	2	0.188	0.853	0.147	0.000
2	2	0.375	0.198	0.802	0.000
3	2	0.563	0.003	0.924	0.073
4	2	0.750	0.000	0.363	0.637
5	2	0.938	0.000	0.012	0.988
1	3	0.125	0.951	0.049	0.000
2	3	0.313	0.401	0.599	0.000
3	3	0.500	0.020	0.960	0.020
4	3	0.688	0.000	0.599	0.401
5	3	0.875	0.000	0.049	0.951
2	4	0.250	0.637	0.363	0.000
3	4	0.438	0.073	0.924	0.003
4	4	0.625	0.000	0.802	0.198
5	4	0.813	0.000	0.147	0.853
1	5	0.000	0.998	0.002	0.000
2	5	0.188	0.853	0.147	0.000
3	5	0.375	0.198	0.802	0.000
4	5	0.563	0.003	0.924	0.073
5	5	0.750	0.000	0.363	0.637

4. 数据缺失,父子节点同学科且关系可根据经验研究或方法量化权重的情况

对属于同一学科领域但父子节点均缺乏数据的情况,先采用一定方法,如文献分析法、层次分析法或经验统计数据等,确定父节点的权重(莫定源,2017)。将父节点的各分级量化为数值,对各父节点量化等级加权求和后所得的加权等级作为子节点的状态值,并对该加权等级进行分级,最后按“各分级概率非 0 即 1”整理得出父子节点的条件概率表。以“生物多样性、保护地保护收益、营养物负荷→环境效应”这一子网为例。

(1)采用层次分析法(张炳江,2014)分别比较生物多样性、保护地保护收益和营养物负荷对环境效应的影响,并据此给这三个父节点赋权:生物多样性的权重为0.2,保护地收益的权重为0.3,营养物负荷的权重为0.5。其中营养物负荷与环境效应成反比,因此影响方向为负。则环境效应=0.2×生物多样性+0.3×保护地收益−0.5×营养物负荷。

(2)量化各父节点等级并加权求和,得出子节点环境效应的值域。将父节点等级都量化为“低=1、中=2、高=3”,假设环境效应值为 E_i,其值域为[$\min E_i=0$,$\max E_i=-1.5$]。

(3)确定环境效应的分级点。假设环境效应值域 N 等分时,第 n 个分级点的值为:

$$n=\min(E_i)+\frac{\max(E_i)-\min(E_i)}{N}\times n \quad n=1,2,3\cdots,N-1$$

(4)根据 E_i 的值归属范围,确定环境效应对应的等级,且该等级的概率为 1,其余等级的概率为 0。本书 E_i 的值域为[−1,1],被分为高、中、低三个等级,则第 1 个分级点为−1.5+2.5/3×1=−0.667,第 2 个分级点为−1.5+2.5/3×2=0.167,因此当 $E_i<-0.667$ 时被分为低等级,当 $E_i\in[-0.667,0.167]$ 时被分为中等级,当 $E_i>0.167$ 时被分为高等级。以上计算过程所得 CPT 见表 8-10。

表 8-10　环境效应(B25)节点条件概率表

生物多样性量化等级	保护地收益量化等级	营养物负荷量化等级	环境效应加权等级	P(环境效应=低)	P(环境效应=中)	P(环境效应=高)
1	1	1	0	0	1	0
2	1	1	0.2	0	0	1
3	1	1	0.4	0	0	1
1	2	1	0.3	0	0	1
2	2	1	0.5	0	0	1
3	2	1	0.7	0	0	1
1	3	1	0.6	0	0	1
2	3	1	0.8	0	0	1
3	3	1	1	0	0	1
1	1	2	−0.5	0	1	0
2	1	2	−0.3	0	1	0

续表

生物多样性量化等级	保护地收益量化等级	营养物负荷量化等级	环境效应加权等级	*P*(环境效应=低)	*P*(环境效应=中)	*P*(环境效应=高)
3	1	2	－0.1	0	1	0
1	2	2	－0.2	0	1	0
2	2	2	0	0	1	0
3	2	2	0.2	0	0	1
1	3	2	0.1	0	1	0
2	3	2	0.3	0	0	1
3	3	2	0.5	0	0	1
1	1	3	－1	1	0	0
2	1	3	－0.8	1	0	0
3	1	3	－0.6	0	1	0
1	2	3	－0.7	1	0	0
2	2	3	－0.5	0	1	0
3	2	3	－0.3	0	1	0
1	3	3	－0.4	0	1	0
2	3	3	－0.2	0	1	0
3	3	3	0	0	1	0
1	1	4	－1.5	1	0	0
2	1	4	－1.3	1	0	0
3	1	4	－1.1	1	0	0
1	2	4	－1.2	1	0	0
2	2	4	－1	1	0	0
3	2	4	－0.8	1	0	0
1	3	4	－0.9	1	0	0
2	3	4	－0.7	1	0	0
3	3	4	－0.5	0	1	0

5. 数据缺失，父子节点同学科且相互关系难以用概率模型描述的情况

对属于同一学科领域但缺乏数据，且父节点和子节点的关系难以用概率模型描述的，采取“概率引导表”(elicited probability table，EPT)的方法(Borgatti et al.，2007；Ferraro，2009)确定节点条件概率。下面以“受偿意愿和政策信任度→

社会效应”这一子网为例。

(1)将父节点和子节点都分为高、中、低三个等级，构建如表 8－11 所示的 EPT。EPT 的第一列是确定父子节点关系的 9 个问题，第二列和第三列分别是受偿意愿概率值和政策信任度概率值所处的等级，第四列是需要咨询专家来确定的社会效应的各级概率值。

表 8－11　社会效应(B29)节点的概率引导表

问题序号	受偿意愿	政策信任度	社会效应/%
问题 1	高	高	高、中、低的概率(0～100)
问题 2	中	中	高、中、低的概率(0～100)
问题 3	低	低	高、中、低的概率(0～100)
问题 4	中	高	高、中、低的概率(0～100)
问题 5	高	中	高、中、低的概率(0～100)
问题 6	中	低	高、中、低的概率(0～100)
问题 7	低	高	高、中、低的概率(0～100)
问题 8	低	中	高、中、低的概率(0～100)
问题 9	高	低	高、中、低的概率(0～100)

(2)为减少专家打分主观性所导致的误差，需要咨询多个所在领域的专家，并按专家的专业水平等方面进行赋权，最后求和得到社会效应处于某一等级的概率值，计算公式为：$p = \Sigma vP/\Sigma v$。其中，p 表示社会效应处于某等级的加权平均概率，P 表示专家意见，v 表示每个专家意见的权重，值域为[0,1]。

(3)整理前两步的计算结果，将 EPT 修正为最终的 CPT，见表 8－12。

表 8－12　社会效应(B29)节点的条件概率表

受偿意愿	政策信任度	P(社会效应＝高)	P(社会效应＝中)	P(社会效应＝低)
高	高	1	0	0
中	中	0.33	0.34	0.33
低	低	0	0	1
中	高	0.5	0.5	0
高	中	0.8	0.2	0
中	低	0	0.5	0.5
低	高	0.04	0.32	0.64
低	中	0	0.2	0.8
高	低	0.64	0.32	0.04

6. 数据缺失，父子节点不同学科的情况

对父子节点不属于同一学科领域且缺乏数据的节点，采取以协同管理为核心的“领土假想游戏”参与讨论法(Gonzalez-Redin et al.，2016)来确定节点等级和条件概率。下面以“环境效应、经济效应、社会效应→综合效应”这一子网为例。

(1)设计领土假想模型。根据毛里湖流域社会经济、生态环境的历史变迁与现状，提出一个面向未来的旨在改善流域环境、提升地方经济、促进乡村和谐等问题的“领土假想情境”，同时提供多个达到各目标的农地利用方案。

(2)确定环境效应、经济效应、社会效应三者权重。请镇政府组织邀请多方利益相关者如农户代表、湿地公园代表、专家等进行座谈，鼓励他们表达自己观点。首先请他们对方案进行排序，判断包括政府在内的利益相关者对未来的需求和偏好。然后，让其对排名最前的方案进行一小时的模拟参与，以确保多方利益相关者在游戏中融合。在这一过程中观察不同利益相关者对环境改善、农地利用经济以及乡村和谐的关注和重视程度，开展记录并汇总整理，从而确定出环境效应、经济效应和社会效应的权重分别为0.4、0.2、0.4，则综合效应=0.4×环境效应+0.2×经济效应+0.4×社会效应，对这三个效应量化后再加权求和得出综合效应值。

(3)确定综合效应节点的条件概率表。对综合效应值分级后即可按“各分级概率非0即1”整理得出父子节点的条件概率表。将父子节点等级都量化为“低=1、中=2、高=3”，然后可确定综合效应的分级点。

假设综合效应值为Z_i，其值域为[$\min(Z_i)$，$\max(Z_i)$]，N等分时，第n个分级点值的计算公式同式(8-16)。根据Z_i的值属于哪一级范围即为环境效应对应的等级，该等级的概率为1，其余等级的概率为0。本书Z_i的值域为[1,3]，被分为“低、中、高”三个等级，则两个分级点分别为1.66、2.34，考虑到对称性，各等级的取值区间依次定为：[1，1.66]、(1.66，2.34)、[2.34，3]。通过以上计算过程得到结果，见表8-13。

表8-13 农地利用综合效应(C30)节点条件概率表

环境效应	经济效应	社会效应	P(综合效应=低)	P(综合效应=中)	P(综合效应=高)
1	1	1	1	0	0
2	1	1	1	0	0
3	1	1	0	1	0
1	2	1	1	0	0
2	2	1	1	0	0
3	2	1	0	1	0
1	3	1	1	0	0
2	3	1	0	1	0

续表

环境效应	经济效应	社会效应	P(综合效应=低)	P(综合效应=中)	P(综合效应=高)
3	3	1	0	1	0
1	1	2	1	0	0
2	1	2	0	1	0
3	1	2	0	1	0
1	2	2	1	0	0
2	2	2	0	1	0
3	2	2	0	0	1
1	3	2	0	1	0
2	3	2	0	1	0
3	3	2	0	0	1
1	1	3	0	1	0
2	1	3	0	1	0
3	1	3	0	0	1
1	2	3	0	1	0
2	2	3	0	0	1
3	2	3	0	0	1
1	3	3	0	1	0
2	3	3	0	0	1
3	3	3	0	0	1

8.4 贝叶斯网络模型验证

对于观测数据集完整的节点，采用交叉验证的方法对模型开展验证；对于观测数据集缺失的节点，主要采用经验知识检验的方法对模型开展验证。本节以“水文模型子网“为例对交叉验证方法与过程详述如下。

8.4.1 交叉验证简介

模型的性能高低主要体现模型对新样本估计的表现上。新样本上的误差被称为“泛化误差”(generalization error，GE)，GE 的高与低反映了模型性能的优与劣。因此，计算 GE 可实现对模型的验证。将全部观测数据集划分成不重复的两部分：一部分当作训练集用于参数确定，一部分当作测试集开展模型测试，这种对模型的性能评估方法称为简单“交叉验证”(范永东，2013)。

在前文参数确定中为使样本尽量多地用于训练且保证验证效果，我们选取了

70％的样本用于训练，其余 30％的样本用于开展验证。样本分割采用 SPSS 15.0 生成(0,1)之间的均匀分布随机数，使得每个样本数据都包含一个对应的随机数，将小于等于 0.7 的那部分数据分离出来作为训练集，大于 0.7 的那部分数据分作为测试集。

8.4.2　模型评估

本书在估算水文模型子网参数时，通过 SPSS 15.0 计算训练集污染量的频率，得到两种污染量编码下的先验概率，见表 8－14。

表 8－14　先验概率表

分级	1(低负荷)	2(中负荷)	3(较高负荷)	4(高负荷)
方案 1	25	25	25	25
方案 2	4.9	34.2	40	20.9

根据分级方案 1 和方案 2，采用特定数学软件工具求解，获得 2 套条件概率表，形成模型 1 和模型 2。

模型评估即通过训练集估算获得的先验概率与条件概率，求出测试集各个样本使得后验概率最大的分级类别，例如对于一个各属性取值为(TR6，JY2，PD1，DL1，TF4)的样本，可以计算它在已有模型下使得后验概率最大的类别，通过对比其在氮、磷面源负荷分级下的真实分类标记，可判断模型估计正确与否。

对所有测试集样本进行分类和比对，得到的结果见表 8－15。

表 8－15　交叉验证结果表

模型	分级错误样本数	泛化误差率
1	222110	0.135791811
2	3502	0.002141121

根据结果选择误差率更低的模型 2 的参数作为水文模型子网配置参数，其对农地面源污染负荷的估计达到了良好的效果。此外，通过比较两种污染负荷离散化分级方式的误差率可知，不同的离散化方式对模型具有一定程度的影响。未来可以采用更多样化的离散化的分类方式对模型进行改进，以获得更高的推理性能。

8.5　小结

本章对贝叶斯网络构建过程进行了详述，主要包括：在第 4 章搭建的概念框架基础上确定了贝叶斯网络拓扑结构核心框架，进一步采用理论分析和经验研究的方法完善了贝叶斯网络的指标体系，通过整理父子节点间的影响关系，实现了生态补偿情景下农地利用综合效应评估贝叶斯网络拓扑结构的搭建。然后在全面分析本书研究场景的基础上，提出了不同节点状态情况下的贝叶斯网络参数估计方法，进而采用在毛里湖流域获得的环境、社会和经济数据集，并结合第6和第7章研究成果开展贝叶斯网络参数估算的实例分析。本章最终共获得22个条件概率表，实现了基于贝叶斯网络的毛里湖流域面源污染防治生态补偿农地综合效应评估模型的构建。最后采用数据集交叉验证等方式开展了模型性能验证。

第9章　研究区农业面源污染治理生态补偿的综合效应评估

9.1　研究思路、研究方法与数据来源

9.1.1　研究思路

1. 准备阶段

准备阶段包括数据准备和工具准备环节，即准备 BN 推理所需证据数据集。另外，需要逐个栅格开展全流域所有农地评价单元的目标节点后验概率推理，对单个方案的处理即达到 200 多万个，手动实现这一过程耗时巨大且效率低下，因此采用特定数学软件开发了以 BN 为核心的空间化集成处理工具。

2. 推理阶段

利用集成处理工具以目标农地栅格为运算单元，将表征生态补偿情景的证据数据集输入 BN 模型，进行推理运算，从而获得全流域不同类型农地栅格在不同生态补偿方案下的环境、经济、社会、综合效应的各状态概率分布，按节点标识分别定义为 B25、B26、B29 和 C30。

3. 决策阶段

在上一阶段基础上，引入农地利用调整措施、补偿标准、目标地类等约束条件，比较不同方案下全流域农地栅格的高综合效应概率增量，逐步实现生态补偿优先方案与优先区域的识别。具体步骤包括：①计算各补偿措施和补偿标准的组合下研究区各地类所有栅格的高综合效应概率增量（定义为 D1），求 D1 的均值（定义为 D2）；②依据 D2 值，比选出最优生态补偿方案，即生态补偿措施、补偿标准和目标地类组合（定义为 D3）；③以 D3 基础，从该最佳方案下的 D1 结果中提取出目标地类的高综合效应概率增量，分别以乡镇、行政村为地理约束单元，以生态补偿总经费为约束条件，识别研究区农地面源污染防控生态补偿优先区域（定义为 D4）。

根据以上思路绘制本章的技术路线，如图 9－1 所示。

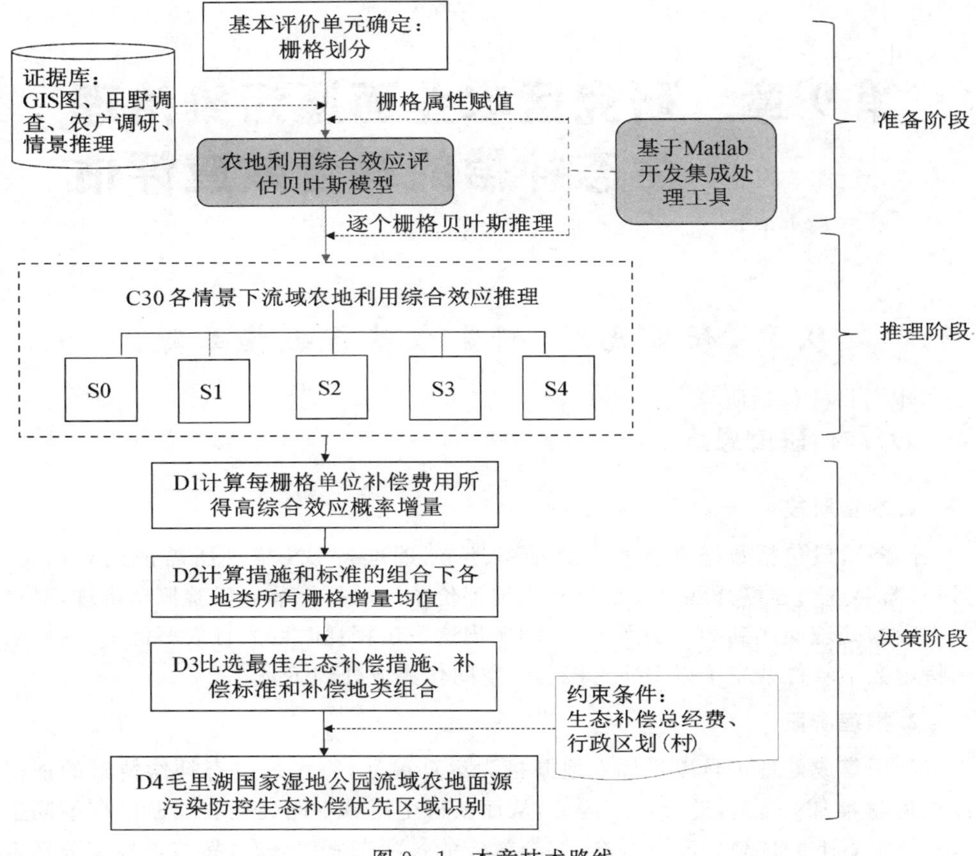

图 9－1　本章技术路线

9.1.2　研究方法

1. 贝叶斯网络模型推理的实现

运用第 8 章中建立的贝叶斯网络模型开展研究区不同生态补偿情景下农地利用综合效应模拟，实现这一目标需要利用贝叶斯网络的推理能力。贝叶斯推理的数学本质是在给出特定变量输入证据(如情景地类)后，推导查询变量(如环境效应)后验概率的过程。这一过程的实现算法可分为精确算法和近似算法两类，精确推理算法旨在计算出目标变量的边际分布或条件分布的精确值，其计算复杂度较高，该方法多适用于较小规模的贝叶斯网络；近似推理算法旨在寻求目标变量后验概率的近似解，该方法多适用于较大规模的复杂贝叶斯网络(蒋望东 等，2007)。

本书 BN 属于中大型网络，且需在百万级数量的目标栅格上进行推理运算，故选择采用特定数学语言平台中的贝叶斯网络工具箱(bayesian networks toolbox,

BNT)中的信念传播推理引擎(belief propagation inference engine)实现推理。BNT中提供了多种贝叶斯学习算法和推理算法,结构灵活,易于掌握(蒋望东 等,2007),其中信念传播算法是一种迭代的求解概率推理问题的方法,属于动态规划算法,被广泛应用于贝叶斯推理实例(周志华,2016)。信念传播算法中一个节点仅在接收到来自其他所有节点的消息后才能向另一个节点发送消息,节点的边际分布正比于该节点接收到的消息的乘积;对于图结构中无环的贝叶斯网络,信念传播算法具有较好的计算效率,仅通过两个步骤即可完成所有消息传递,进而计算出查询变量上的边际分布。

2. 贝叶斯模型空间化

本书目标包括研究区生态补偿优先区域识别,因此需要实现BN处理的空间化,即对BN推理结果进行空间化表达,这一工作的主要步骤和内容如下:

(1)采用ArcGIS划分基本评价单元。研究区农地利用为多类型农地小斑块交错分布,为尽可能刻画实际情况,本书以较高精度土地利用数据为基础,设定10 m分辨率农地栅格作为生态补偿综合效应的基本评估单元,在全流域共获得3876302个基本评价单元,其中农地栅格(生态补偿目标栅格)2076485个,含水田栅格1068352个,旱地栅格694377个,果园栅格74131个,坑塘栅格239625个,各地类栅格数量占农地栅格总量比依次为51.45%、33.44%、3.57%、11.54%。对每个栅格进行编号,按其所处的地理位置对输入层变量进行赋值,即所有节点信息都基于特定栅格进行提取,进而开展各生态补偿情景下全流域每个目标栅格的贝叶斯网络推理。

(2)基于特定数学软件编程开发BN模型空间化集成处理工具,以解决在200多万个栅格上实现模型推理及其结果的统计处理和分析。该工具组件包括BN参数计算、坐标转换、概率推理、优先区域识别、地图绘制模块等。

(3)研究区生态补偿方案和实施区域优选决策。从生态补偿实施效率的角度,以单位补偿费用的综合效应最优为约束条件,采用单变量最优值求解方法,实现最佳补偿措施、最佳补偿标准、最佳补偿地类的组合(本书将这三者的组合定义为农地生态补偿方案)确定。在此基础上,以行政区和补偿经费为约束条件,识别优先实施区域,并分别给出两种地理单元优先区,一是栅格尺度上的,二是行政区划尺度上的。

9.1.3　数据来源

本章的数据采集来源同第6章和第7章,包括研究区自然地理数据集、农户社会调研数据集、田野调查数据集等(见表9-1)。BN推理时采用情景地类分级输入来表征不同生态补偿情景,情景地类分级见表8-2。

表 9-1 基础数据来源

数据类型	来源
坡度	根据中科院地理空间数据云平台 DEM 数据,通过 ArcGIS 10.5 分析计算得出
土壤类型	国家地球系统科学数据平台:寒区旱区科学数据中心
土地利用	根据研究区土地利用类型数据,通过 ArcGIS 10.5 平台,按情景需要变更为特定用地类型
降雨量	澧县气象局、安乡气象局,SWAT 官方网站
人类活动	以研究区土地利用数据为基础,结合经验公式得出,通过 ArcGIS 10.5 分析计算得出
生境质量	研究区野外调研与文献查阅
离保护区距离	结合研究区土地利用和 DEM 数据,通过 ArcGIS 10.5 分析计算得出
营养物投入	研究区农户社会调研数据
补偿标准	根据研究区农户社会调研数据分析估算

9.2 贝叶斯网络空间化集成处理工具开发与网络推理

9.2.1 工具开发

采用特定数学软件平台开发本书贝叶斯网络空间化集成处理工具。该工具主要包括 6 个模块:数据预处理模块、参数估计模块、网络推理模块、图形处理模块、决策优化模块、关键节点分析模块。

各模块开发的主要技术过程如下:

(1)数据预处理模块。该模块包括经纬度坐标向 UMT 直角坐标的转换,根据高程计算坡度,计算各栅格点离城镇和保护区的距离,对节点变量状态空间开展分级等功能。

(2)参数估计模块。该模块主要实现章节 8.3 模型参数估计,主要包括基于 MLE-BYS 参数学习算法的环境效应节点 CPT 估算、经济效应节点 CPT 估算、受偿意愿节点的 CPT 估算等。

(3)网络推理模块。该模块基于 BNT 开发,主要实现 BN 的表达,基于精确推断的信念传播引擎构建、证据输入的接口设计和所有栅格点计算的循环程序设计。

(4)图形处理模块。该模块主要用于绘制各栅格点 BN 计算结果的全流域空间分布地图，并基于各补偿措施、补偿标准和补偿地类的均值绘制其折线图供后续分析决策。本模块主要函数为特定数学软件自带的 scatter、plot 等函数。

(5)决策优化模块。该模块主要是根据 BN 计算结果的折线图优选生态补偿措施、补偿标准和补偿地类组合，以及根据空间分布地图进行冷热点分析，最终以各行政村为决策变量、以生态补偿总经费为约束条件厘定生态补偿措施优先区域。本模块主要函数为特定数学软件自带的 find、sortrows 等函数。

(6)关键节点分析模块。该模块通过控制变量法开展 BN 节点灵敏度分析，找出影响各效应节点高综合效应后验概率的 BN 网络关键节点。本模块主要函数为特定数学软件自带的 find、mean 等函数。

各模块功能及协作关系如图 9-2。

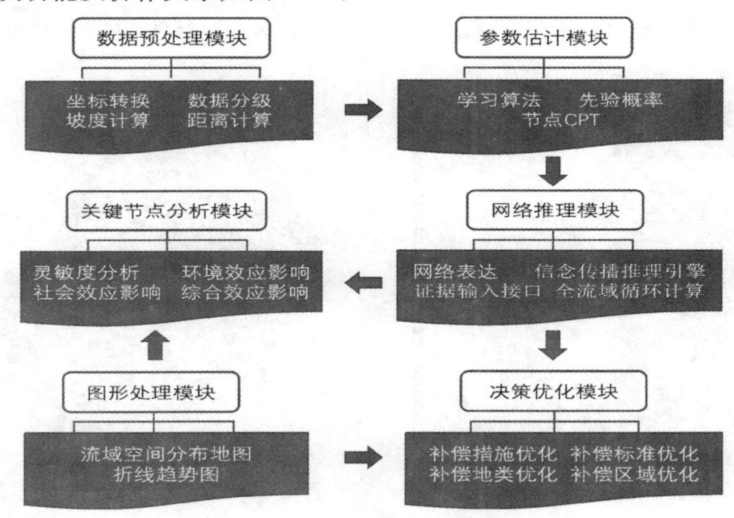

图 9-2 模块设计及协作关系

9.2.2 贝叶斯网络输入层节点赋值

模型推理首先需要对 BN 输入层节点进行赋值。这一工作步骤如下：运用 ArcGIS 对已划分好的目标栅格提取其用地类型、降雨、坡度、土壤、行政区划等输入层信息；采用农地类型分级来表达不同生态补偿情景，各生态补偿情景对应农地类型划分见表 8-1；采用补偿标准分级来表达不同补偿标准，补偿标准及分级见表 8-1。按情景不同对每一栅格给予证据赋值，绘制全流域目标栅格各输入节点分级空间分布图包括：A1 地类|4、A3 行政区划|4、A4 离城镇距离|3、A6 离保护区距离|3、A9 降雨量|2、A10 土壤属性|6、A11 坡度|2、行政村，分别见图 9-3 至图 9-10。其中图 9-3 情景地类以基准情景(现状)的表达为例，图 9-4 中行政区划为乡/镇级别区划。

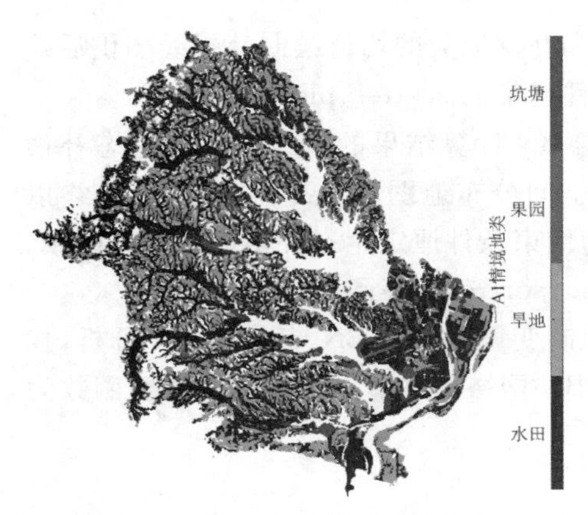

图 9-3　情景地类分级空间分布

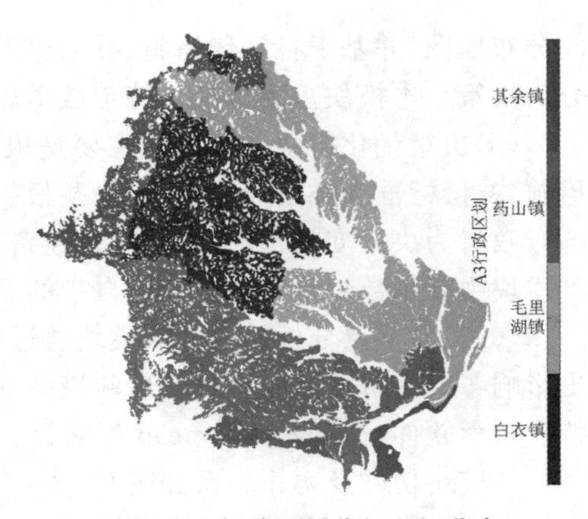

图 9-4　行政区划分级空间分布

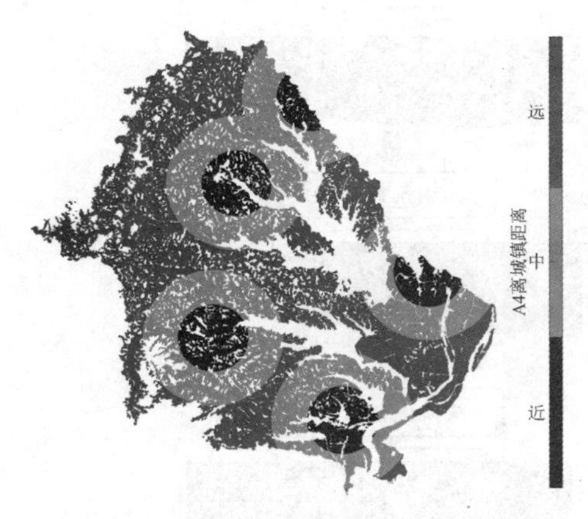

图 9-5　离城镇中心距离分级空间分布

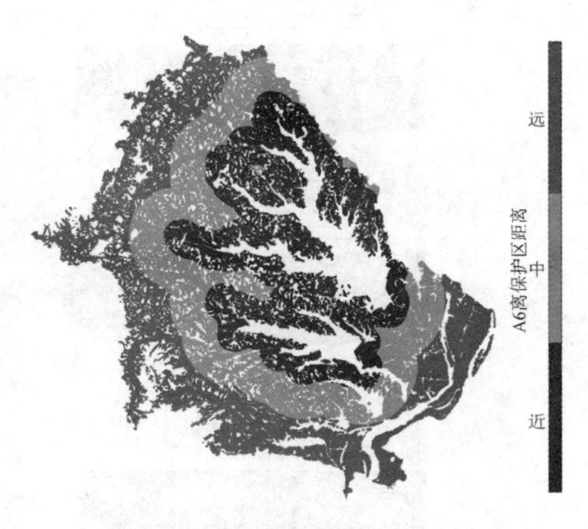

图 9-6　离保护区距离分级空间分布

图 9-7　多年降雨量分级空间分布

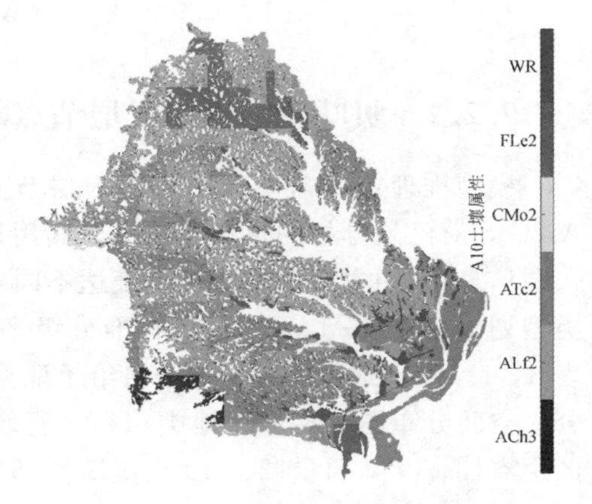

图 9-8　土壤类型分级空间分布

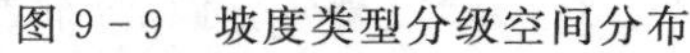
图 9-9　坡度类型分级空间分布

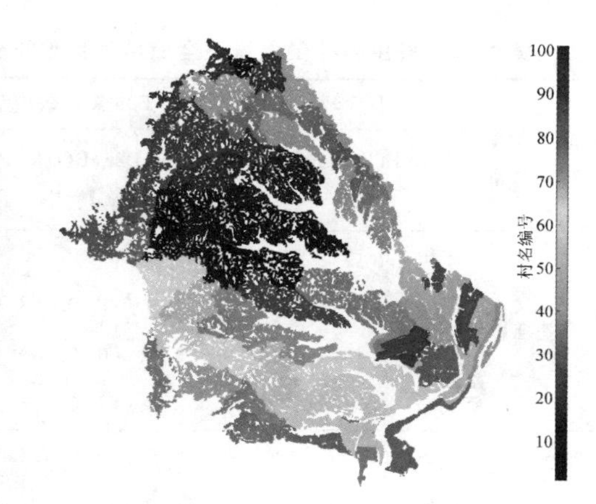

图 9-10　行政村空间分布

9.2.3　各生态补偿情景的农地利用效应推理结果

采用前述方法和工具，对目标栅格进行输入层节点赋值后采用 BN 进行推理，可获得该栅格目标查询变量的后验概率，选取农地利用环境效应(B25)、经济效应(B26)、社会效应(B29)、综合效应(C30)作为查询变量开展后验概率推理：这一工作在全流域所有目标栅格开展，即可获得查询变量(节点)推理结果的全流域栅格尺度上的空间分布。本书将生态补偿实施前后的农地利用状态定义为网络输入层节点之一"A1 情景地类"，该节点的 5—12 级赋值参见表 8-2，代表不同生态补偿措施下的农地利用状态，将其和"A2 补偿标准"各等级取值相结合可实现不同生态补偿方案的表达。对各生态补偿情景的描述见表 5-5。

1. 各效应节点后验概率推理结果

采用前述集成处理工具对全流域所有目标栅格进行推理计算。

通过将 A1(情景地类)赋值为第 5—12 级来表达不同生态补偿情景下的农地利用状态，将全流域所有目标地类栅格赋值为同一级情景地类即实现了对该生态补偿情景的表达；在此基础上将 A2(补偿标准)赋值为 1—5 级来表达不同的补偿标准，进而开展农地栅格的目标节点取值推理，从而实现对"生态补偿方案"(地类＋情景＋补偿标准的组合)的表达；最终可获得不同生态补偿方案下 B25 节点(环境效应)、B26 节点(经济效应)、B29 节点(社会效应)、C30 节点(综合效应)的各等级概率值。由于计算结果过于庞大，无法逐一展示，因此采用全流域同地类栅格各级概率均值的方式给出结果，表 9-2 列示了各生态补偿情景和补偿标准组合下不同地类各效应节点高、中、低概率均值的计算结果。

表 9－2　各生态补偿情景下全流域目标地类栅格点 B25、B26、B29、C30 各级概率均值

情景	补偿标准	地类	B25 环境效应节点			B26 经济效应节点			B29 社会效应节点			C30 综合效应节点		
			P(B25＝低)	P(B25＝中)	P(B25＝高)	P(B26＝低)	P(B26＝中)	P(B26＝高)	P(B29＝低)	P(B29＝中)	P(B29＝高)	P(C30＝低)	P(C30＝中)	P(C30＝高)
基准		水田	0.101	0.720	0.179	0.029	0.605	0.365	0.110	0.800	0.090	0.113	0.669	0.218
		旱地	0.674	0.326	0.000	0.029	0.458	0.513	0.120	0.800	0.080	0.362	0.612	0.025
		果园	0.487	0.490	0.023	0.000	0.599	0.401	0.125	0.800	0.075	0.331	0.612	0.057
		坑塘	0.802	0.146	0.052	0.027	0.395	0.578	0.153	0.800	0.047	0.403	0.547	0.049
休耕	一级	水田	0.000	0.242	0.758	0.219	0.596	0.185	0.358	0.579	0.063	0.071	0.527	0.402
		旱地	0.000	0.749	0.251	0.167	0.583	0.250	0.120	0.799	0.081	0.067	0.695	0.238
	二级	水田	0.000	0.242	0.758	0.219	0.596	0.185	0.042	0.353	0.606	0.008	0.209	0.783
		旱地	0.000	0.749	0.251	0.167	0.583	0.250	0.017	0.184	0.799	0.010	0.253	0.737
	三级	水田	0.000	0.242	0.758	0.219	0.596	0.185	0.010	0.148	0.842	0.002	0.113	0.885
		旱地	0.000	0.749	0.251	0.167	0.583	0.250	0.017	0.184	0.799	0.010	0.253	0.737
	四级	水田	0.000	0.242	0.758	0.219	0.596	0.185	0.010	0.148	0.842	0.002	0.113	0.885
		旱地	0.000	0.749	0.251	0.167	0.583	0.250	0.017	0.184	0.799	0.010	0.253	0.737
	五级	水田	0.000	0.242	0.758	0.219	0.596	0.185	0.010	0.148	0.842	0.002	0.113	0.885
		旱地	0.000	0.749	0.251	0.167	0.583	0.250	0.017	0.184	0.799	0.010	0.253	0.737
减施	一级	水田	0.000	0.654	0.346	0.029	0.848	0.122	0.894	0.101	0.005	0.513	0.448	0.038
		旱地	0.000	0.955	0.045	0.029	0.851	0.120	0.867	0.124	0.009	0.729	0.257	0.014
		果园	0.000	0.951	0.049	0.096	0.888	0.016	0.934	0.064	0.002	0.874	0.121	0.005
	二级	水田	0.000	0.654	0.346	0.029	0.848	0.122	0.114	0.790	0.096	0.065	0.575	0.360
		旱地	0.000	0.955	0.045	0.029	0.851	0.120	0.146	0.731	0.123	0.123	0.726	0.151
		果园	0.000	0.951	0.049	0.096	0.888	0.016	0.591	0.376	0.033	0.553	0.400	0.046
	三级	水田	0.000	0.654	0.346	0.029	0.848	0.122	0.011	0.152	0.837	0.006	0.121	0.872
		旱地	0.000	0.955	0.045	0.029	0.851	0.120	0.021	0.210	0.769	0.018	0.225	0.757
		果园	0.000	0.951	0.049	0.096	0.888	0.016	0.080	0.545	0.375	0.075	0.560	0.365
	四级	水田	0.000	0.654	0.346	0.029	0.848	0.122	0.010	0.148	0.842	0.006	0.119	0.875
		旱地	0.000	0.955	0.045	0.029	0.851	0.120	0.017	0.184	0.799	0.014	0.201	0.784
		果园	0.000	0.951	0.049	0.096	0.888	0.016	0.019	0.198	0.783	0.018	0.263	0.720
	五级	水田	0.000	0.654	0.346	0.029	0.848	0.122	0.010	0.148	0.842	0.006	0.119	0.875

续表

情景	补偿标准	地类	B25 环境效应节点			B26 经济效应节点			B29 社会效应节点			C30 综合效应节点		
			P(B25=低)	P(B25=中)	P(B25=高)	P(B26=低)	P(B26=中)	P(B26=高)	P(B29=低)	P(B29=中)	P(B29=高)	P(C30=低)	P(C30=中)	P(C30=高)
		旱地	0.000	0.955	0.045	0.029	0.851	0.120	0.017	0.184	0.799	0.014	0.201	0.784
		果园	0.000	0.951	0.049	0.096	0.888	0.016	0.019	0.198	0.783	0.018	0.263	0.720
退耕	一级	水田	0.001	0.007	0.992	0.569	0.308	0.123	0.901	0.095	0.004	0.006	0.949	0.044
		旱地	0.001	0.006	0.992	0.569	0.308	0.123	0.880	0.113	0.007	0.006	0.938	0.056
	二级	水田	0.001	0.007	0.992	0.569	0.308	0.123	0.841	0.149	0.010	0.006	0.920	0.074
		旱地	0.001	0.006	0.992	0.569	0.308	0.123	0.168	0.723	0.110	0.002	0.580	0.418
	三级	水田	0.001	0.007	0.992	0.569	0.308	0.123	0.125	0.730	0.145	0.002	0.542	0.456
		旱地	0.001	0.006	0.992	0.569	0.308	0.123	0.024	0.225	0.751	0.000	0.156	0.844
	四级	水田	0.001	0.007	0.992	0.569	0.308	0.123	0.013	0.167	0.820	0.000	0.112	0.887
		旱地	0.001	0.006	0.992	0.569	0.308	0.123	0.017	0.184	0.799	0.000	0.126	0.874
	五级	水田	0.001	0.007	0.992	0.569	0.308	0.123	0.010	0.148	0.842	0.000	0.099	0.901
		旱地	0.001	0.006	0.992	0.569	0.308	0.123	0.017	0.184	0.799	0.000	0.126	0.874
转产	一级	坑塘	0.152	0.624	0.224	0.016	0.888	0.096	0.977	0.022	0.001	0.702	0.292	0.005
	二级	坑塘	0.152	0.624	0.224	0.016	0.888	0.096	0.977	0.022	0.001	0.702	0.292	0.005
	三级	坑塘	0.152	0.624	0.224	0.016	0.888	0.096	0.719	0.257	0.024	0.550	0.374	0.077
	四级	坑塘	0.152	0.624	0.224	0.016	0.888	0.096	0.202	0.557	0.241	0.221	0.454	0.325
	五级	坑塘	0.152	0.624	0.224	0.016	0.888	0.096	0.049	0.347	0.605	0.082	0.334	0.584

根据上表绘制水田类、旱地类、果园类、坑塘类栅格在各情景与生态补偿标准组合下的综合效应(C30)分别为高、中、低概率的均值变化图。其中图 9－11 至图 9－14 为各情景地类 C30 为高时的概率均值变化情况，图 9－15 至图 9－18 为各情景地类 C30 为中时的概率均值变化情况，图 9－19 至图 9－22 是各情景地类 C30 为低时的概率均值变化情况(1 亩＝0.0667 公顷)。

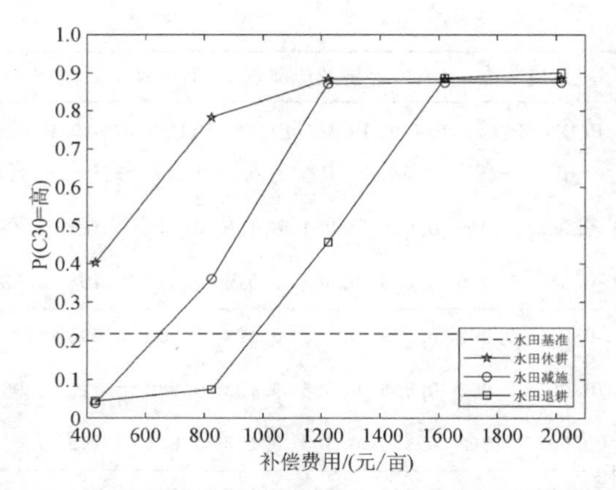

图 9-11　各情景水田类栅格 P(C30=高)的均值变化

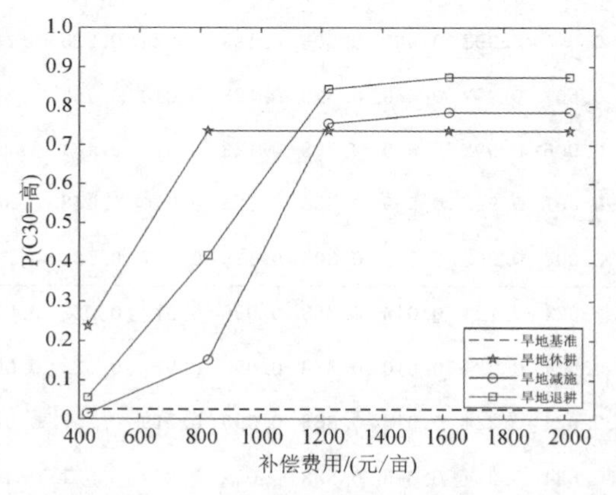

图 9-12　各情景旱地类栅格 P(C30=高)的均值变化

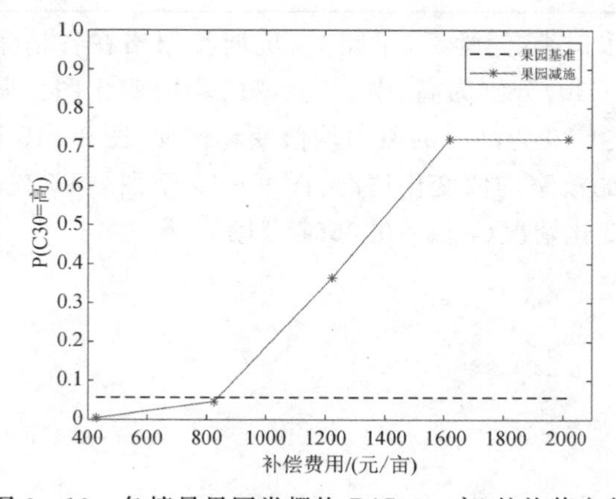

图 9-13　各情景果园类栅格 P(C30=高)的均值变化

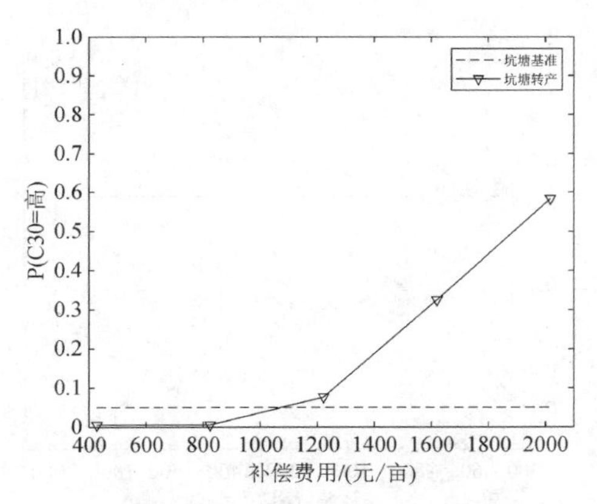

图 9-14 各情景坑塘类栅格 P(C30=高)的均值变化

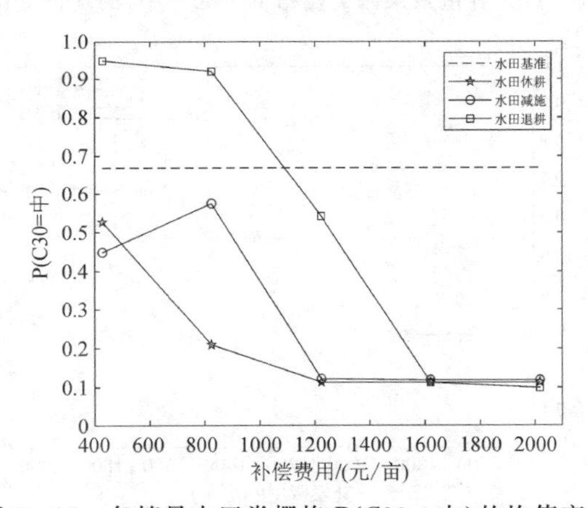

图 9-15 各情景水田类栅格 P(C30=中)的均值变化

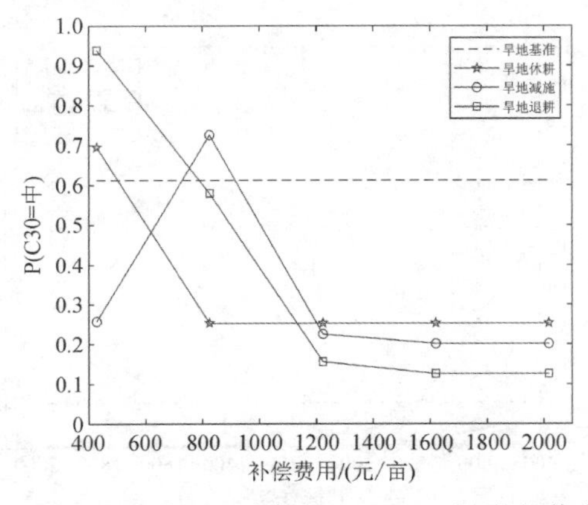

图 9-16 各情景旱地类栅格 P(C30=中)的均值变化

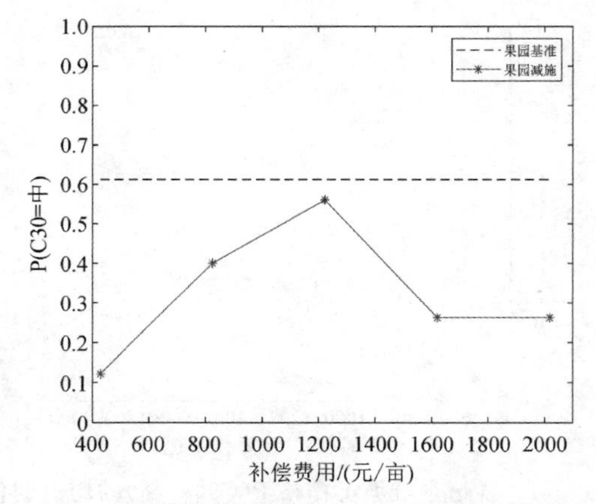

图 9-17　各情景果园类栅格 P(C30=中)的均值变化

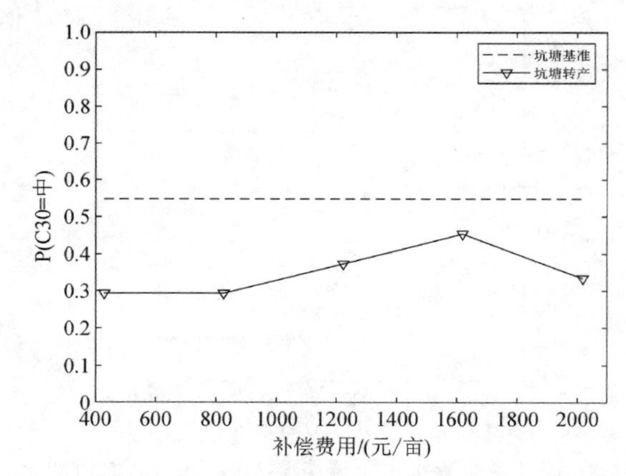

图 9-18　各情景坑塘类栅格 P(C30=中)的均值变化

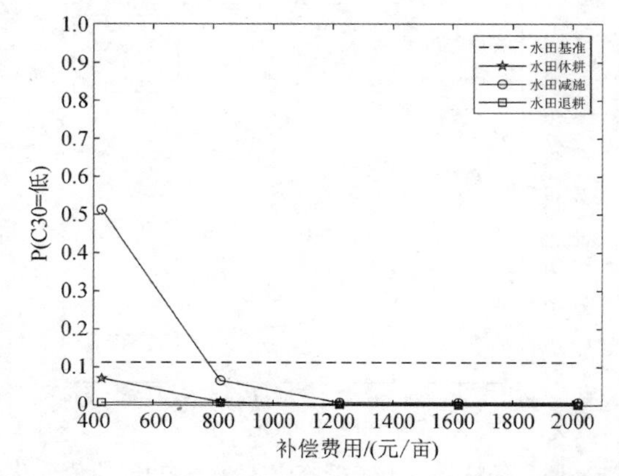

图 9-19　各情景水田类栅格 P(C30=低)的均值变化

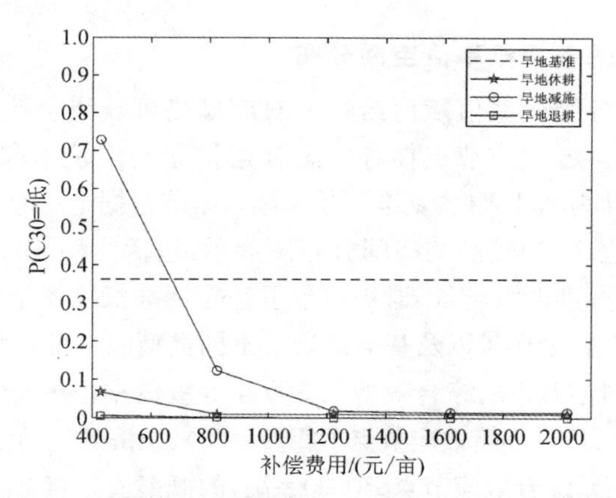

图 9-20 各情景旱地类栅格 P(C30=低)的均值变化

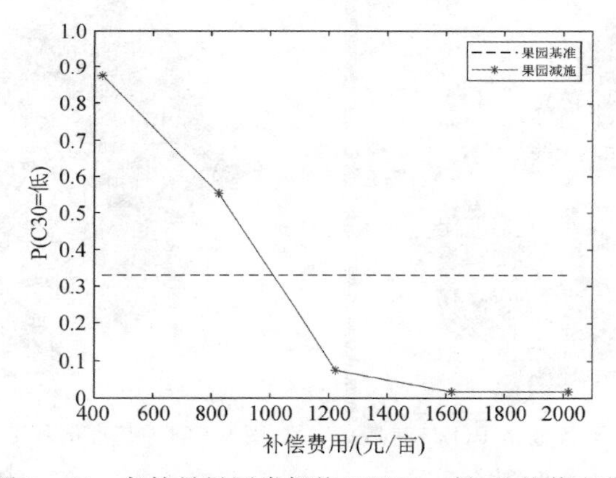

图 9-21 各情景果园类栅格 P(C30=低)的均值变化

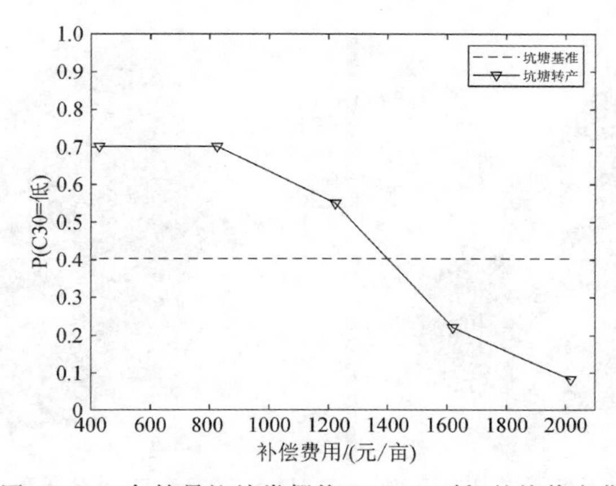

图 9-22 各情景坑塘类栅格 P(C30=低)的均值变化

2. 各效应节点的各级概率值空间分布

将各效应节点各级概率值赋值给每一对应栅格可获得全流域所有目标栅格各级概率的空间分布。各效应节点在各生态补偿情景与对应补偿标准组合下的各级概率空间分布图总计为 252 幅(含基准情景 4 幅),本节根据上一小节图表分析,摘取各补偿情景下综合效应(C30)较高的空间分布图展示,包括休耕情景下补偿标准二级场景、减施情景下补偿标准四级场景、退耕情景下补偿标准三级场景、转产情景下补偿标准五级场景。对以上四个场景以及基准情景下不同类型农地的环境效应(B25)、经济效应(B26)、社会效应(B29)、综合效应(C30)各等级概率值的分布绘图。

(1)其中基准情景下,环境效应节点 P(B25=高)、经济效应节点 P(B26=高)、社会效应节点 P(B29=高)、综合效应节点 P(C30=高)的概率值分布见图 9-23 至图 9-26。

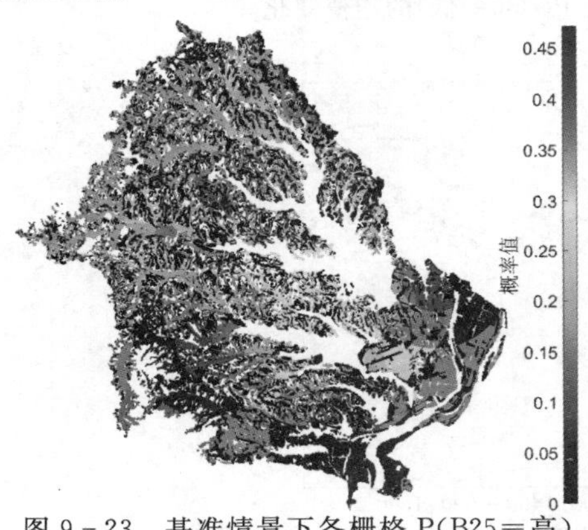

图 9-23　基准情景下各栅格 P(B25=高)的空间分布

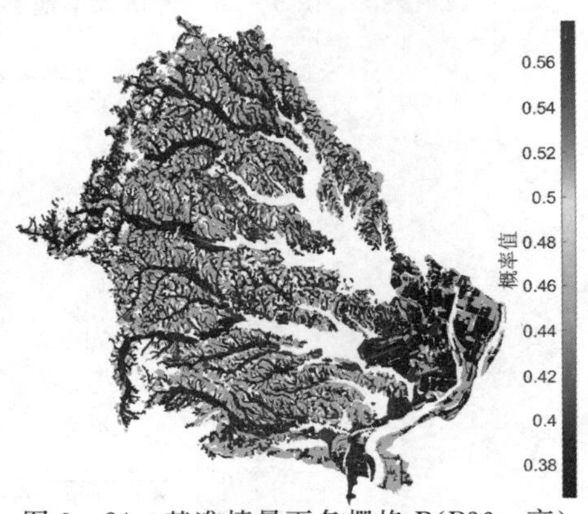

图 9-24　基准情景下各栅格 P(B26=高)的空间分布

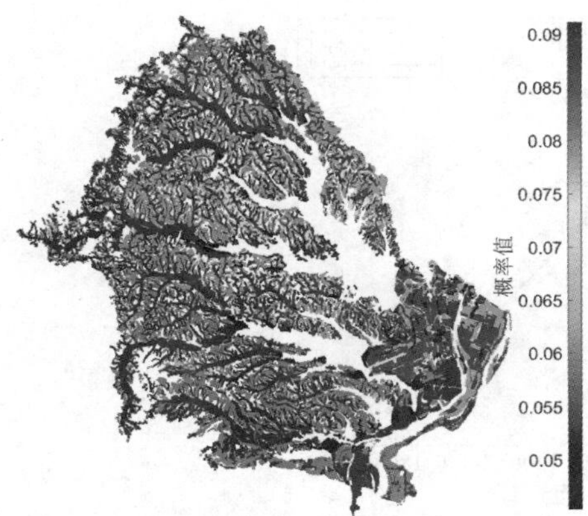

图 9-25　基准情景下各栅格 P(B29=高)的空间分布

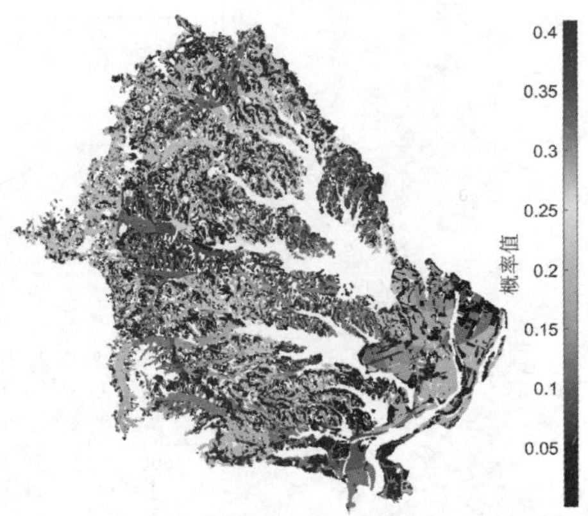

图 9-26　基准情景下各栅格 P(C30=高)的空间分布

需要说明的是，基准情景即现状，实际并未开展生态补偿，因此补偿标准节点(A2)和受偿意愿节点(B27)在该情景中并不存在。本书通过构造条件概率表来实现对基准情景的模拟，即各级 A2 补偿标准下，对 A1 情景地类的 1—4 级(各基准情景地类)，设置 B27 受偿意愿为“中”的概率为 100%，该情景下其他输入层节点按既有条件概率表开展计算，这样就实现了 BN 对基准场景的模拟。

(2)其中休耕情景＋二级补偿标准下，环境效应节点 P(B25＝高，A2＝二级补偿)、经济效应节点 P(B26＝高，A2＝二级补偿)、社会效应节点 P(B29＝高，A2＝二级补偿)、综合效应节点 P(C30＝高，A2＝二级补偿)的概率值分布见图 9－27 至图 9－30。

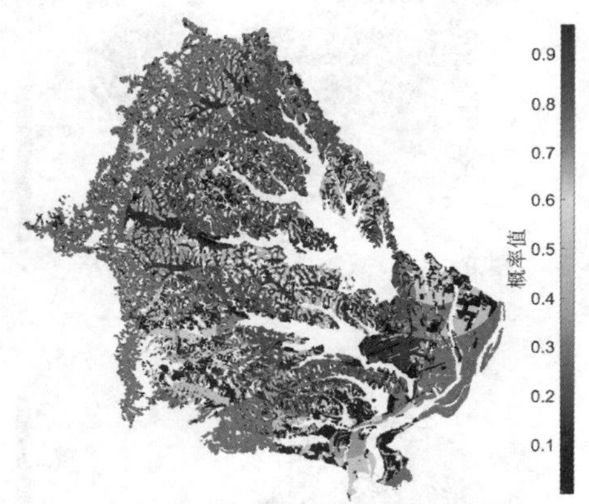

图 9－27　休耕＋二级标准下栅格 P(B25＝高)的空间分布

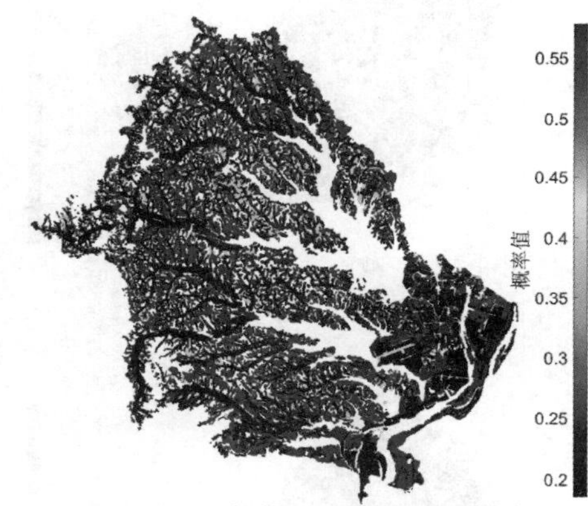

图 9－28　休耕＋二级标准下栅格 P(B26＝高)的空间分布

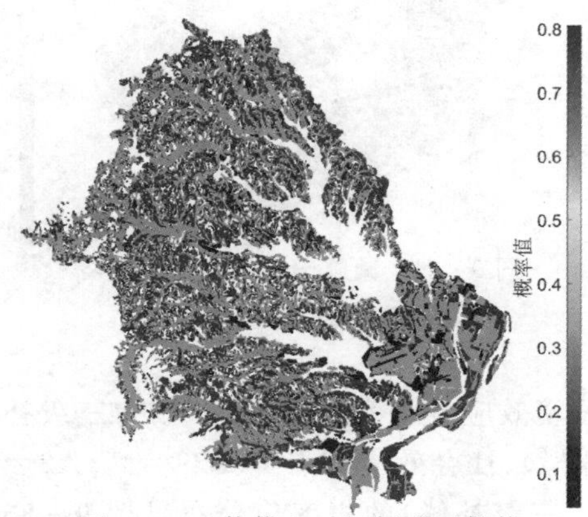

图 9－29　休耕＋二级标准下栅格 P(B29＝高)的空间分布

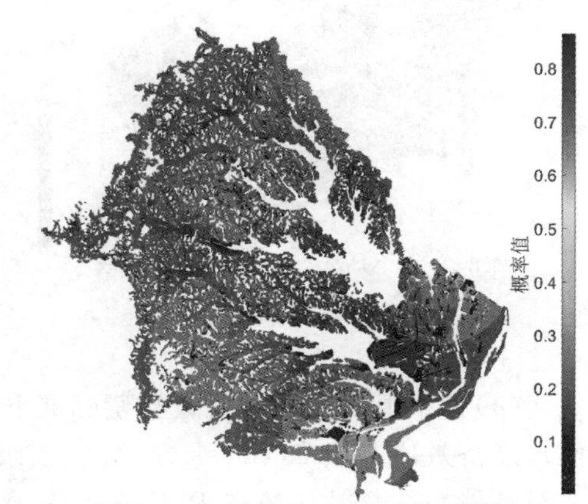

图 9－30　休耕＋二级标准下栅格 P(C30＝高)的空间分布

(3) 其中减施情景＋四级补偿标准下，环境效应节点 P(B25＝高，A2＝四级补偿)、经济效应节点 P(B26＝高，A2＝四级补偿)、社会效应节点 P(B29＝高，A2＝四级补偿)、综合效应节点 P(C30＝高，A2＝四级补偿)的概率值分布见图 9－31 至图 9－34。

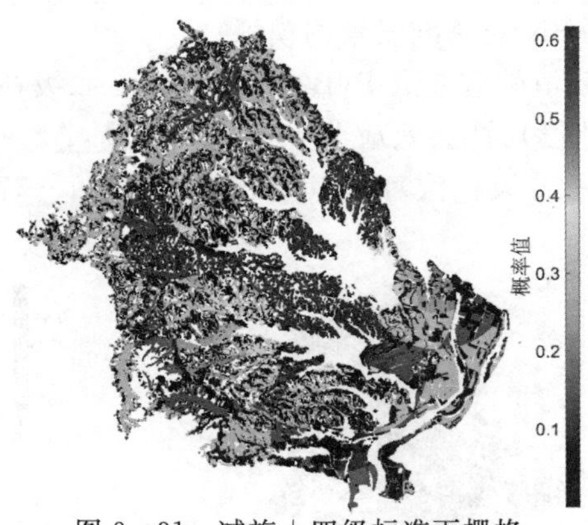

图 9－31　减施＋四级标准下栅格 P(B25＝高)的空间分布

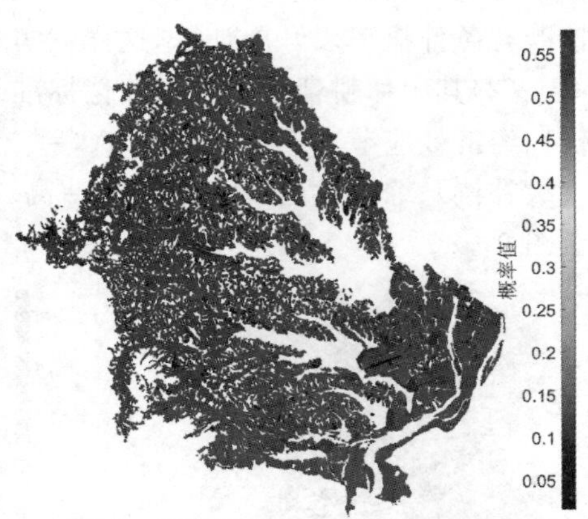

图 9－32　减施＋四级标准下栅格 P(B26＝高)的空间分布

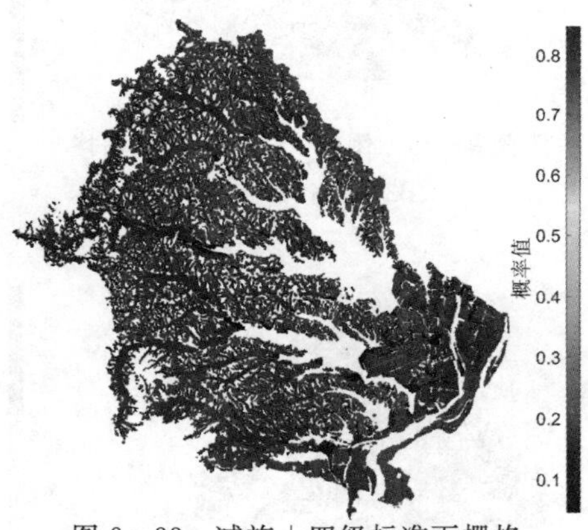

图 9－33　减施＋四级标准下栅格 P(B29＝高)的空间分布

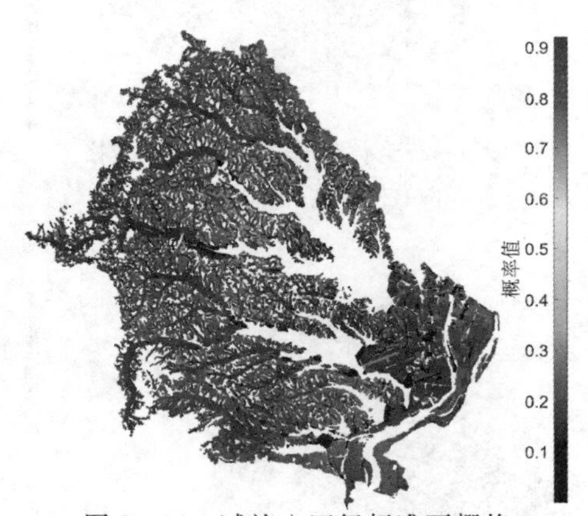

图 9－34　减施＋四级标准下栅格 P(C30＝高)的空间分布

(4)其中退耕情景＋三级补偿标准下，环境效应节点 P(B25＝高，A2＝三级补偿)、经济效应节点 P(B26＝高，A2＝三级补偿)、社会效应节点 P(B29＝高，A2＝三级补偿)、综合效应节点 P(C30＝高，A2＝三级补偿)的概率值分布见图 9－35 至图 9－38。

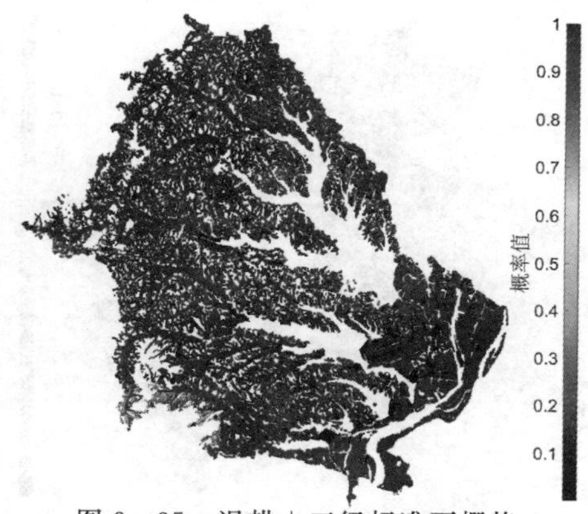

图 9－35 退耕＋三级标准下栅格 P(B25＝高)的空间分布

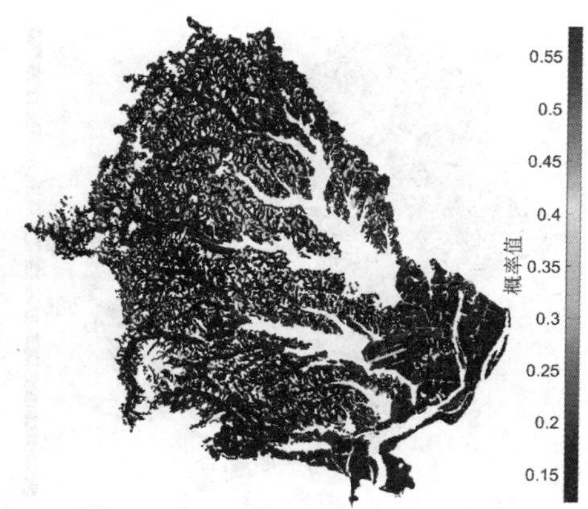

图 9－36 退耕＋三级标准下栅格 P(B26＝高)的空间分布

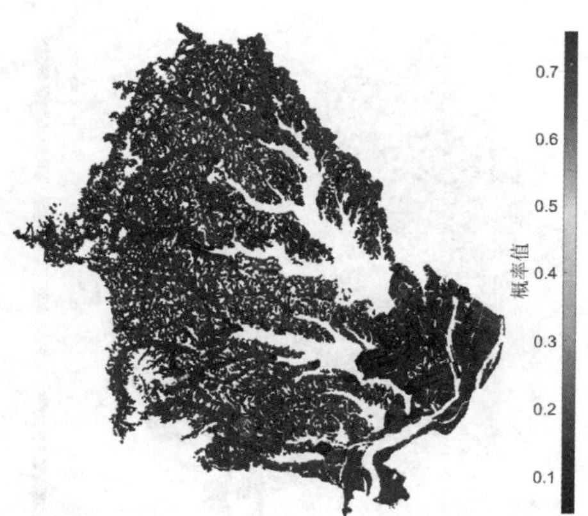

图 9－37 退耕＋三级标准下栅格 P(B29＝高)的空间分布

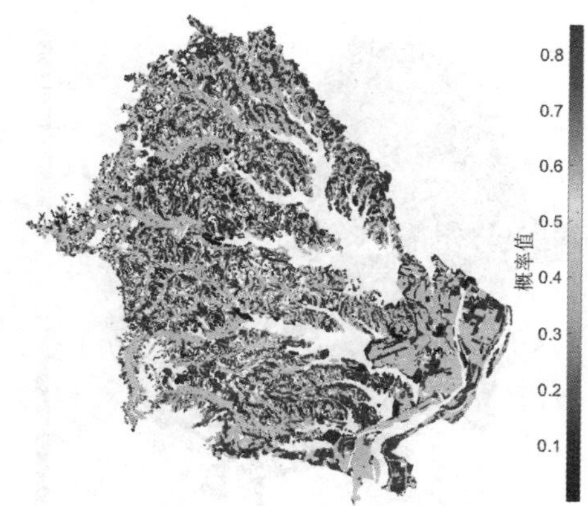

图 9－38 退耕＋三级标准下栅格 P(C30＝高)的空间分布

(5) 其中转产情景＋五级补偿标准下，环境效应节点 P(B25＝高，A2＝五级补偿)、经济效应节点 P(B26＝高，A2＝五级补偿)、社会效应节点 P(B29＝高，A2＝五级补偿)、综合效应节点 P(C30＝高，A2＝五级补偿)的概率值分布见图 9－39 至图 9－42。

3. 讨论

根据以上结果进行如下讨论：

(1) 受控于节点间的条件概率关系，BN 推理结果中不同情景下各效应节点的高、中、低状态取值概率分布各异。这说明 BN 能充分考虑输入节点的不确定性，这种不确定性能经中间节点一直传递至输出节点，最终推理结果中的概率分布即对事件发生的不确定性给出了定量表达。

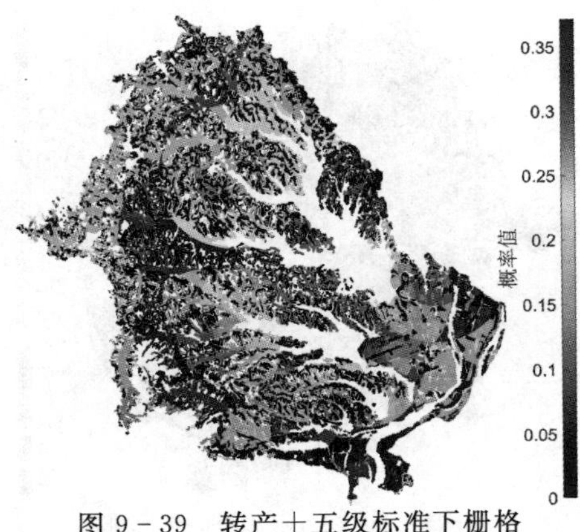

图 9-39　转产＋五级标准下栅格 P(B25＝高)的空间分布

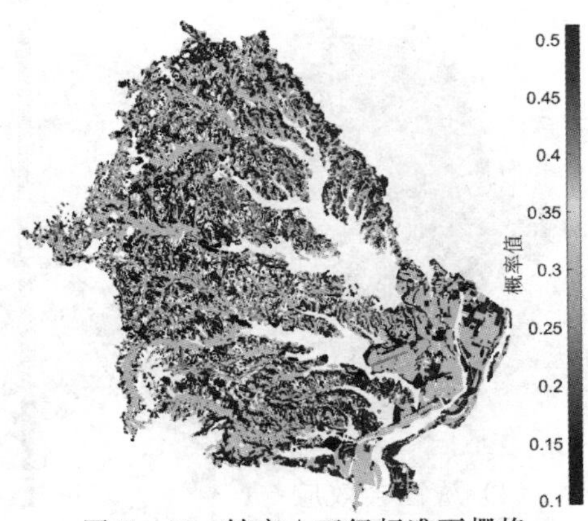

图 9-40　转产＋五级标准下栅格 P(B26＝高)的空间分布

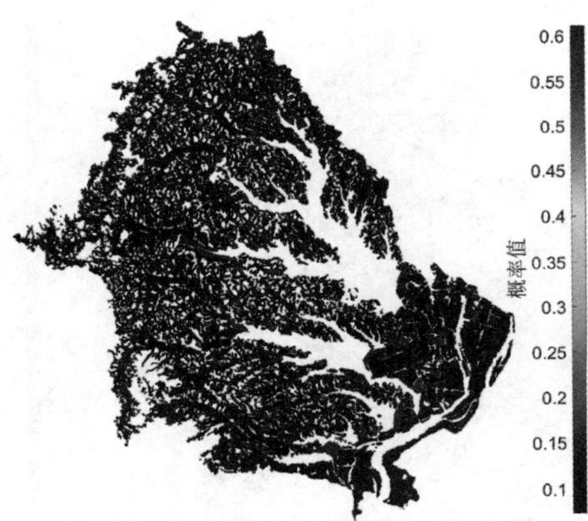

图 9-41　转产＋五级标准下栅格 P(B29＝高)的空间分布

图 9-42　转产＋五级标准下栅格 P(C30＝高)的空间分布

以基准情景旱地和旱地休耕二级补偿为例，若把 P(C30＝高)定义为收益、P(C30＝中或低)定义为风险，则收益由 0.025 增加至 0.737、风险由 0.975 减小至 0.263，即休耕收益是未休耕的 29.48 倍，休耕风险是未休耕的 0.27 倍，因此收益和风险的变化并非成等比例。如果采用层次分析法等方法，其结果通常只能给出收益或风险中的一项，而另一项则被忽略掉了，因而无法同时综合收益和风险来进行决策。这体现了贝叶斯方法的优势之一，即提供推估事件的不确定性信息，从而避免了决策信息的丢失。

(2) 从环境效应(B25)后验概率结果可以看出，各生态补偿情景的环境效应 P(B25＝高)的排序为：退耕＞休耕＞转产＞减施；不同情景地类组合的环境效应 P(B25＝高)的排序为：水田及旱地退耕＞水田休耕＞旱地减施＞旱地休耕＞

转产。

(3) 从经济效应(B26)后验概率结果可以看出，各生态补偿情景下各类农地的经济效应P(B26＝高)均有不同程度的下降，其排序为：转产＞退耕＞减施＞休耕，说明生态补偿推行对以坑塘为目标地类的转产农户收入影响最大；其次是退耕还林情景，休耕情景对于农户经济效应影响相对最低。但从各类农地的经济效应P(B26＝中)的结果来看，该值各情景排序为：减施＞转产＞休耕＞退耕，说明各情景对不同地类的经济效应影响不尽相同，如水田和旱地在休耕情景中P(B26＝高)大于减施情景，但这两个地类在减施情景中P(B26＝中)却大于休耕情景，其原因可能是不同农地利用经济效应在基准情景中就存在显著差异。

(4) 从社会效应(B29)后验概率结果可以看出，各生态补偿情景的社会效应P(B29＝高)的排序为：休耕＞减施＞退耕＞转产；另外与各补偿标准分级比对发现，各情景的社会效应P(B29＝高)均呈现随补偿标准由低到高同向变化规律。

(5) 综合效应(C30)后验概率结果表明，水田、旱地、果园、坑塘在不同情景和补偿标准下的综合效应为高、中、低的概率分布情况和基准情景均有差异，因此可以依据这种差异比选出相对最优的情景和补偿标准。其中水田、旱地、果园在各类补偿措施下，随着补偿费用的增加，其P(C30＝高)先增加后趋于恒定值，说明其补偿费用达到一定值后再提高费用的意义不大；坑塘地类在其对应的情景下，随着补偿费用的增加，其P(C30＝高)单调递增，说明在坑塘转产情景中补偿标准需达到最高才能获得最大的高综合效应概率。

第 10 章　研究区农业面源污染治理生态补偿方案优选与优先区域确定

本书将生态补偿方案定义为三个决策对象的组合，即生态补偿情景对应的农地利用调整措施、补偿标准和目标地类的组合。因此 S1(减施化肥)情景有 15 个备选方案，S2(农地休耕)情景有 15 个备选方案，S3(退耕还林)情景有 10 个备选方案，S4(坑塘转产)情景有 5 个备选方案。本书在精确空间单元上进行生态补偿方案和实施区域的优选。

10.1　毛里湖流域农地生态补偿优先方案确定

根据研究思路，本节在上一阶段基础上，引入补偿标准、目标地类等决策约束条件，通过比对各情景下全流域目标栅格的高综合效应增量，实现研究区生态补偿优先方案确定。具体步骤为：① 计算各补偿措施和补偿标准的组合下各地类所有栅格的高综合效应概率增量(定义为 D1)，求 D1 的均值(定义为 D2)；② 依据 D2 值，综合比选出最佳生态补偿方案，即生态补偿措施、补偿标准和目标地类组合(定义为 D3)。

10.1.1　各情景下各地类高综合效应概率增量

1. 各情景下地类栅格的高综合效应概率增量(D1)计算

根据综合效应 C30 推理结果，计算全流域所有栅格处在各补偿措施和各补偿标准下单位补偿费用所得高综合效应概率增量 D1。将 D1 定义为：某措施及某补偿标准组合下单位补偿费用所得高综合效应概率增量。以栅格为单元开展 D1 计算，其计算公式如下：

$$\text{D1} = (\text{补偿情景及补偿标准组合下高综合效应概率} - \text{基准情景下高综合效应概率}) \div \text{补偿标准} \tag{10-1}$$

D1 以基准农地栅格为计算单元，对全流域所有目标栅格展开计算。

2. 各地类所有栅格的高综合效应概率增量均值(D2)计算

将 D2 定义为各措施和标准组合下各地类全流域所有栅格 D1 的均值，其计算公式如下：

$$\text{生态补偿情景下全流域农地栅格的高综合效应概率增量之均值} = \frac{\sum \text{生态补偿情景下农地栅格的高综合效应概率增量}}{\text{该类农地栅格总数式}} \tag{10-2}$$

各地类在各补偿标准与情景组合下D2结果见表10－1。

将D3定义为最优生态补偿措施、补偿标准和补偿地类组合(最优补偿方案)，通过计算和比对D2可获得D3。

表10－1　各补偿标准与情景组合下D2值

补偿措施	补偿标准	补偿费用/元	地类	单位补偿费用所得低综合效应概率增量	单位补偿费用所得中综合效应概率增量	单位补偿费用所得高综合效应概率增量(D2)
休耕	1级	428	水田	-9.84×10^{-5}	-3.32×10^{-4}	4.30×10^{-4}
		428	旱地	-6.89×10^{-4}	1.93×10^{-4}	4.96×10^{-4}
	2级	825	水田	-1.27×10^{-4}	-5.57×10^{-4}	6.84×10^{-4}
		825	旱地	-4.28×10^{-4}	-4.36×10^{-4}	8.63×10^{-4}
	3级	1223	水田	-9.05×10^{-5}	-4.55×10^{-4}	5.45×10^{-4}
		1223	旱地	-2.88×10^{-4}	-2.94×10^{-4}	5.82×10^{-4}
	4级	1620	水田	-6.83×10^{-5}	-3.43×10^{-4}	4.12×10^{-4}
		1620	旱地	-2.18×10^{-4}	-2.22×10^{-4}	4.40×10^{-4}
	5级	2018	水田	-5.48×10^{-5}	-2.76×10^{-4}	3.30×10^{-4}
		2018	旱地	-1.75×10^{-4}	-1.78×10^{-4}	3.53×10^{-4}
减施	1级	428	水田	9.36×10^{-4}	-5.16×10^{-4}	-4.20×10^{-4}
		428	旱地	8.56×10^{-4}	-8.29×10^{-4}	-2.69×10^{-5}
		428	果园	1.27×10^{-3}	-1.15×10^{-3}	-1.22×10^{-4}
退耕	1级	428	水田	-2.48×10^{-4}	6.55×10^{-4}	-4.06×10^{-4}
		428	旱地	-8.32×10^{-4}	7.61×10^{-4}	7.08×10^{-5}
	2级	825	水田	-1.29×10^{-4}	3.04×10^{-4}	-1.75×10^{-4}
		825	旱地	-4.37×10^{-4}	-3.94×10^{-5}	4.76×10^{-4}
	3级	1223	水田	-9.08×10^{-5}	-1.04×10^{-4}	1.95×10^{-4}
		1223	旱地	-2.96×10^{-4}	-3.73×10^{-4}	6.69×10^{-4}
	4级	1620	水田	-6.94×10^{-5}	-3.44×10^{-4}	4.13×10^{-4}
		1620	旱地	-2.23×10^{-4}	-3.00×10^{-4}	5.24×10^{-4}
	5级	2018	水田	-5.57×10^{-5}	-2.83×10^{-4}	3.38×10^{-4}
		2018	旱地	-1.79×10^{-4}	-2.41×10^{-4}	4.20×10^{-4}

续表

补偿措施	补偿标准	补偿费用/元	地类	单位补偿费用所得低综合效应概率增量	单位补偿费用所得中综合效应概率增量	单位补偿费用所得高综合效应概率增量(D2)
转产	1级	428	坑塘	6.98×10^{-4}	-5.95×10^{-4}	-1.03×10^{-4}
	2级	825	坑塘	3.62×10^{-4}	-3.09×10^{-4}	-5.32×10^{-5}
	3级	1223	坑塘	1.20×10^{-4}	-1.42×10^{-4}	2.23×10^{-5}
	4级	1620	坑塘	-1.13×10^{-4}	-5.76×10^{-5}	1.70×10^{-4}
	5级	2018	坑塘	-1.59×10^{-4}	-1.06×10^{-4}	2.65×10^{-4}

根据表10-1绘制各地类D2值的变化趋势，可观察水田类、旱地类、果园类、坑塘类栅格在各情景与生态补偿标准组合下的D2值变化情况（见图10-1至图10-4）。为方便综合比较差异，绘制各地类D2值汇总情况，如图10-5所示。

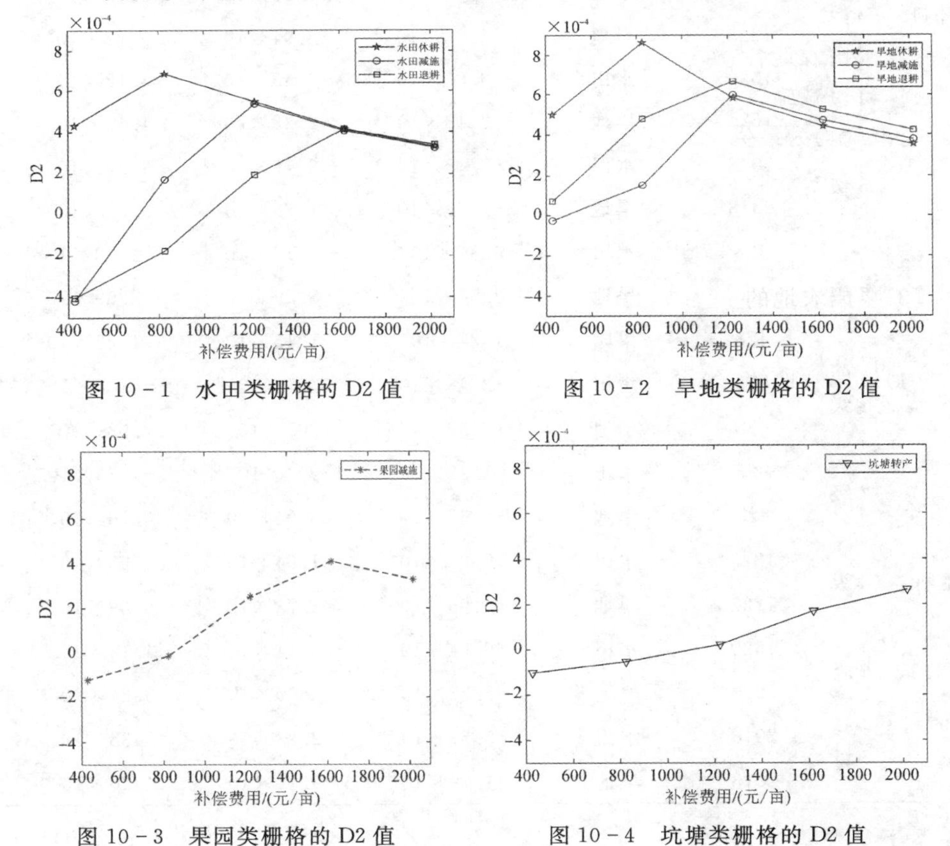

图10-1　水田类栅格的D2值

图10-2　旱地类栅格的D2值

图10-3　果园类栅格的D2值

图10-4　坑塘类栅格的D2值

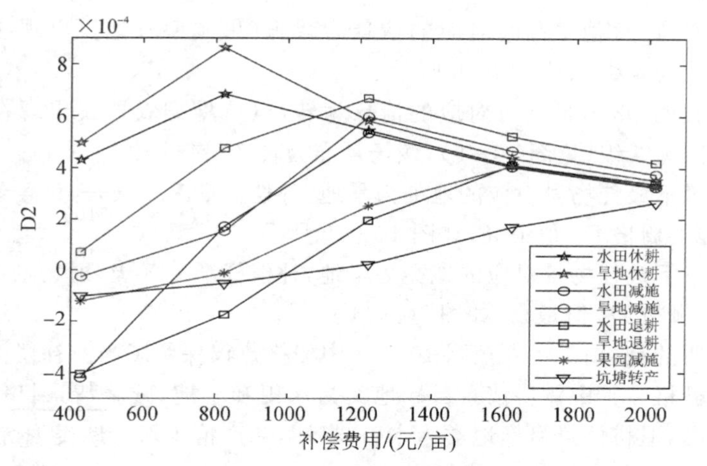

图 10－5 各地类栅格在各情景与生态补偿标准组合下的 D2 值

根据以上图、表进行如下分析：

(1)水田农地各补偿措施下的 D2 均随着补偿标准先增后减，各情景优先级排序为：休耕＞减施＞退耕，其中 2 级补偿标准下休耕为最优措施，1 级补偿标准下退耕及减施均为最劣措施。

(2)旱地农地各补偿措施下的 D2 均随着补偿标准先增后减，各情景优先级排序为：休耕＞减施≈退耕，其中旱地 2 级补偿标准下休耕为最优措施，1 级补偿标准下退耕及减施均为最劣措施。

(3)果园农地的 D2 随着补偿标准先增后减，在补偿标准为第 4 级时达到最高值。

(4)坑塘农地的 D2 随着补偿标准单调递增，在补偿标准为第 5 级时达到最高值。

(5)根据表 10－1 开展综合分析，对所有地类、情景、补偿标准可排序为：旱地休耕 2 级补偿＞水田休耕 2 级补偿＞旱地休耕 3 级补偿≈水田休耕 3 级补偿＞坑塘转产 5 级补偿＞果园减施 4 级补偿。

10.1.2 各地类优选方案高综合效应概率增量空间分布

根据各场景高综合效应概率增量，绘制各补偿情景下各地类 D2(即 D1 均值)最高时对应的补偿情景和补偿标准组合下的 D1 空间分布图。

其中水田型农地 D2 值最高时对应的情景为休耕，补偿标准为 2 级，如图 10－6所示。

旱地型农地 D2 值最高时对应的情景为休耕，补偿标准为 2 级(见图 10－7)，该场景亦为休耕最佳场景。

果园型农地 D2 值最高时对应的情景为减施（果园型农地仅出现在减施情景中），补偿标准为 4 级，如图 10－8 所示。

坑塘型农地 D2 值最高时对应的情景为转产（坑塘型农地仅出现在转产情景中），补偿标准为 5 级（见图 10－9），该场景亦为转产最佳场景。

减施情景下最佳场景对应的地类为旱地，补偿标准为 4 级，即该场景下相较其他地类，旱地类栅格 D2 值最高，如图 10－10 所示。

退耕情景下最佳场景对应的地类为旱地，补偿标准为 3 级，即场景下相较其他地类，旱地类栅格 D2 值最高，如图 10－11 所示。

需要说明的是，图 10－6 至图 10－12 中栅格点仅保留了当前补偿情景所对应的目标地类栅格。其中休耕情景目标地类为水田和旱地，减施情景目标地类为水田、旱地、果园，退耕情景目标地类为水田、旱地，转产情景目标地类为坑塘。

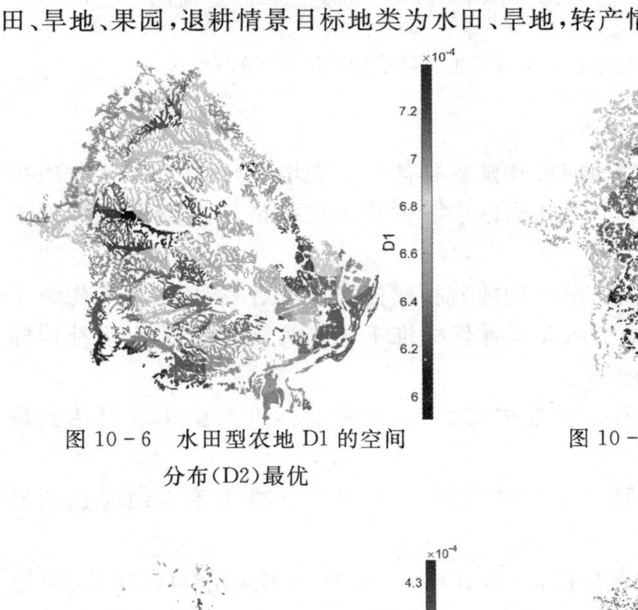

图 10－6　水田型农地 D1 的空间分布(D2)最优

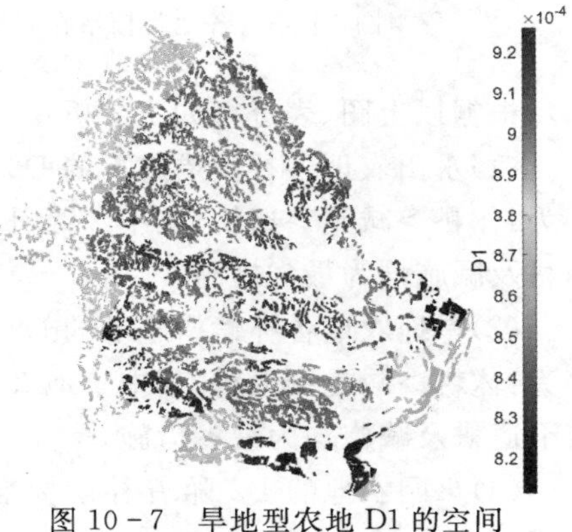

图 10－7　旱地型农地 D1 的空间分布(1)（D2 最优）

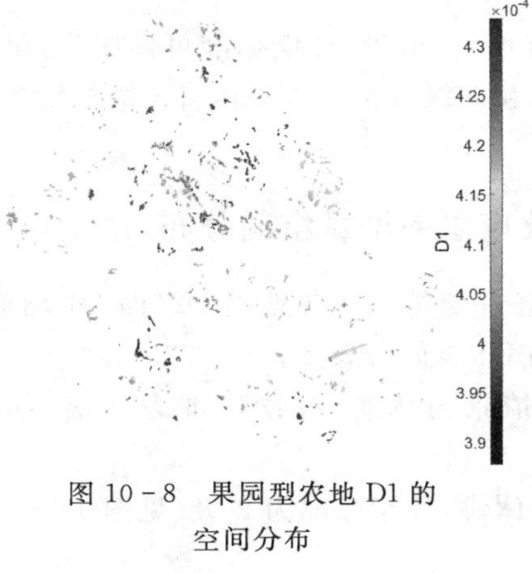

图 10－8　果园型农地 D1 的空间分布

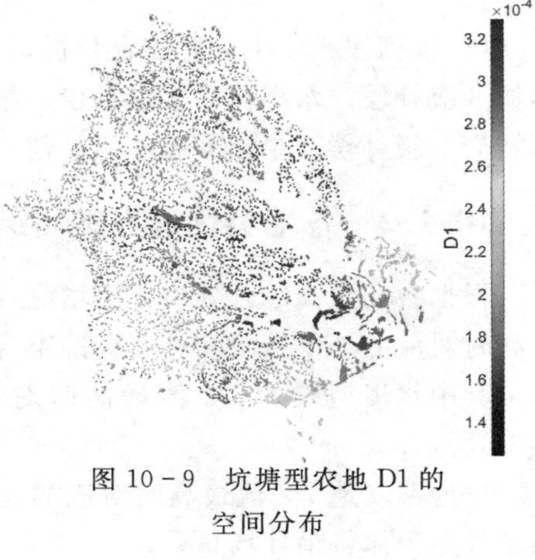

图 10－9　坑塘型农地 D1 的空间分布

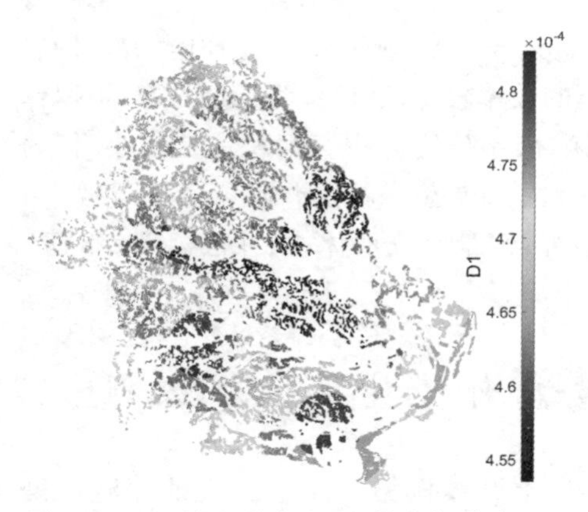

图 10-10 旱地型农地 D1 的空间分布(2)

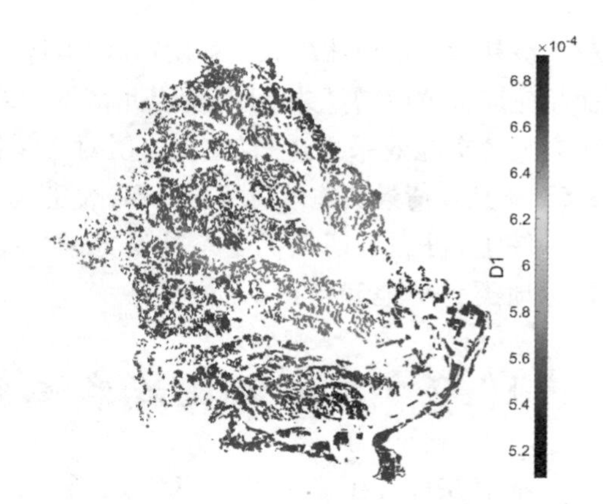

图 10-11 旱地型农地 D1 的空间分布(3)

根据以上图、表进行分析如下：

(1)在一定的补偿标准和补偿措施组合下，流域范围内不同位置的同一类农地栅格的 D1 值的空间分布存在差异性。

(2)水田农地在休耕措施及补偿标准 2 级组合时，全流域 D2 值最高(见图10-6)；旱地农地在休耕措施及补偿标准为 2 级组合时，全流域 D2 值最高(见图10-7)；果园农地在减施措施及补偿标准为 4 级组合时，全流域 D2 值最高(见图10-8)；坑塘型农地在转产措施及补偿标准为 5 级组合时，全流域 D2 值最高(见图 10-9)。

(3)休耕措施在农地类型为旱地及补偿标准为 2 级时，全流域 D2 值最高(见图 10-7)；减施措施在农地类型为旱地及补偿标准为 4 级时，全流域 D2 值最高(见图 10-10)；退耕措施在农地类型为旱地及补偿标准为 3 级时，全流域 D2 值最高(见图 10-11)；坑塘转产措施只针对坑塘，在补偿标准为 5 级时，全流域 D2 值最高(见图 10-9)。

(4)旱地休耕和 2 级补偿标准组合下的 D1 分布情况明显优于其他补偿措施和补偿标准组合，其最低 D1 值(即 D1 最低值 8.15×10^{-4})仍高于其他补偿措施和补偿标准组合下的 D1 最高值(即水田休耕 2 级补偿时的最高值 7.38×10^{-4})，因此在旱地休耕和 2 级补偿标准组合的方案下，可避免出现目标地类栅格 D1 均值最优但某些栅格 D1 值不如其他方案的情况。

10.1.3 优先生态补偿方案确定

本书将生态补偿方案定义为补偿措施、补偿标准和目标地类的组合(即 D3)。综合前文分析可知：①水田补偿前的综合效应高于旱地，导致水田综合效应高的概率虽然大于旱地，但增量不如旱地。②因水田和旱地在空间上呈现不规律的交错分布，且一定条件下水田和旱地可相互转化，若仅针对旱地实施生态补偿措施，则管理难度和成本都会较大；考虑到水田的 D2 值也较高且与旱地相差不大，建议近期按“旱地休耕2级补偿+水田休耕2级补偿”方案实行。③对于坑塘型农地，因其补偿标准最高，而相应综合效应增量并不明显，因此情景实施的效率较低，建议作为远期方案，根据休耕方案的实施效果再进行考虑。④ 对于果园，因本研究区中其面积占比较小(仅为3.57%)且各情景实施效应相对不高，故建议不对其开展生态补偿措施。

综上，得到近期最优生态补偿方案(D3)为：情景=农地休耕、补偿标准=2级、目标地类=旱地和水田。

10.2 毛里湖流域农地生态补偿优先区域识别

本节在最优生态补偿方案(D3)确定基础上开展栅格尺度上的农地面源污染防控生态补偿优先治理区域识别(D4)。另外，考虑到中国已实施的农地生态补偿政策(项目)均是以行政区为地理单元推行，因此采用以行政区和生态补偿政策经费作为约束条件识别行政区尺度上的优先实施区域。

10.2.1 无经费约束下的优先区域识别

1. 栅格尺度的旱地和水田生态补偿优先区域

针对流域范围内所有旱地和水田型栅格，在每栅格上进行最佳生态补偿方案下的输入层节点属性赋值，并开展BN模型推理获得C30综合效应高概率值，据此计算D1，绘制全流域空间分布(见图10-12、图10-13)。对比输入层各节点空间分布情况，见图9-3至图9-10，可知C30为高的概率值在地理空间上受A4离城镇距离、A6离保护区距离两节点的影响，在离城镇距离远且离保护区距离近的区域红色栅格较多，说明其C30为高取高值的概率较大。从图10-12与图10-13对比可知，D1是根据C30的增量进行计算，但其空间分布规律不如C30明显，这也说明了本书研究区农地利用情况的复杂性。

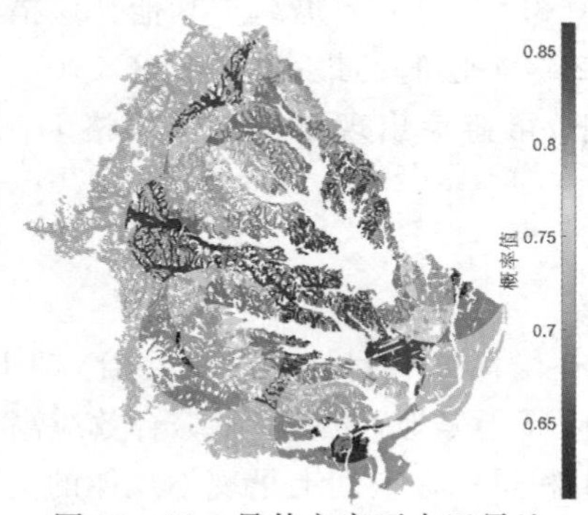

图10-12 最佳方案下水田旱地P(C30=高)空间分布

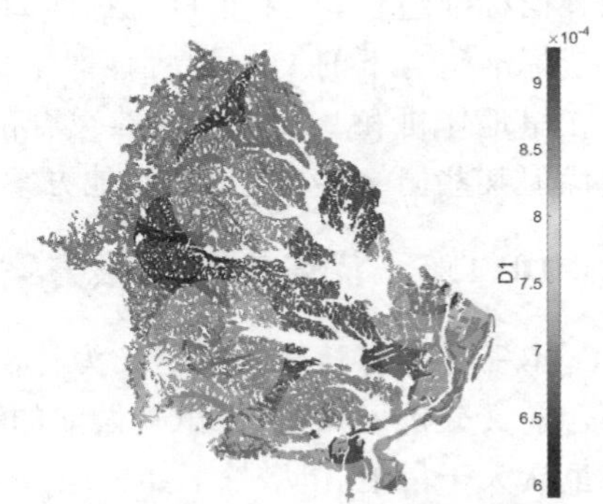

图10-13 最佳方案下水田旱地D1空间分布

2. 以乡镇级行政区为约束条件的优先区域厘定

中国已有的农地生态补偿在实施时多以行政区为基本推行单元，这有助于减少推行的技术难度、管理难度和实施成本，因此以行政区划为约束条件厘定优先区域。计算研究区各乡镇级行政区范围内所有水田、旱地类栅格在最佳方案下的 D1 均值。研究区各乡镇 D1 均值空间分布如图 10－14 所示。

图 10－14　研究区各乡镇 D1 均值空间分布

由图 10－14 可知研究区各乡镇间的 D1 均值具有一定差异，主要三乡镇排序为：药山镇＞白衣镇＞毛里湖镇。但各乡镇间差异很小，最高值与最低值仅相差 1.6％，因此若以乡镇为单元来进行优先区域厘定其意义较小。

3. 以村级行政区为约束条件的优先区域厘定

研究区共有行政/自然村共计 89 个，将村辖范围内所有目标栅格的 D1 求均值，绘制图 10－15，可看到各村的 D1 均值差距较为明显，最高值与最低值相差 31.5％，在经费总额有限的情况下，各村间存在实施优先级的区别。

分析各村 D1 均值的空间分布情况可知，各村 D1 均值在地理空间上受 A4 离城镇距离、A6 离保护区距离两节点的影响，在离城镇距离远且离保护区距离近的区域更偏暖色（值更高），其 D1 均值相对较高。

10.2.2　有经费约束下的优先区域识别

经费是生态补偿措施推行的重要约束条件，本节基于经费约束假设开展研究区生态补偿优先区域识别。

全流域范围内所有旱地和水田共 1762729 个栅格，最佳生态补偿方案是按 2

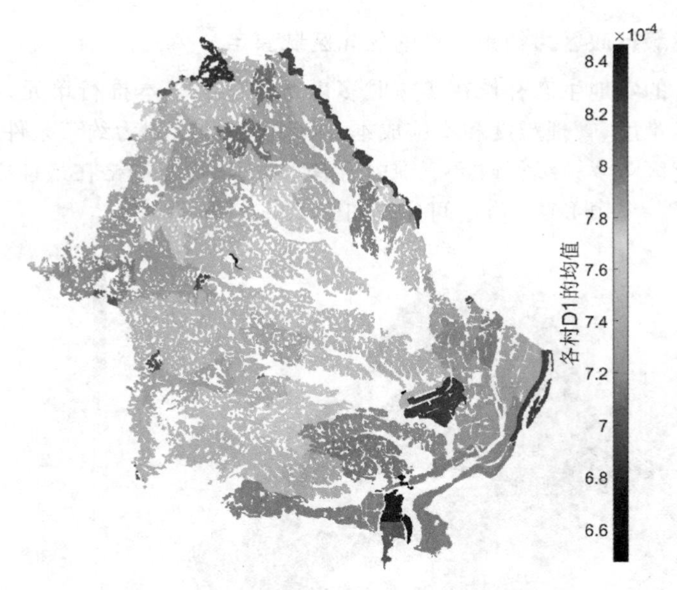

图 10-15　研究区各行政村 D1 均值空间分布

级补偿标准在水田和旱地开展农地休耕，将各村的 D1 均值按从大到小排序，并逐个累加所需经费，若全流域均按此方案实施，则需经费约为 2.18 亿元。假定给予不超过 5000 万元经费补偿，然后按此顺序对各村所有旱地和水田进行补偿，直至到达经费限值为止，可得出以村级行政区为约束的优选区域，见表 10-2。

表 10-2　有经费约束下(5000 万元)优选补偿区域

优先补偿次序	行政村编号	行政村水田、旱地栅格数	行政村 D1 均值	是否纳入	补偿至该行政村时的累积所需经费/元
1	9	810	8.46×10^{-4}	是	100237
2	78	74	8.25×10^{-4}	是	109395
3	99	14170	8.23×10^{-4}	是	1862932
4	39	42381	8.14×10^{-4}	是	7107578
5	5	1781	8.13×10^{-4}	是	7327976
6	35	534	8.09×10^{-4}	是	7394059
7	71	207	8.09×10^{-4}	是	7419675
8	69	1937	8.08×10^{-4}	是	7659379
9	96	2253	8.00×10^{-4}	是	7938187
10	57	36862	7.92×10^{-4}	是	12499858
11	37	16404	7.91×10^{-4}	是	14529851

续表

优先补偿次序	行政村编号	行政村水田、旱地栅格数	行政村D1均值	是否纳入	补偿至该行政村时的累积所需经费/元
12	81	99051	7.91×10^{-4}	是	26787407
13	61	32029	7.88×10^{-4}	是	30750993
14	84	4125	7.88×10^{-4}	是	31261462
15	59	13172	7.88×10^{-4}	是	32891496
16	50	19812	7.87×10^{-4}	是	35343230
17	33	14337	7.84×10^{-4}	是	37117433
18	62	20672	7.78×10^{-4}	是	39675591
19	92	14878	7.77×10^{-4}	是	41516743
20	77	25289	7.76×10^{-4}	是	44646255
21	1	24203	7.75×10^{-4}	是	47641375
22	95	3592	7.71×10^{-4}	是	48085885
23	28	8421	7.70×10^{-4}	是	49127983
24	101	728	7.70×10^{-4}	是	49218073
25	14	25121	7.69×10^{-4}	否	52326795
26	73	24215	7.67×10^{-4}	否	55323400
27	53	25788	7.67×10^{-4}	否	58514663
28	10	23355	7.67×10^{-4}	否	61404843
29	90	368	7.67×10^{-4}	否	61450383
30	22	16928	7.64×10^{-4}	否	63545222
31	3	29661	7.63×10^{-4}	否	67215769
32	6	26029	7.62×10^{-4}	否	70436856
33	40	44981	7.59×10^{-4}	否	76003252
34	64	32116	7.59×10^{-4}	否	79977605
35	52	20290	7.59×10^{-4}	否	82488491
37	36	36078	7.58×10^{-4}	否	90116932
38	34	51142	7.57×10^{-4}	否	96445752
39	68	28142	7.57×10^{-4}	否	99928323
40	2	42404	7.53×10^{-4}	否	105175815
41	72	38005	7.53×10^{-4}	否	109878931
42	7	30351	7.52×10^{-4}	否	113634866
43	79	24460	7.52×10^{-4}	否	116661789

续表

优先补偿次序	行政村编号	行政村水田、旱地栅格数	行政村D1均值	是否纳入	补偿至该行政村时的累积所需经费/元
44	74	41474	7.52×10^{-4}	否	121794194
45	41	18235	7.51×10^{-4}	否	124050774
46	11	19958	7.51×10^{-4}	否	126520575
47	56	32525	7.50×10^{-4}	否	130545542
48	87	2406	7.50×10^{-4}	否	130843285
49	13	18931	7.49×10^{-4}	否	133185995
50	17	22318	7.49×10^{-4}	否	135947846
51	18	18398	7.48×10^{-4}	否	138224597
52	94	13086	7.48×10^{-4}	否	139843989
53	46	23434	7.47×10^{-4}	否	142743945
54	20	24711	7.44×10^{-4}	否	145801930
55	30	22474	7.44×10^{-4}	否	148583086
56	66	22315	7.43×10^{-4}	否	151344566
57	27	8797	7.43×10^{-4}	否	152433194
58	98	9205	7.43×10^{-4}	否	153572312
59	49	14044	7.42×10^{-4}	否	155310256
60	23	29066	7.42×10^{-4}	否	158907172
61	32	19664	7.40×10^{-4}	否	161340591
62	91	15616	7.38×10^{-4}	否	163273070
63	75	13537	7.38×10^{-4}	否	164948273
64	88	11883	7.37×10^{-4}	否	166418793
65	19	38396	7.36×10^{-4}	否	171170296
66	38	30466	7.36×10^{-4}	否	174940461
67	4	49549	7.35×10^{-4}	否	181072147
68	16	19445	7.35×10^{-4}	否	183478465
69	43	27466	7.35×10^{-4}	否	186877380
70	80	34131	7.34×10^{-4}	否	191101089
71	25	8066	7.31×10^{-4}	否	192099256
72	89	19896	7.29×10^{-4}	否	194561385
73	85	19755	7.25×10^{-4}	否	197006065
74	48	16965	7.24×10^{-4}	否	199105483

续表

优先补偿次序	行政村编号	行政村水田、旱地栅格数	行政村D1均值	是否纳入	补偿至该行政村时的累积所需经费/元
75	70	218	7.20×10^{-4}	否	199132460
76	58	15827	7.19×10^{-4}	否	201091051
77	83	12226	7.18×10^{-4}	否	202604017
78	55	12813	7.18×10^{-4}	否	204189625
79	47	18941	7.18×10^{-4}	否	206533573
80	31	19990	7.15×10^{-4}	否	209007334
81	97	11169	7.14×10^{-4}	否	210389497
82	67	242	7.11×10^{-4}	否	210419445
83	82	2042	7.06×10^{-4}	否	210672142
84	76	12116	7.03×10^{-4}	否	212171496
85	93	148	6.96×10^{-4}	否	212189811
86	21	32462	6.92×10^{-4}	否	216206982
87	100	31	6.80×10^{-4}	否	216210818
88	54	15485	6.77×10^{-4}	否	218127086
89	42	159	6.48×10^{-4}	否	218146762

根据表10-2,对优选村进行绘图,如图10-16所示。

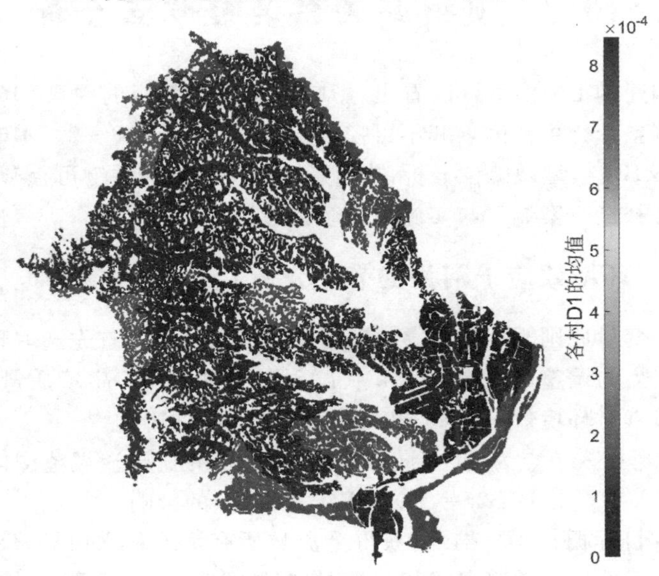

图10-16 有经费约束下优选村分布

从表10-2和图10-16可以看到:

(1)对比地类空间分布和各村 D1 的均值分布,可知旱地占比越高的村,其生态补偿实施优先级越高。

(2)对比离城镇中心距离空间分布图和各村 D1 的均值图,可知离城镇中心距离越远的村,其生态补偿实施优先级越高。

(3)对比离保护区距离空间分布图和各村 D1 的均值图,可知离保护区距离越近的村,其生态补偿实施优先级越高。

10.2.3 讨论

以行政区作为毛里湖流域农地生态补偿优先区域识别的约束条件,通过计算比较行政区划范围内所有栅格的 D1 均值,发现毛里湖湿地公园周边主要三镇:药山镇、白衣镇、毛里湖镇间的生态补偿实施优先级具有一定差异,但并不显著,因此在乡镇级别甄选针对水田和旱地的农地休耕生态补偿优先区域的意义不大。在行政村级别开展的效应比较发现差异较大;引入经费约束时,针对旱地和水田休耕最佳生态补偿情景,计算有经费约束下(0.5 亿元)优选补偿区域对比无经费约束下(2.18 亿元)全流域补偿的提升效率(总高综合效应概率增量/总经费)为 1.048 倍,可见进行补偿区域优选相比不进行优选的全流域补偿具有较明显的优化效果。因此可结合可行性考虑在毛里湖流域以村为单元开展差异性生态补偿措施。

10.3 贝叶斯网络关键节点分析

从本书构建的 BN 模型可以看出,影响生态补偿效应的因素(节点)可按是否能进行人为调整分为可控因素和不可控因素两类,参见表 8-2。本节采用控制变量法开展本书 BN 模型敏感性分析,找出影响推理结果的关键可控节点,以期为研究区农地生态补偿方案制订与实施提供政策建议。

10.3.1 环境效应子网关键节点分析

采用单一变量原则开展本书 BN 模型关键节点分析。首先选取环境效应子网中有可能开展人为调整措施的三个节点:A5 农药投入、A7 生境质量、A8 投肥量。逐个分析各节点对环境效应(B25)和综合效应(C30)的影响。

以 A5 农药投入节点为例:在最佳方案下,分析并比较流域范围内旱地和水田的 A5 农药投入节点对 P(B25=高)和 P(C30=高)的影响。

开展所有目标栅格 BN 推理,获得全流域所有旱地和水田栅格的 A5 分别取低、中、高情况下的环境效应 P(B25=高)分布如图 10-17 至图 10-19 所示;获得全流域所有旱地和水田栅格的 A5 分别取低、中、高情况下的综合效应 P(C30=高)分布如图 10-20 至图 10-22 所示。

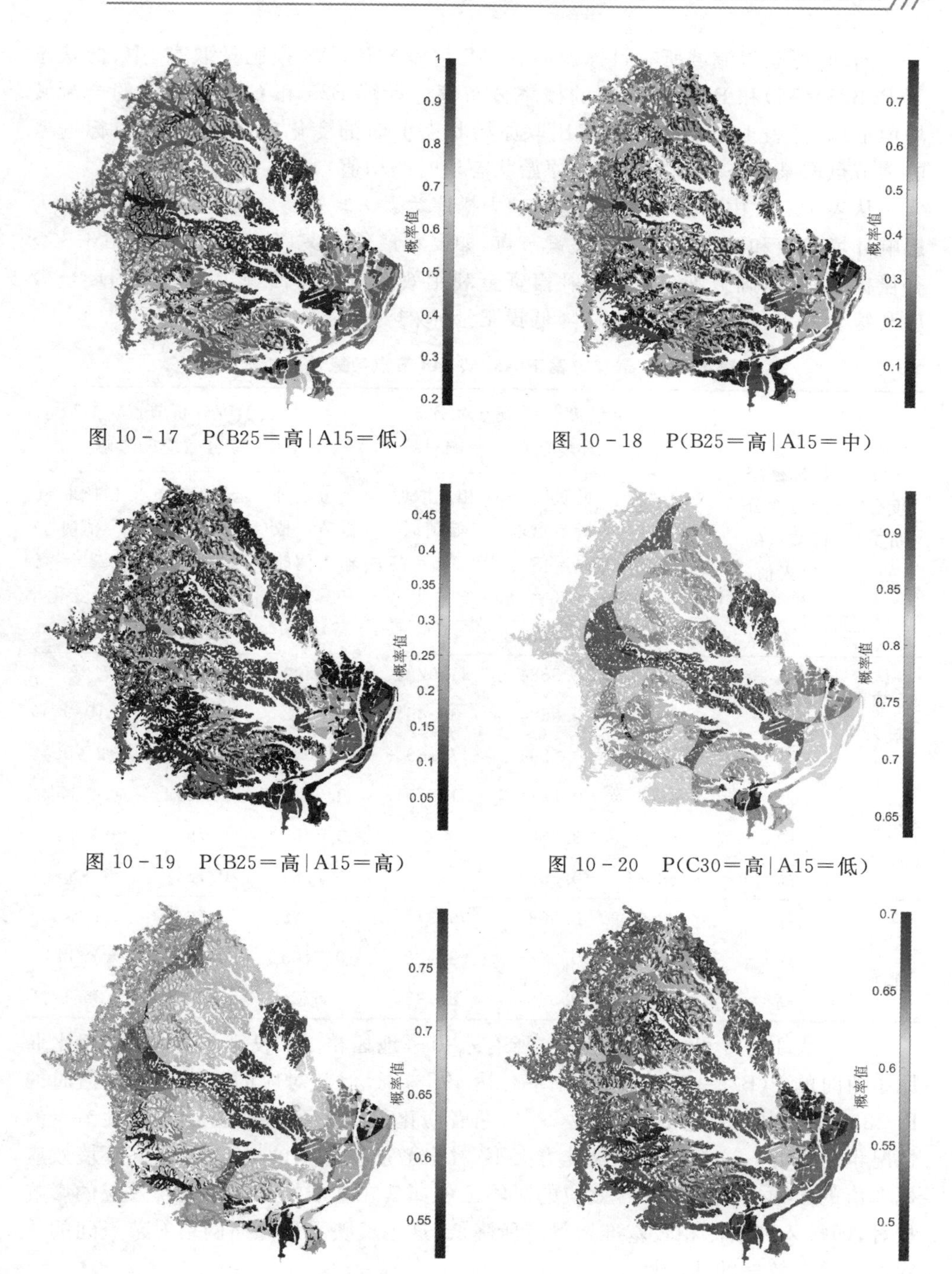

图 10-17 P(B25=高|A15=低)

图 10-18 P(B25=高|A15=中)

图 10-19 P(B25=高|A15=高)

图 10-20 P(C30=高|A15=低)

图 10-21 P(C30=高|A15=中)

图 10-22 P(C30=高|A15=高)

同理，可获得流域所有目标栅格在A7生境质量、A8投肥量取高、中、低状态下P(B25＝高)和P(C30＝高)的概率分布值。计算B25和C30高效应的全流域均值汇总，见表10－3。其中，相比取原始状态值时的变化率＝(全流域目标栅格的某节点取某状态值时的均值÷原始状态值时的均值)－1。

从表10－3中可知，各节点的影响力排序为：A8＞A5＞A7，因此A8投肥量为影响环境效应和综合效应的最关键节点，如要在最佳方案(休耕＋旱地水田＋2级补偿标准)的基础上进一步提高补偿资金利用效率以提升面源污染治理的环境效应和综合效果，可主要并依次从降低投肥量、减少农药投入着手。

表10－3　最佳方案下A5、A7、A8节点敏感性分析结果

灵敏度分析节点	目标栅格灵敏度分析节点的输入值	灵敏度分析节点对B25环境效应的影响			灵敏度分析节点对C30综合效应的影响		
		灵敏度分析节点取输入值时P(B25＝高)均值	灵敏度分析节点取原始值时P(B25＝高)均值	相比取原始值时P(B25＝高)均值变化率	灵敏度分析节点取输入值时P(C30＝高)均值	灵敏度分析节点取原始值时P(C30＝高)均值	相比取原值时P(C30＝高)均值变化率
A5农药投入	低	0.7344	0.5584	31.52%	0.8209	0.7649	7.32%
	中	0.3437	0.5584	－38.45%	0.6812	0.7649	－10.94%
	高	0.1402	0.5584	－74.89%	0.6039	0.7649	－21.05%
A7生境质量	低	0.4763	0.5584	－14.70%	0.7330	0.7649	－4.17%
	中	0.5359	0.5584	－4.03%	0.7562	0.7649	－1.14%
	高	0.5954	0.5584	6.63%	0.7785	0.7649	1.78%
A8投肥量	低	0.8341	0.5584	49.37%	0.8665	0.7649	13.29%
	中	0.4170	0.5584	－25.32%	0.7103	0.7649	－7.14%
	高	0.0896	0.5584	－83.95%	0.5724	0.7649	－25.17%

分析表10－3可知，虽然其中“所有水田旱地栅格A8投肥量＝低”时相比取原始值时的P(B25＝高)均值变化率高达49.37%，但其对应的相比取原始值时的P(C30＝高)均值变化率只有13.29%，两者变化程度并不呈线性变化(其他节点的情况也是如此)，这是因为在最佳方案下，社会效应获高值的概率较大，高环境效应概率值的大幅度变化对综合效应的影响已不如其在基准情景下对综合效应的影响显著，即投入产出比相较基准情景有所降低，这也反映了贝叶斯网络对节点间的非线性关系有较好的适应性。

10.3.2　社会效应子网关键节点分析

采用上述相同方法选取社会效应子网中可开展调整措施的五个节点：A12 农地收入重要度、A13 农地收入差距、A14 政府宣传力度、A15 农户环保认知、A16 既有政策评价。逐个分析各节点对社会效应(B29)和综合效应(C30)的影响。以 A12 农地收入重要度为例，在最佳方案下，分析并比较全流域范围内旱地和水田的 A12 农地收入重要度节点变化对 P(B29＝高)和 P(C30＝高)的影响。开展 BN 推理，获得全流域所有旱地和水田栅格的 A12 分别取低、中、高情况下的社会效应 P(B29＝高)分布如图 10－23 至图 10－25 所示；获得全流域所有旱地和水田栅格的 A12 分别取低、中、高情况下的综合效应 P(C30＝高)分布如图 10－26 至图 10－28 所示。

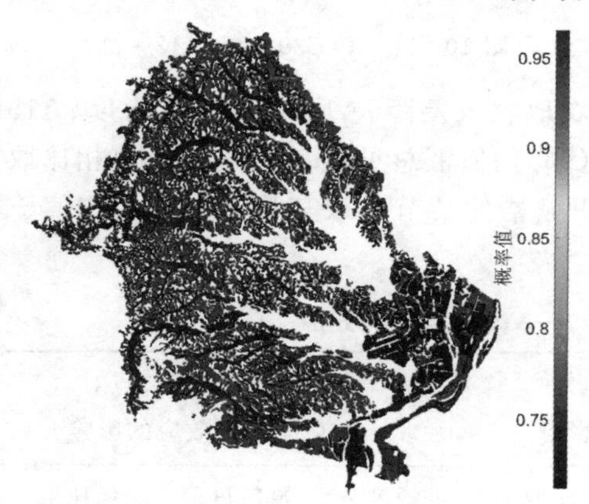

图 10－23　P(B29＝高|A12＝低)

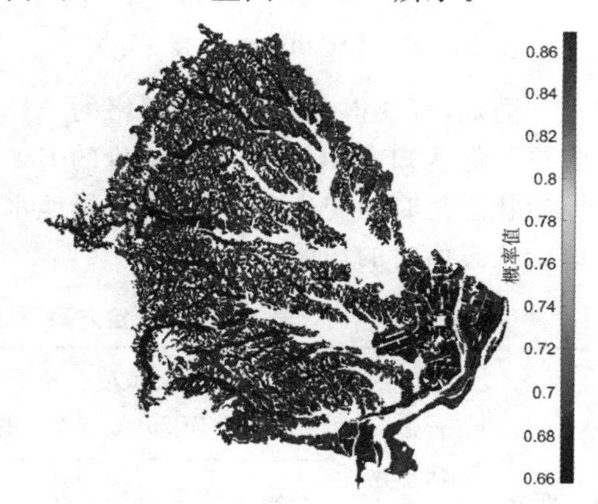

图 10－24　P(B29＝高|A12＝中)

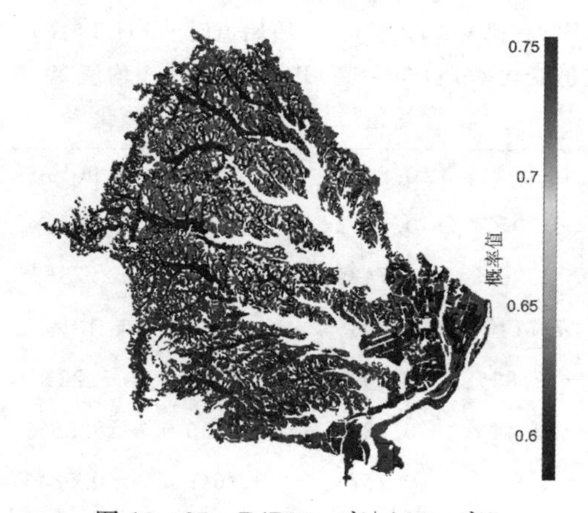

图 10－25　P(B29＝高|A12＝高)

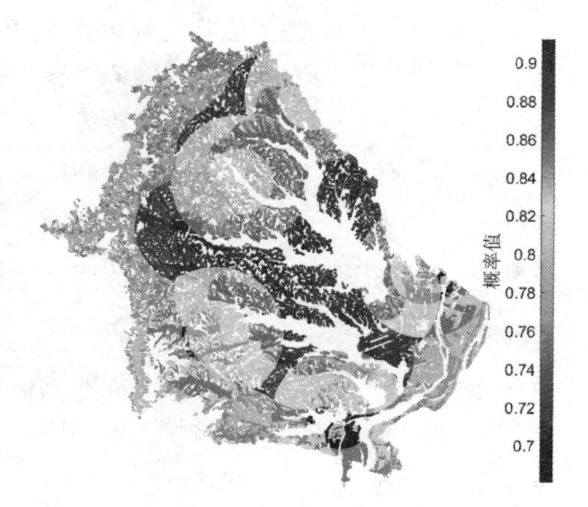

图 10－26　P(C30＝高|A12＝低)

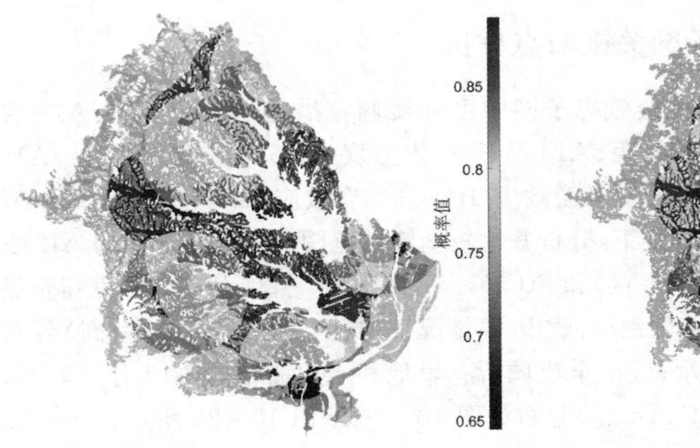

图 10－27　P(C30＝高|A12＝中)

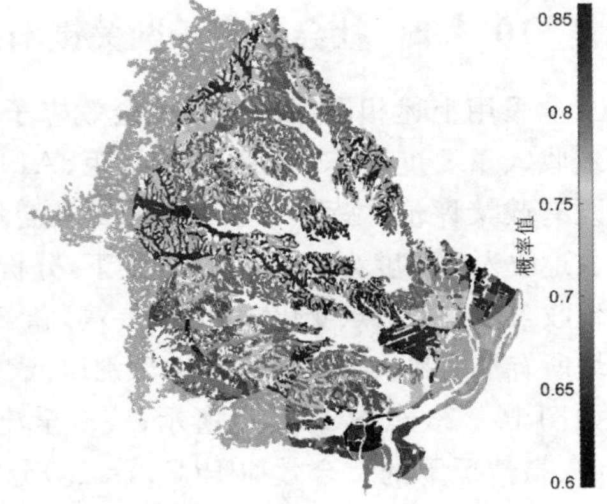

图 10－28　P(C30＝高|A12＝高)

同理，可获得全流域所有栅格的 A13 农地收入差距、A14 政府宣传力度、A15 农户环保认知、A16 既有政策评价的 B29、C30 均值汇总见表 10－4。其中，相比取原始状态值时的变化率＝(全流域旱地水田栅格的某节点取某状态值时的均值÷原始状态值时的均值)－1。

表 10－4　最佳方案下 A12—A16 节点影响分析

灵敏度分析节点	目标栅格灵敏度分析节点的输入值	灵敏度分析节点对B29 社会效应的影响			灵敏度分析节点对C30 综合效应的影响		
		灵敏度分析节点取输入值时P(B29＝高)均值	灵敏度分析节点取原始值时P(B29＝高)均值	相比取原值时P(B29＝高)均值变化率	灵敏度分析节点取输入值时P(C30＝高)均值	灵敏度分析节点取原始值时P(C30＝高)均值	相比取原值时P(C30 高)均值变化率
A12 农地收入重要度	低	0.8117	0.6818	19.05%	0.8406	0.7649	9.90%
	中	0.7431	0.6818	8.99%	0.8002	0.7649	4.61%
	高	0.6480	0.6818	－4.96%	0.7439	0.7649	－2.75%
A13 农地收入差距	低	0.7344	0.6818	7.71%	0.7965	0.7649	4.13%
	中	0.5941	0.6818	－12.86%	0.7097	0.7649	－7.22%
	高	0.4538	0.6818	－33.44%	0.6229	0.7649	－18.56%
A14 政府宣传力度	低	0.6695	0.6818	－1.80%	0.7574	0.7649	－0.98%
	中	0.6918	0.6818	1.47%	0.7711	0.7649	0.81%
	高	0.7164	0.6818	5.07%	0.7859	0.7649	2.75%

续表

灵敏度分析节点	目标栅格灵敏度分析节点的输入值	灵敏度分析节点对B29社会效应的影响			灵敏度分析节点对C30综合效应的影响		
		灵敏度分析节点取输入值时P(B29＝高)均值	灵敏度分析节点取原始值时P(B29＝高)均值	相比取原值时P(B29＝高)均值变化率	灵敏度分析节点取输入值时P(C30＝高)均值	灵敏度分析节点取原始值时P(C30＝高)均值	相比取原值时P(C30高)均值变化率
A15农户环保认知	低	0.6561	0.6818	－3.77%	0.7498	0.7649	－1.97%
	中	0.6780	0.6818	－0.56%	0.7626	0.7649	－0.30%
	高	0.7021	0.6818	2.97%	0.7773	0.7649	1.62%
A16既有政策评价	低	0.6645	0.6818	－2.54%	0.7541	0.7649	－1.41%
	中	0.6718	0.6818	－1.47%	0.7589	0.7649	－0.78%
	高	0.6864	0.6818	0.67%	0.7677	0.7649	0.37%

从表10－4可知各分析节点的影响力排序为：A12＞A13＞A14＞A15＞A16，其中A12农地收入重要度为影响社会效应和综合效应的最关键节点，A13农地收入差距为次关键节点。因此，如果要在最佳方案基础上进一步提高生态补偿资金利用效率，以提升面源污染治理的社会效应和综合效果，可依次考虑从拓展研究区农户非农收入来源以降低农地收入重要度、推行规模化农地利用模式以减小农地收入差距、提升政府宣传力度着手。

10.4 小结

本章采用已构建的贝叶斯网络模型，面向全流域以标准化农地栅格为基本推理单元，开展不同生态补偿情景下毛里湖流域农地利用综合效应评价，并基于农地利用高综合效应概率均值，比选出包括农地利用调整措施、措施地类、补偿标准在内的优先生态补偿方案；进而以行政区划、生态补偿总经费为约束条件开展决策优化，最终确定毛里湖国家湿地公园农地面源污染防治生态补偿优先区域；最后针对本书贝叶斯网络中可人为调控节点进行了模型环境效应与社会效应子网关键影响因子的识别与分析，为进一步提高生态补偿最佳方案实施效果和资金利用效率提出了政策建议。

第 11 章　政策建议与自然保护地区域农业生态补偿实施的保障措施

11.1　结论

本书研究结论主要包括以下六个方面：

(1) 水田和旱地型农地利用是近年毛里湖流域面源污染主要源头之一。构建SWAT 模型模拟 2011—2018 年间研究区农地（含水田、旱地、园地、林地、草地）面源污染负荷，HRUs 尺度上模拟期年均 TN 营养物流失负荷为 1162.4 t、磷素为134.6 t。水田和旱地是研究区主要农地利用类型，也是农地氮、磷营养物流失的主要源头。其中水田占流域总面积比为 28.87%，其年均 TN 流失量为 672.1 t，占总流失量的 57.82%；旱地占流域总面积比为 16.53%，其年均 TN 流失量为436.2 t，占总流失量的 37.53%；园地占流域总面积比为 2.36%，贡献了 3%的 TN流失量；占流域总面积 19.68%的林地仅贡献了 0.8%的 TP 负荷和 1.41%的 TN负荷；占流域总面积 1.36%的草地对 TN 负荷的贡献率为 0.11%。在面源污染时间分布规律上，研究区模拟期月均 TN 和 TP 流失负荷与径流量、降水量具有显著相关性，降水丰沛的 3—6 月的营养物输出大于全年其他月份；TN 和 TP 流失负荷在面源污染具有相似空间分布规律，高值主要集中在西南部的子流域，较高值集中在中西部部分子流域，总体表现为西南部山区及中西部入湖口附近的产污贡献量大于东南部平地区域。

(2) 各生态补偿情景下不同类型农地的面源污染削减效应各异。生态补偿情景下各类型农地面源污染负荷均有不同程度的变化，其中水田、旱地、园地负荷较基准情景显著下降，林地与草地负荷较基准略有上升。单位面积农地 TN、TP 流失负荷在情景模拟期的年均值排序为：旱地＞水田＞园地＞草地＞林地。其中减施化肥情景下水田氮、磷投肥用量减少一半，与基准相比，单位面积 TN 流失量减少了 52.51%，为每公顷 150.85 $kg \cdot a^{-1}$，流失率减少了 5.01%；TP 流失负荷量减少到每公顷 20.11 $kg \cdot a^{-1}$，相较基准期减少了 34.23%，流失率却有所增加，相较基准期增加了 31.54%；休耕情景模拟期年均氮、磷肥投入量与减施化肥情景一致，但相对具有更佳的面源污染削减效率，其中单位面积 TN 流失率减少到47.14%，TP 降低到 7.62%，分别为每公顷 120.11 $kg \cdot a^{-1}$和每公顷 10.53 $kg \cdot a^{-1}$，相较基准期分别减少了 62.18%和 65.57%，TN 和 TP 流失率则相较基准期分别减少了 24.37%和 31.13%。退耕还林情景模拟期氮、磷肥投入量与现状情景一致，但该情景下，单位面积水田 TN、TP 流失出现了小幅度的增加，分别为每公顷 328.23 $kg \cdot a^{-1}$和每公顷 32.41 $kg \cdot a^{-1}$，相较基准期流失率分别增加了 3.34%和 5.98%，这可能与退耕还林情景仅以毛里湖国家湿地公园及流域主要水系周边农地为目标区域有关。

(3) 毛里湖流域农地利用情况复杂，农户对生态补偿情景的参与意愿不尽相同，且表现出地域性差异。本书在研究区深入开展农户问卷调查和农地田野调查。农地田野调查发现研究区农地结构交错复杂，利用模式多样，不同类型农地形成的生境各异。问卷调查共获得有效受访农户样本 370 份，其中有 84.6%的受访农户表示愿意参加生态补偿，可知在研究区推行相关政策具有广泛的社区接纳度和可行性。受访农户对各生态补偿情景参与意愿的选择偏好排序为：减施化肥＞农地休耕＞退耕还林＞水塘转产。其中减施化肥和农地休耕的接纳度分别为 62.5%和 45.5%，获得较多的农户支持。“按所属行政区划分”统计农户接纳意愿发现，白衣镇＞其他乡镇＞药山镇＞毛里湖镇，其中白衣镇农户接纳度为 92.2%，毛里湖镇农户接纳度为 78.5%，可知不同行政区农户的参与意愿存在一定差异。采用机会成本法测算了各生态补偿情景下各类农地补偿标准：农地休耕情景中水田型农地年补偿标准为 9428.79 元/公顷，旱地型农地年补偿标准为 7665.67 元/公顷；减施化肥情景中水田型农地年补偿标准为 8391.30 元/公顷，旱地型农地年补偿标准为 9041.98 元/公顷，果园型农地年补偿标准为 12434.78 元/公顷；退耕还林情景中水田型农地年补偿标准为 18859.07 元/公顷；旱地型农地年补偿标准为 15332.83 元/公顷；坑塘转产情景中坑塘型农地年补偿标准为 21278.86 元/公顷。

(4) 毛里湖流域近期农地生态补偿最佳方案为：措施＝农地休耕、补偿标准＝2 级、地类＝旱地和水田。运用本书 BN 模型开展各生态补偿情景下不同农地利用的综合效应后验概率推理，对比各情景各地类的综合效应发现：水田和旱地在休耕情景中 P(综合效应＝高)值最高，分别出现在水田 3 级补偿及旱地 2 级补偿中，由于水田基准情景的综合效应高于旱地，使得水田综合效应高的概率虽然大于旱地，但增量不如旱地，因此最佳优效应出现在旱地，其次为水田；果园在补偿标准为 4 级时其减施化肥的 P(综合效应＝高)值最高；坑塘在其对应的措施下，其 P(C30＝高)值随补偿费用增加而单调递增，说明补偿标准需达到最高等级才能获得最大的高综合效应 P 值。

通过计算全流域所有栅格处在各补偿措施和各补偿标准下单位补偿费用所得高综合效应概率增量均值(D2)发现：①水田型农地的各情景优先排序为：休耕＞减施＞退耕，其中 2 级补偿标准下休耕为最优措施，1 级补偿标准下退耕及减施均为最劣措施；②旱地型农地的各情景优先排序为：休耕＞减施≈退耕，其中旱地 2

级补偿标准下休耕为最优措施，1级补偿标准下退耕及减施均为最劣措施；③果园的D2值在补偿标准为第4级时达到最高值；④坑塘的D2值在补偿标准为第5级时达到最高值；⑤对所有地类、情景、补偿标准(即生态补偿方案)可排序为：旱地休耕2级补偿＞水田休耕2级补偿＞旱地休耕3级补偿≈水田休耕3级补偿＞坑塘转产5级补偿＞果园减施4级补偿。

(5) 确定生态补偿优先区域和管理关键可控因素均有助于提高生态补偿效率。以毛里湖流域乡/镇、村行政区与生态补偿政策经费作为约束条件，识别毛里湖流域农地生态补偿优先开展区。针对旱地和水田休耕均按2级补偿标准的情况，计算有经费约束下(0.5亿元/年)的优选区域，以乡镇级行政区划作为优先区域识别单元时，发现各乡镇高综合效应提高效率有一定差异，但并不明显；在所有89个行政村中按综合效应为高的概率排序，获得24个优先实施村，相比无经费约束下(2.18亿/年)全流域补偿，其提升效率为1.048倍，可见进行补偿区域优选相比不进行优选的全流域补偿还是有较明显的优化效果。

(6) 可从投肥量控制、减少农药投入、降低农地收入占农户收入比例、缩小农地收入差距等方面着手，进一步提高生态补偿的综合效应和资金利用效率。

本书BN关键节点分析中环境效应可控节点的影响力排序为：A8＞A5＞A7，A8投肥量为影响环境效应和综合效应的最关键节点，如要在旱地水田最佳方案基础上进一步改进补偿资金利用效率以提升生态补偿的环境效应和综合效果，可主要并依次从降低投肥量、减小农药投入着手；社会效应可控节点的影响力排序为：A12＞A13＞A14＞A15＞A16，其中A12农地收入重要度为影响社会效应和综合效应的最关键节点，A13农地收入差距为次关键节点。因此，如果要在最佳生态补偿方案的基础上，进一步改进补偿资金利用效率以提升生态补偿的社会效应和综合效果，可依次考虑从进一步拓展研究区农户非农收入来源以降低农地收入重要度，推行规模化农地利用模式以减小农地收入差距，提升政府宣传力度着手。

(7) BN是用于复杂系统的结构化分析的工具，可以图形方式表达变量之间的关系，可以整合定量、定性和不确定的数据及信息，并且可以随着更多知识和数据的获得而得到改进。此外，由于不确定性是BN决策分析的重要组成部分，BN建模可以帮助决策者认识自然系统和社会系统的不确定性，并在连贯和简单的框架中进行组织和呈现。另外，BN具有很强的包容性，可以帮助开发大型跨学科交叉网络，如将利益相关者参与过程与生物、地理、生态数据进行集成建模，从而融合不同学科领域(如农业、农村发展和环境治理)形成模型组合，可以有效地支持不同治理尺度的决策；这种包容性还体现在为来自不同学科背景或群体的研究者/参与者提供了一个联通的知识表达平台，可平滑整合来自多方的观点和立场，并基于坚实的理论基础和算法规则实现严谨的科学分析。因此采用贝叶斯方法对涉及环境、经济和社会的土地利用和规划治理综合研究具有重要意义。

另外，采用可视化方法呈现问题是传达复杂信息的有效方法，通过 BN 与 GIS 的结合可获得空间化信息来支持规划决策，这大大提高了对决策信息、过程和结果的表达效率，从而提出可以纳入土地利用空间规划和治理计划的综合管理建议。这种可视化方式也有利于建立利益相关者对这种复杂关系的共同理解，提高参与讨论的效率。本书研究很好地说明了结合 BN 与 GIS 的面源污染生态补偿效应空间制图为决策者提供信息的优势。

11.2 研究区开展农业面源污染治理生态补偿的政策建议

生态保护补偿是生态文明建设中调动各方积极保护生态环境的重要手段，已成为自然保护地建设与发展的重要政策工具。毛里湖国家湿地公园所在流域是我国长江中下游典型农业小流域，是具有重要生态功能与服务的复合区，目前这一区域水环境仍面临严峻的农业面源污染威胁。本书以治理毛里湖流域农地面源污染为主要目标，开展流域农地生态补偿方案优选与优先区域识别，对从根本上改善流域生态环境、促进毛里湖湿地生态功能恢复、保护湿地生物多样性、实现流域“社会-经济-环境”协同发展具有重要的现实意义。因此，本书开展了以改善国家湿地公园水环境为核心目标的毛里湖流域农地生态补偿问题研究，并提出如下政策建议。

(1) 毛里湖流域农地面源污染治理生态补偿的最佳方案是以行政村为基本单元开展水田和旱地的农地休耕。在这一方案基础上进一步提高生态效率以提升面源污染治理的综合效果，可依次考虑进一步拓展研究区农户非农收入来源以降低农地收入重要度、推行规模化农地利用模式以减小农地收入差距、提升政府宣传力度，以及降低投肥量、减小农药投入等方面。

(2) 在生态补偿机制日益完善的背景下，提高生态补偿政策措施实施效率是亟须解决的重要问题。应将环境收益作为考量生态补偿政策效率的关键核心，在政策制定时充分考虑生态补偿方案中农地利用变化带来的环境效应。本书研究区毛里湖流域的生态补偿方案和区域识别应根据农业面源污染形成规律，以环境效应为核心出发点，开展农地生态补偿方案设计与政策制定。

(3)自然保护地环境修复政策制定应以区域可持续发展为原则，以实现人与自然协调的保护地建设与发展。我国绝大多数自然保护地与广大农区紧密相连，因此开展自然保护地环境治理时应在关注生态环境效应的同时关注其对周边农村社会和谐以及农村经济发展的影响。在制定生态补偿具体措施时应从多个维度开展政策调研，充分考虑政策的适宜性和不确定性，力求在社会、经济、环境多个目标间寻求权衡与协同，以最大限度促使政策推行与区域可持续发展目标相协调。

(4) 农地生态补偿政策推行应该具有区域差异性。目前已有的生态补偿政策多未考虑不同区域的异质性，采用大范围一刀切的方式。事实上，我国农村普遍存在较大的区域差异性，这种差异既体现在区域间，也存在于地区内部；在生态补偿资金总量有限的情况下，开展生态补偿实施目标区域化识别，对提高资金使用效率，提升生态补偿效率具有重要意义。因此，在制定生态补偿政策时应对这些差异开展定量分析以尽量获得最优决策。

(5) 面向农户的生态补偿政策实施应注重对农户的影响及其意愿。农地生态补偿以一定区域内的所有农田为实施对象，这牵涉数以万计农户的收入和生计问题，进而带来大范围的农村社会舆论与反响。因此在生态补偿政策制定和推行时应及时深入了解农户的诉求和意愿，使得方案设计能符合社区农户的实际情况和真实意愿，在具体措施推行过程中应实时了解出现的问题与矛盾，及时进行疏导，对措施进行适应性修正。将生态补偿政策上层设计与目标区域微观基础的紧密联系贯穿政策制定、实施与评价的多个阶段，使农地生态补偿政策更具合理性、可行性以及可持续性。

(6) 面向自然保护地周边区域农户开展环境教育，加强政府宣传和政策舆论的引导。提升农户对生态补偿项目的了解程度、收益预期和接受意愿。另外，拓宽农户生计多样化渠道，提高农产品生产收益也是降低农地生态补偿负面影响的重要途径。

11.3 自然保护地区域农业生态补偿推行的配套保障措施

上文结合区域生态功能定位、自然保护目标、环境管理目标、社会发展规划、区域差异、农户意愿等对毛里湖流域面源污染治理生态补偿管理政策制定提出了建议。下面从制度配套、技术支持、项目管控、民生协调等方面提出自然保护地区域农业生态补偿推行的配套保障措施建议。

1. 对自然保护地生态系统和环境状态进行长期监测

从发达国家的经验来看，实施系统化的连续监测是开展有效的生态环境治理的重要基础工作。由于自然保护地功能的重要性和特殊性，更需要制定科学准确的监测指标体系，建设优良的监测基础设施和平台，以满足对区域生态环境状态的完善和长期监测的要求。这样，一方面可以根据监测数据随时掌握区域水体、土壤、生物多样性等生态环境因子状况，进而进行生态系统健康诊断和变化趋势预测，同时可协助发现异常情况发挥预警作用，为及时调整或干预管理措施提供依据和指南；另一方面监测数据也为开展生态补偿项目设计提供重要的信息参考。在当前自然保护信息化建设和决策信息化水平不断提升的背景下，可依托监测数据系统建立自然保护地管理联动信息在线平台，以实现实时共享区域社会民生、经济发展、生态环境保护的多维综合数据。另外，还可尝试跨省、市、县行政跨区域的多维信息共享合作，根据生态补偿资金走向形成纵向或横向的、以生态区划为单元的综合生态补偿长期动态监测体系。从而为特定自然保护地区域生态补偿方案设计、标准制定、政策实施、动态调整以及绩效测评等一系列过程等提供更为完善的数据和技术支撑。

2. 发展农业绿色产业，推动农地利用绿色转型

绿色产业是指积极采用清洁生产技术，采用无害或低害的新工艺、新技术，大力降低原材料和能源消耗，实现少投入、高产出、低污染，尽可能把对环境污染物的排放消除在生产过程之中的产业。绿色农业以水土资源利用绿色化、生产方式绿色化、农产品绿色化为目标，可结合市场机制激励农业生产经营主体积极实施农地面源污染防控措施。此外，发展绿色农业是助推农业现代化和推动乡村振兴的重要路径。一方面，发展绿色农业有助于提升生态效益，保护农村环境，符合国家绿色发展理念。鼓励有条件的地区将农业与绿色发展紧密结合起来，调整产业结构模式，推行企业、高校和农户进行绿色产业合作，种植或养殖带有地域特色的农产品和水产产品，研发新的绿色加工农产品，创新科技，探索生态农产品。另一方面，推动农地利用绿色转型，有助于土地的可持续发展。探索多元化农地利用方式，鼓励、引导农户采用绿色有机的种植方式，同时宣传农地绿色利用政策，提高农户参与的积极性。

3. 对生态补偿项目实施全过程管理及适应性管理

目前，我国农业生态补偿普遍存在监管体系不健全的问题，很多项目在实施过程中出现的问题不能及时反馈，更缺乏有效的调适机制，导致“计划赶不上变化”现象的发生，进而使得生态补偿目标难以达到预期，甚至出现负面效应。因此，应将生态补偿视为一个系统工程，在项目实施过程中进行全过程管理。实施过程在不同阶段需要不同的部门协同合作。此外，要根据项目目标制定一套过程管理指标体系与标准，建立起生态补偿项目全过程控制与管理，以便及时发现问题提前应对。

在调整以及处理生态补偿项目运行中出现的问题时，可以采用适应性管理方式。相对于传统管理来说，适应性管理更强调对过程的管理，它是基于事件进展的不确定性和动态性视角，通过开展一系列的规划、设计、实施、监测、评价及反馈，并不断循环的一个过程。在面对涉及区域社会、经济、生态环境等综合性情境的生态补偿问题时，可以根据项目实施的现状、面临的困难、未来可能出现的状况，不断调整计划和方向，实现生态补偿可持续以及高效的发展目标。在进行生态补偿“全过程及适应性管理”的同时，可以借助自动化、数字化、信息化的生态环境监测系统，促进生态补偿的精细化管理，促使生态补偿项目有序进行，以实现生态环境质量提升和区域社会经济发展的多重目标。

4. 开辟多元化、市场化的生态补偿资金来源

目前我国的生态补偿具体形式有资金补偿、实物补偿、政策补偿、技术补偿等，其中资金补偿为主要方式。资金补偿即现金补偿，是指以补偿金、补贴等方式来弥补生态保护成本，如生态修复奖励与补偿、废弃物资源化利用补贴、保护性耕作补贴、绿色生产要素补贴与优惠等。按补偿资金流向可分为三类：一是纵向模式，即上级政府对下级政府的财政转移支付；二是横向模式，即流域上下游不同行政区域间的横向转移支付；三是市场化式，即约束或调动企业等各类经济主体参与到补偿资金的筹集和支付活动中。从具体实施情况来看，当前我国农业生态保护补偿仍以纵向模式为主，横向模式和市场模式仍处于探索阶段。因此，主要资金来源仍是各级政府，以中央政府为主。随着我国生态文明建设推进，生态保护修复的需求进一步加大，学界已形成共识，认为应该构建政府补偿为主，市场补偿、非政府组织补偿为辅的多元化资金来源模式。

开辟多元化生态补偿资金来源可减缓政府财政压力。一方面，政府应激励和规制市场主体的参与，例如哥斯达黎加在森林生态补偿方面设立可交易的国家森林基金，法国在流域生态补偿方面实施的生态服务有偿化政策；通过建立市场化交易平台，补偿主体与受偿主体自主协商，进行生态服务付费，建立生态补偿基金。这种模式拓宽了资金筹集渠道，不仅减少了政府的财政支出，也能够促进补偿主体与被补偿主体之间的良性互动。另一方面，政府可作为背书人推动绿色金融的发展，可以结合绿色资产证券、环保融资等方式拓宽资金来源渠道。政府可鼓励符合条件的环保公司积极投入到生态资本市场中，加大对这类企业的政策信贷资金的支持；还可以考察发展前景较好且有上市意愿的公司，结合实际调查情况予以政策扶持，降低企业在生态补偿这一项目上的交易成本，缓解这类公司的资金压力，促使企业积极投入到生态补偿市场中来。

5. 促进农户生计多样化，扶持农户非农就业

农业生态补偿在纠正农业生产负外部性、改善区域生态环境的同时，也影响了参与农户的生产、生计和生活。目前，我国大部分区域的农业生产仍以传统小农方式为主，大量农户生计方式单一，农业收入微薄，生态补偿的实施往往使其生计稳定性面临更大风险。生计多样化是缓解这一风险的重要途径，是农村家庭为了维持和改善自己的生计水平，在构建自身生计资本多元化基础之上的经济活动和社会支持能力组合的一个动态过程。生计多样化不仅能够调节农户收入分配不合理、降低农村内部收入不平等，也能提高底层人民的收入水平、帮助农户脱贫，是农户分散风险冲击、增加家庭收入的重要手段。

自然保护地所在政府可以根据当地资源禀赋情况，推动农户生计多样化，如鼓励农户多种经营，由单一地种植农作物变为从事农产品加工、销售等，还可以积极创建现代农业科技园，利用移动互联网、云计算等为产业融合搭建平台，积极扩展农业多功能发展，丰富农户生计策略多元化发展。另外，基层政府可以加大技术补偿的力度。技术补偿是政府向农户无偿提供技术指导和咨询，为受补偿地区或群体培养农业技术人才和管理人才，以提高受补偿者在生产技能、科技文化和管理组织等方面能力的补偿形式。有别于直接经济补偿，技术补偿着重于提升受偿者生计能力，如开展技术培训等活动提高自然保护地范围内农户的综合素质；利用职业教育培养受偿者的就业能力，为再次就业指明方向。通过开展技术培训，自然保护地的建设和管理工作岗位可以吸纳周围居民，促其开展再就业，甚至可以利用资源优势再次创业等，引导农户转变生计方式，减少政府的财政压力。

6. 合理利用生态环境资源，开发生态旅游产业

生态旅游是一种将保护和修复自然生态系统作为核心目标的旅游活动，强调自然保护与经济发展同时进行，兼顾周边居民的受益性以及生态旅游的教育意义。在提升生态系统服务价值、实现生态文明和绿色发展的同时还可以满足人们对美好生活的需要。自然保护地的自然景观、自然遗迹、生态资源景观以及人文景观资源等，是区域内独特的生态旅游资源。通过合理利用这些生态旅游资源，有助于自然保护地生态价值的市场化实现，缓解自然保护地生态补偿资金压力，促进区域产业结构调整，惠及参与生态保护的广大区内农户。

自然保护地生态旅游发展的可行思路包括如下内容：

(1)结合自然保护地生态功能特征开展特色生态旅游。如湿地类自然保护地，可设计湿地环境教育、水上游憩、观鸟护鸟研学等项目；森林类自然保护地，可设计体育竞赛、户外探险、森林康养等项目；草地类自然保护地，可设计风景观光、动物保护及牧业体验等项目。

(2)搭建区域旅游平台，与周边景区实现信息互通、资源共享、优势互补，实现景区联动发展。跨省跨区域，促进各景区合作发展，利用旅游发达地区带动欠发达地区的发展，如对新的生态旅游项目的开发提供支持，对已有景区的宣传、改建提供帮助，同时可避免开发同质化旅游项目或景点。依据景区分布，面向不同年龄段的游客，研发多样化、差异性、高品质的区域特色生态旅游线路。如从休闲观光、娱乐度假、环境教育、文化遗产等角度开发跨省旅游线路，协作推动生态旅游高质量发展。

(3)推动生态保护与地方民俗、文化传承的深度融合。依托当地深厚的文化底蕴，深度挖掘独特的民俗文化、生态文化、民族风情等，融合当地的生态资源，设计具有特色化、系统性、深层次的旅游方案。如在景区内可开展民俗文化表演、非遗传承体验等项目；在吃、穿、住方面可以提供当地特色美食、民族服饰、文化主题民宿等，深化旅游产品文化内涵。

第12章　结论与展望

12.1　结论

本书研究结论主要包括以下几个方面：

(1) 农地利用是近年毛里湖流域面源污染的主要来源。各类农地中水田和旱地的面源污染负荷贡献最大。面源污染流失负荷空间分布在流域内具有显著差异，高值主要集中在西南部的子流域，较高值集中在中西部部分子流域，总体表现为西南部山区及中西部入湖口附近的产污贡献大于东南部平地区域。

(2) 各生态补偿情景下不同类型农地的面源污染削减效应各异。其中水田、旱地、园地在生态补偿情景下的面源污染负荷较基准情景显著下降，林地与草地负荷较基准略有上升；各地类单位面积农地污染负荷在情景模拟期的年均值排序为：旱地＞水田＞园地＞草地＞林地；农地休耕情景下模拟期年均投肥量与减施化肥情景一致，但相比具有更优的面源污染削减效率；退耕还林情景模拟期投肥量与现状一致，但该情景下单位面积水田面源污染负荷出现了小幅度的增加。

(3) 毛里湖流域农地利用情况复杂，农户参与生态补偿的意愿不尽相同，且表现出地域性差异。本书农户问卷调查和田野调查发现研究区农地结构交错复杂，利用模式多样，形成的农田生境各异。农户调查显示在研究区推行生态补偿具有广泛的社区接纳度和可行性，但受访农户对各生态补偿方案参与意愿的偏好不一，不同行政区农户对生态补偿方案参与的意愿不一。

(4) 毛里湖国家湿地公园农地面源污染防治生态补偿最佳方案：措施为农地休耕，补偿标准为二级，地类为旱地和水田，优先实施区域应以村级行政区为单元进行优选；进一步提高最佳生态补偿措施的环境效应、社会效应、综合效应，可依次从投肥量控制、减少农药投入、拓展农户非农收入来源、推行规模化农地利用模式、加强农业环保宣传着手。

(5) 结合贝叶斯网络与地理信息系统的生态补偿效应空间制图具有提供直观信息的优势。这种方式可获得空间化信息来支持计划决策，大大提高了对决策信息、决策过程和决策结果的表达效果和效率，是传达复杂信息的有效方法。另外，可视化呈现方式也有利于建立利益相关者对复杂关系的共同理解，有利于在生态补偿综合决策中权衡纳入多方关切点。

12.2 创新点

本书的创新点主要体现在以下三个方面：

(1) 搭建了自然保护地生态补偿问题基本分析框架。本书结合自然保护地特定需求，搭建了将生态、环境、社会、经济目标同时纳入生态补偿微观决策的多目标协同框架，并将这一框架应用于湖南毛里湖国家湿地公园所在流域的实证研究中。研究表明，这个框架能适应中国自然保护地区域复杂社会经济背景对环境政策制定的特殊需求，是自然保护地生态补偿研究中新的思路拓展。

(2) 针对自然保护地生态补偿微观决策提出了一套以贝叶斯网络为核心的多模型、平台协同方法集。该方法集综合了自然科学、社会科学、工程学等学科知识，将跨学科和异质性的多个因子间复杂关系进行了可视化呈现，这种方式为多方利益相关者参与生态补偿决策提供了可行途径，提高了决策制定和评估的合理性、全面性、准确性和有效性。本书的研究表明，该方法集在统一知识和规范研究中是有效的，为开展跨学科综合性生态补偿研究提供了一个方法尝试。

(3) 为自然保护地生态补偿效应的不确定性表达提供了实证案例。本书将不确定性纳入毛里湖流域生态补偿情景评价，采用空间化贝叶斯网络定量刻画了生态补偿综合效应的不确定性，实现了评价过程中的不确定信息从地块层面(微观)向流域层面(宏观)的传递与表达，这种方式在评价结果中提示了生态修复行动中的可能收益与潜在风险，为方案制订提供了更为完整的科学依据。

12.3 研究展望

本文研究展望包括以下几个方面：

(1) 在中国现阶段新农村发展战略下，农地生态补偿的社会效应内涵丰富，具有很强的延展性，如扶贫解困、产业转型、替代生计提供、居民素养培育等多个因素均可纳入社会效应范畴，但本书限于研究条件对这些因素并未加以考虑。这些因素往往与生态补偿的可持续紧密相关，但对其开展定量描述面临很大挑战。未来可以尝试通过综合多个生态补偿案例实践，分析总结一般规律，从而将其纳入生态补偿综合效应评价。

(2)贝叶斯网络的性能在很大程度上受观测数据和证据数据的状态及完整性影响。本书贝叶斯网络中环境效应、经济效应、社会效应子网参数确定主要基于在毛里湖流域开展的田野调查、农户社会调研、各类资料收集等。因此，本书方法在其他类似研究区推广运用时可能存在参数适配问题，故方法推广还需开展特定研究区观测数据的获取与学习。未来可尝试结合多个案例构建同类型自然保护地区域综合数据库，为本书研究的推广应用提供基础。

(3)本书提出了改善毛里湖国家湿地公园水环境的农地生态补偿优先方案与政策建议。如未来在该区域能够推行类似生态补偿政策，则可追踪相关项目实施进展，根据实际情况开展效果评价，以检验本书结论与建议的可行性和有效性，还可为本书贝叶斯网络进一步完善提供证据支持。

参考文献

包蕊，刘峰，张建平，等，2018．基于多目标线性规划的甲积峪小流域生态系统服务权衡优化[J]．生态学报，38(3)：812－828．

蔡银莺，余亮亮，2014．重点开发区域农田生态补偿的农户受偿意愿分析：武汉市的例证[J]．资源科学，36(8)：1660－1669．

蔡志强，孙树栋，司书宾，等，2010．不确定环境下多阶段多目标决策模型[J]．系统工程理论与实践，30(9)：1622－1629．

曹祺文，卫晓梅，吴健生，2016．生态系统服务权衡与协同研究进展[J]．生态学杂志，35(11)：3102－3111．

曹世雄，陈军，陈莉，等，2007．退耕还林项目对陕北地区自然与社会的影响[J]．中国农业科学，(5)：972－979．

曹娴，2015．毛里湖：从浊到清的蜕变[N]．湖南日报，2015－10－20．

曹云云，2022．我国大气污染治理生态补偿法律制度研究[D]．兰州：西北民族大学．

曾莉，李晶，李婷，等，2018．基于贝叶斯网络的水源涵养服务空间格局优化[J]．地理学报，73(9)：1809－1822．

常孟阳，李晨露，董静，等，2019．蓝藻水华暴发期间养殖池塘浮游藻类动态变化[J]．渔业科学进展，40(1)：36－45．

常兆丰，乔娟，赵建林，等，2020．我国生态补偿依据及补偿标准关键问题综述[J]．生态科学，39(5)：248－255．

陈海江，司伟，赵启然，2019．粮豆轮作补贴：规模导向与瞄准偏差：基于生态补偿瞄准性视角的分析[J]．中国农村经济，(1)：47－61．

陈进，2022．流域横向生态补偿进展及发展趋势[J]．长江科学院院报，39(2)：1－6．

陈科屹，邱胜荣，赵晓迪，等，2011．北京市湿地生态补偿标准研究[J]．生态学报，41(12)：4786－4794．

陈丽军，2022．质量强国背景下森林生态旅游服务质量评价研究：以大别山国家森林公园为例[J]．生态经济，38(12)：118－126．

陈璐，冯广京，2019．粮食主产区耕地机会成本分析[J]．东北农业大学学报，50(7)：68－75．

陈鹏，白杨，刘孝富，等，2018．环境大数据在流域生态系统中的分析与应用：以毛里湖为例[J]. 环境保护,46(19):61－67.

陈素琼,刘忠敏,2022. 湖南省农业面源污染的地区差异和影响因素研究[J]. 湖北农业科学,61(21):217－222.

陈希孺,2002. 数理统计学简史[M]. 长沙:湖南教育出版社.

陈学凯,2019. 湖泊流域非点源污染分区精细化模似与多级优先控制区识别[D]. 北京:中国水利水电科学研究院.

陈业强,石广明,2017. 湖南省生态补偿实践进展[J]. 环境保护,45(5):55－58.

陈宜瑜,傅伯杰,于秀波,等,2017. 中国生态系统服务与管理战略[J]. 北京:中国环境科学出版社,33－37.

陈颖,2016. 城市湿地公园资源评价及其生态旅游设计研究[D]. 北京:中国农业科学院.

程名望,史清华,Jin Yanhong,等,2015. 农户收入差距及其根源:模型与实证[J]. 管理世界,(7):17－28.

程臻宇,刘春宏,2015. 国外生态补偿效率研究综述[J]. 经济与管理评论,31(6):26－33.

崔宁波,生世玉,方袁意,等,2021. 粮食安全视角下省际耕地生态补偿的标准量化与机制构建[J]. 中国农业大学学报,26(11):232－243.

崔学刚,方创琳,李君,等,2019. 城镇化与生态环境耦合动态模拟模型研究进展[J]. 地理科学进,38(1):111－125.

崔艳智,高阳,赵桂慎,2017. 农田面源污染差别化生态补偿研究进展[J]. 农业环境科学学报,36(7): 1232－1241.

戴楚丰,2020. 生态环境统筹治理的法治化研究[D]. 温州:温州大学.

邓汉琨,张心灵,范文娟,等,2022. 基于能值生态足迹模型的跨区域草原生态补奖机制研究:以内蒙古自治区牧业盟市为例[J]. 林业经济,44(12):5－23.

邓渠成,尹娟,许桂苹,等,2019. 基于三角模糊数:贝叶斯方法的九洲江水环境质量评价[J]. 水生态学杂志,40(2):14－19.

邓胜华,梅昀,胡伟艳,2009. 基于模糊模型识别的石碑坪镇土地整理社会生态效益评价[J]. 中国土地科学,23(3):72－75.

邓远建,肖锐,严立冬,2015. 绿色农业产地环境的生态补偿政策绩效评价[J]. 中国人口·资源与环境,25(1):120－126.

翟紫剑,苏航,孟令玺,2021. 农业面源污染的危害与治理[J]. 生态经济,37(6): 9－12.

丁文剑,王建新,何淑贞,2018. 协同理论视角下高职创新创业教育多元协作研究[J]. 教育与职业,(23):64－68.

董海宾,刘思博,侯向阳,等,2022. 基于 CiteSpace 的国内生态补偿研究[J]. 生态学报, 42(20):8521－8529.

都阳,2000. 影子工资率对农户劳动供给水平的影响:对贫困地区农户劳动力配置的经验研究[J]. 中国农村观察,(5):36-42.

段伟,赵正,马奔,等,2015. 保护区周边农户对生态保护收益及损失的感知分析[J]. 资源科学,37(12):2471-2479.

樊杰,2007. 中国主体功能区划的科学基础[J]. 地理学报,62(4):339-350.

范永东,2013. 模型选择中的交叉验证方法综述[D]. 太原:山西大学.

付可,胡艳霞,谢建治,2016. 基于非点源污染的密云水源保护区水环境容量核算及其分配[J]. 中国农业资源与区划,37(4):10-17.

付永志,2016. 白龙江流域水环境污染综合治理研究[D]. 成都:西南交通大学.

钢花,韩鹏,2010. 以循环经济理念构建内蒙古生态产业体系[J]. 内蒙古师范大学学报(哲学社会科学版),39(2):43-47.

高玲玲,2021. 耕地面源污染治理生态补偿研究[D]. 上海:上海财经大学.

高璐阳,张强,陈宏坤,等,2018. 我国农业面源污染现状与防控措施[J]. 磷肥与复肥,33(8):37-38.

高孟菲,王雨馨,郑晶,2019. 重点生态区位商品林生态补偿利益相关者演化博弈研究[J]. 林业经济问题,39(5):490-498.

高瑛,王娜,李向菲,等,2017. 农户生态友好型农田土壤管理技术采纳决策分析:以山东省为例[J]. 农业经济问题,38(1):38-47.

葛小君,黄斌,袁再健,等,2022. 近20年来广东省农业面源污染负荷时空变化与来源分析[J]. 环境科学,43(6):3118-3127.

耿润哲,梁璇静,殷培红,等,2019. 面源污染最佳管理措施多目标协同优化配置研究进展[J]. 生态学报,39(8):2667-2675.

耿润哲,王晓燕,庞树江,等,2016. 潮河流域非点源污染控制关键因子识别及分区[J]. 中国环境科学,36(4):1258-1267.

巩芳,郭宇超,李梦圆,2020. 基于拓展能值模型的草原生态外溢价值补偿研究:以内蒙古草原生态补奖为例[J]. 黑龙江畜牧兽医,(2):7-11.

谷晓坤,刘娟,2013. 都市观光农业型土地整治项目的社会效应评价:以上海市合庆镇项目为例[J]. 资源科学,35(8):1549-1554.

关小东,何建华,2016. 基于贝叶斯网络的基本农田划定方法[J]. 自然资源学报,31(6):1061-1072.

郭冬生,2022. 畜禽养殖与污染现状分析及污染防治监管体系建设[J]. 湖南文理学院学报(自然科学版),34(4):69-72.

郭怀成,2016. 环境规划方法与应用[M]. 北京:化学工业出版社.

国家发展改革委国土开发与地区经济研究所课题组,贾若祥,高国力,2015. 地区间建立横向生态补偿制度研究[J]. 宏观经济研究,(3):13-23.

国政,2020. 不同退耕还林模式下重金属污染土壤的生态恢复效果评估研究[J]. 环境科学与管理,45(10):168-172.
韩洪云,夏胜,2016. 农业非点源污染治理政策变革:美国经验及其启示[J]. 农业经济问题,37 (6):93-103.
郝芳华,程红光,杨胜天,2006. 非点源污染模型:理论方法与应用[M]. 北京:中国环境科学出版社.
贺缠生,傅伯杰,陈利顶,1998. 非点源污染的管理及控制[J]. 环境科学,(5):88-92.
洪传春,刘某承,李文华,2015. 中国化肥投入面源污染控制政策评估[J]. 干旱区资源与环境,29 (4): 1-6.
侯鹏,王桥,申文明,等,2015. 生态系统综合评估研究进展:内涵、框架与挑战[J]. 地理研究,34(10):1809-1823.
胡博,杨颖,王芊,等,2016. 环境友好型农业生态补偿实践进展[J]. 中国农业科技导报,18(1):7-17.
胡曾曾,赵志龙,张贵祥,等,2018. 国家公园湿地生态补偿研究进展[J]. 湿地科学,16 (2):259-265.
胡海川,殷羽奇,2023. 粮食安全战略下耕地生态补偿机制与实施路径研究[J]. 农业经济, (1):96-98.
胡攀,2022. 湿地保护纳入自然保护地体系的规范困境及出路[J]. 南京工业大学学报(社会科学版), 21(2):55-67.
胡小贞,许秋瑾,蒋丽佳,等,2011. 湖泊缓冲带范围划定的初步研究:以太湖为例[J]. 湖泊科学,23(5):719-724.
胡仪元,唐萍萍,陈珊珊,2016. 生态补偿理论依据研究的文献述评[J]. 陕西理工学院学报(社会科学版),34(3):79-83.
胡仪元,2010. 生态补偿的理论基础再探:生态效应的外部性视角[J]. 理论导刊,302(1):87-89.
胡钰,林煜,金书秦,2021. 农业面源污染形势和“十四五”政策取向:基于两次全国污染源普查公报的比较分析[J]. 环境保护,49(1):31-36.
胡振通,柳荻,孔德帅,等,2017. 基于机会成本法的草原生态补偿中禁牧补助标准的估算[J]. 干旱区资源与环境,31(2):63-68.
环境保护,2020. 第二次全国污染源普查公报[J]. 环境保护,48(18):8-10.
曹娴,2015. 毛里湖:从浊到清的蜕变[N]. 湖南日报,2015-10-20.
黄煜军,杨柳,魏甫,2014. 湖南毛里湖国家湿地公园植被恢复原则与方式探讨[J]. 河南林业科技,34 (1):36-40.
黄祖辉,杨进,彭超,等,2012. 中国农户家庭的劳动供给演变:人口、土地和工资

[J]. 中国人口科学,(6):12-22.
贾刚,胡继平,邱知,2019. 高速公路占压湿地对生态环境影响的分析:以津石高速建设穿越北大港湿地自然保护区为例[J]. 河北林业科技,(3):59-62.
贾岚生,2003. 不确定性理论对现代领导活动的启示[J]. 新东方,(8):25-28.
蒋望东,林士敏,2007. 基于贝叶斯网络工具箱的贝叶斯学习和推理[J]. 信息技术,(2):5-8.
焦建利,2013. 不确定变量存在定理的一个简单证明方法[J]. 河北工程大学学报(自然科学版),30(2):110-112.
金百顺,1991. 协同论:新兴学科[M]. 北京:中国政法大学出版社.
靳乐山,徐珂,庞洁,2020. 生态认知对农户退耕还林参与意愿和行为的影响:基于云南省两贫困县的调研数据[J]. 农林经济管理学报,19(6):716-725.
康婷,穆月英,2020. 产销信息不对称对农户过量施肥行为的影响[J]. 西北农林科技大学学报(社会科学版),20(2):111-119.
雷光春,曾晴,2014. 世界自然保护的发展趋势对中国国家公园体制建设的启示[J]. 生物多样性,22 (4):423-425.
雷光春,范继元,2014. 中国湿地生态环境问题及根源探析[J]. 环境保护,42(8):15-18.
雷光春,2015. 保护地绿色名录对于推动中国湿地管理的意义[J]. 生物多样性,23(4):444-445.
李丹,梁新强,吴嘉平,2018. 水库型饮用水源地水环境模拟与预测[J]. 浙江大学学报(农业与生命科学版),44(1):75-88.
李繁荣,2014. 经济行为的生态外部性及其生态补偿[J]. 福建江夏学院学报,4(1):10-16.
李福夺,尹昌斌,2022. 绿肥种植生态补偿政策优化策略:补偿标准与补偿方式的精准匹配[J].农业农村部管理干部学院学报,13(2):46-57.
李国平,李潇,萧代基,2013. 生态补偿的理论标准与测算方法探讨[J]. 经济学家,(2):42-49.
李皓芯,任婧,李娜,等,2022. 基于文献计量的国内外生态补偿研究热点与案例分析[J]. 生态科学,41(4):171-180.
李洁,宋晓谕,吴娜,等,2018. 渭河流域甘肃段生态补偿成本测度与分区[J]. 经济地理,38(1):180-186.
李俊慧,2012. 经济学讲义(上)[M]. 北京:中信出版社.
李俊生,丁建立,2008. 基于贝叶斯网络的航班延误传播分析[J]. 航空学报,(6):1598-1604.
李奇伟,2020. 我国流域横向生态补偿制度的建设实施与完善建议[J]. 环境保护,

48(17):27-33.

李韶慧,周忠发,但雨生,等,2020. 基于组合赋权贝叶斯模型的平寨水库水质评价[J]. 水土保持通报,40(2):211-217.

李霜,聂鑫,张安录,2020. 基于生态系统服务评估的农地生态补偿机制研究进展[J]. 资源科学,42(11):2251-2260.

李坦,徐帆,祁云云,2022. 从"共饮一江水"到"共护一江水":新安江生态补偿下农户就业与收入的变化[J]. 管理世界,38(11):102-124.

李卫,薛彩霞,姚顺波,等,2017. 保护性耕作技术、种植制度与土地生产率:来自黄土高原农户的证据[J]. 资源科学,39(7):1259-1271.

李潇,2018. 基于农户意愿的国家重点生态功能区生态补偿标准核算及其影响因素:以陕西省柞水县、镇安县为例[J]. 管理学刊,31(6):21-31.

李潇然,李阳兵,邵景安,2016. 非点源污染输出对土地利用和社会经济变化响应的案例研究[J]. 生态学报,36(19):6050-6061.

李晓平,谢先雄,赵敏娟,2018. 资本禀赋对农户耕地面源污染治理受偿意愿的影响分析[J]. 中国人口·资源与环境,28(7):93-101.

李晓平,2019. 耕地面源污染治理:福利分析与补偿设计[D]. 咸阳:西北农林科技大学.

李艳强,2015. 基于不确定理论的酸洗线和镀锌线的视情维修策略研究[D]. 邯郸:河北工程大学.

梁流涛,翟彬,2016. 农户行为层面生态环境问题研究进展与述评[J]. 中国农业资源与区划,37(11): 72-80.

梁忠民,戴荣,李彬权,2010. 基于贝叶斯理论的水文不确定性分析研究进展[J]. 水科学进展,21 (2):274-281.

林杰,杨小悦,2018. 饮用水源地农业面源污染治理生态补偿问题及对策分析[J]. 农村经济与科技,29(7):5-8.

林晓芸,洪燕真,杨小军,等,2022. 森林生态补偿政策量化分析:基于政策建模一致性指数模型[J]. 林业经济,44(8):5-23.

凌文翠,范玉梅,孙长虹,等,2019. 非点源污染最佳管理措施之研究热点综述[J]. 环境污染与防治,41(3):362-366.

刘璨,张敏新,2019. 森林生态补偿问题研究进展[J]. 南京林业大学学报(自然科学版),43(5):149-155.

刘闯,仝志辉,陈传波,2019. 小农户现代农业发展的萌发:农户间土地流转和三种农地经营方式并存的村庄考察:以安徽省D村为个案分析[J]. 中国农村经济,(9):30-47.

刘方平,2017. 江西赣抚平原区稻田灌排湿地生物多样性分析[J]. 灌溉排水学报,

36(3):108－112.

刘桂环,王夏晖,文一惠,等,2021. 近 20 年我国生态补偿研究进展与实践模式[J]. 中国环境管理,13(5):109－118.

刘桂环,文一惠,王冀韬,等,2017. 我国生态保护补偿实践进展评述[J]. 环境与可持续发展,42(5):14－19.

刘昊卿,2021. 自然保护区生态补偿制度研究[D].青岛:青岛科技大学.

刘晶岚,宋维明,邢红,2006. 北京山区生态林补偿项目管理机制研究[J]. 林业经济,(10):55－57.

刘兰兰,胡良文,彭泰中,等,2017. 森林生态补偿绩效研究综述与展望[J]. 新疆农垦经济,(12): 79 － 87.

刘某承,王佳然,刘伟玮,等,2019. 国家公园生态保护补偿的政策框架及其关键技术[J]. 生态学报,39(4):1330－1337.

刘宁元,2018. 基于关联的区间犹豫模糊 PROMETHEE 多属性决策方法[J]. 数学的实践与认识,48 (4):17－25.

刘婷,郑宇梅,2020. 中国退耕还林生态补偿研究[J]. 林业经济问题,40(1):21－28.

刘伟,林汉生,2009. SPSS 在完全随机设计多个样本间多重比较 Nemenyi 秩和检验中的应用[J]. 中国卫生统计,26(2):214－216.

刘文婧,耿涌,孙露,等,2016. 基于能值理论的有色金属矿产资源开采生态补偿机制[J]. 生态学报,36(24):8154－8163.

刘晓莉,2019. 我国市场化生态补偿机制的立法问题研究[J]. 吉林大学社会科学学报,59(1):47－53.

刘馨月,周力,应瑞瑶,2021. 耕地重金属污染治理生态补偿政策选择与组合研究[J]. 中国土地科学,35(1):88－97.

刘兴元,姚文杰,刘宥延,2017. 西北牧区草地生态补偿绩效评价的逻辑框架研究[J]. 生态经济,33(1):133－137.

刘彦随,2020. 现代人地关系与人地系统科学[J]. 地理科学,40(8):1221－1234.

刘云珠,史林鹭,朵海瑞,等. 2013. 人为干扰下西洞庭湖湿地景观格局变化及冬季水鸟的响应[J]. 生物多样性,21(6):666－676.

龙开胜,王雨蓉,赵亚莉,等,2015. 长三角地区生态补偿利益相关者及其行为响应[J]. 中国人口・资源与环境,25(8):43－49.

龙天渝,刘敏,刘佳,2016. 三峡库区非点源污染负荷时空分布模型的构建及应用[J]. 农业工程学报,32(8):217－223.

卢少勇,张萍,潘成荣,等,2017. 洞庭湖农业面源污染排放特征及控制对策研究[J]. 中国环境科学,37(6):2278－2286.

芦苇青,王兵,徐琳瑜,2020. 一种省域综合生态补偿绩效评价方法与应用[J]. 生态经济,36(4):145-149.

鲁剑巍,陈防,王运华,等,2004. 氮磷钾肥对红壤地区幼龄柑橘生长发育和果实产量及品质的影响[J]. 植物营养与肥料学报,(4):413-418.

鲁明川,2015. 国家治理视域下的生态文明建设思考[J]. 天津行政学院学报,17(6):39-45.

陆大道,郭来喜,1998. 地理学的研究核心:人地关系地域系统:论吴传钧院士的地理学思想与学术贡献[J]. 地理学报,(2):3-11.

陆大道,2002. 关于地理学"人地系统"的理论研究[J]. 地理研究,21(2):135-144.

吕悦风,谢丽,孙华,等,2019. 基于化肥施用控制的稻田生态补偿标准研究:以南京市溧水区为例[J]. 生态学报,39(1):63-72.

吕忠梅,2019. 以国家公园为主体的自然保护地体系立法思考[J]. 生物多样性,27(2):128-136.

马爱慧,2011. 耕地生态补偿及空间效益转移研究[D]. 武汉:华中农业大学.

马橙,高建中,2020. 森林生态补偿、收入影响与政策满意度:基于陕西省公益林区农户调查数据[J]. 干旱区资源与环境,34(11):58-64.

马庆华,杜鹏飞,2015. 新安江流域生态补偿政策效果评价研究[J]. 中国环境管理,7(3):63-70.

马世骏,王如松,1984. 社会-经济-自然复合生态系统[J]. 生态学报,(1):1-9.

马童慧,吕偲,张呈祥,等,2019. 中国5种类型湿地保护地空间重叠特征[J]. 湿地科学,17(5): 536-543.

马毅军,李珂,2021. 流域生态补偿研究综述[J]. 中国资源综合利用,39(8):108-111.

毛显强,钟瑜,张胜,2002. 生态补偿的理论探讨[J]. 中国人口·资源与环境,(4):40-43.

茆诗松,汤银才,2012. 贝叶斯统计[M]. 2版. 北京:中国统计出版社.

孟凡德,耿润哲,欧洋,等,2013. 最佳管理措施评估方法研究进展[J]. 生态学报,33(5): 1357-1366.

闵继胜,孔祥智,2016. 我国农业面源污染问题的研究进展[J]. 华中农业大学学报(社会科学版),122(2):59-66.

闵庆文,甄霖,杨光梅,等,2006. 自然保护区生态补偿机制与政策研究[J]. 环境保护,(19):55-58.

莫定源,2017. 基于贝叶斯网络的生态环境脆弱性评估模型与应用[D]. 烟台:中国科学院烟台海岸带研究所.

莫泓铭,夏龄,2017. 基于证据理论的川西水电开发生态环境评价研究[J]. 长春师范大学学报,36(2): 35-40.

慕春棣,戴剑彬,叶俊,2000. 用于数据挖掘的贝叶斯网络[J]. 软件学报,(5):660-666.

倪玲玲,王栋,王远坤,等,2017. 基于贝叶斯方法的太湖沉积物多环芳烃的生态风险评价[J]. 南京大学学报(自然科学),53(5):871-878.

欧阳威,鞠欣妍,高翔,等,2018. 考虑面源污染的农业开发流域生态安全评价研究[J]. 中国环境科学,38(3):1194-1200.

欧阳志云,郑华,岳平,2013. 建立中国生态补偿机制的思路与措施[J]. 生态学报,33(3):686-692.

潘丹,陆雨,孔凡斌,2022. 退耕程度高低和时间早晚对农户收入的影响:基于多项内生转换模型的实证分析[J]. 农业技术经济,(6):19-32.

潘晓滨,刘蔚,2020. 我国自然保护地法律体系的现状、问题及完善路径研究[J]. 南开法律评论,23-33.

潘志伟,徐佳,2016. 敦煌西湖国家级自然保护区生态补偿法律机制的研究[J]. 中国林业经济,(1): 69-70.

庞洁,丘水林,靳乐山,2021. 生态补偿政策对农户湿地保护意愿及行为的影响研究:以鄱阳湖为例[J]. 长江流域资源与环境,30(12):2982-2991.

彭建,胡晓旭,赵明月,等,2017. 生态系统服务权衡研究进展:从认知到决策[J]. 地理学报,72(6):960-973.

彭湃,2018. 雾霾治理中政府的环境法律责任研究[D]. 桂林:广西师范大学.

钱海燕,王兴祥,黄国勤,等,2008. 施肥对连作蔬菜地蔬菜产量和土壤氮素含量的影响[J]. 中国农学通报,(7):270-275.

秦克玉,2019. 生态脆弱性评估及其空间格局优化研究[D]. 北京:中国科学院大学(中国科学院海洋研究所).

秦小丽,刘益平,王经政,等,2018. 江苏循环农业生态补偿效益评价[J]. 统计与决策,34(3):69-72.

曲超,2020. 生态补偿绩效评价研究[D]. 北京:中国社会科学院研究生院.

曲环,2007. 农业面源污染控制的补偿理论与途径研究[D]. 北京:中国农业科学院.

佘冬立,胡磊,夏永秋,等,2022. 宁夏引黄灌区种植业面源污染流失量模拟[J]. 农业环境科学学报,41(11):2371-2381.

施海洋,罗格平,郑宏伟,等,2020. 基于"水-能源-食物-生态"纽带因果关系和贝叶斯网络的锡尔河流域用水分析[J]. 地理学报,75(5):1036-1052.

史树森,高月波,臧连生,等,2012. 不同杀虫剂对大豆田节肢动物群落结构的影响[J]. 应用昆虫学报,49(5):1249-1254.

宋兰兰,郝庆庆,王文海,2018. 基于 SWAT 模型的复新河流域非点源污染研究[J]. 灌溉排水学报,37(4):94-98.

宋庆克,汪希龄,胡铁牛,1997. 多属性评价方法及发展评述[J]. 决策与决策支持系统,(4):130－140.

孙传淳,甄霖,等,2015. 基于InVEST模型的鄱阳湖湿地生物多样性情景分析[J]. 长江流域资源与环境,24(7):1119－1124.

孙付华,熊佳丽,高鑫,等,2021. 基于生态系统服务价值的水源地生态补偿研究:以南水北调东线扬州市为例[J]. 资源与产业,23(3):38－49.

孙竞,2023. 后疫情时代大学生择业观的影响因素与积极引导:基于社会生态系统理论的视角[J]. 北京青年研究,32(1):60－68.

孙莉莉,刘云珠,贾亦飞,等,2019. 广东内伶仃岛:福田国家级自然保护区鱼塘生态恢复前、后水鸟群落多样性对比[J]. 湿地科学,17(6):631－636.

孙玲玲,刘彬,石宝红,等,2017. 基于贝叶斯理论和主成分分析法耦合的水质评价[J]. 水电能源科学,35(11):36－39.

孙瑞山,王鑫,2010. CREAM失误概率预测法在驾驶舱机组判断与决策过程中的应用[J]. 中国安全生产科学技术,6(6):40－45.

孙翔,王玢,董战峰,2021. 流域生态补偿:理论基础与模式创新[J]. 改革,(8):145－155.

孙郧峰,仇韪,范经云,2021. 新疆重点生态功能区生态补偿的空间选择研究[J]. 干旱区地理,44(2):565－573.

汤博,王伟,靳永超,等,2017. 森林类型自然保护区生态保护研究进展[J]. 安徽农业科学,45(11): 60－62.

唐小平,栾晓峰,2017. 构建以国家公园为主体的自然保护地体系[J]. 林业资源管理,(6):1－8.

田爽,孟全省,2018. 基于农户视角的生态补偿政策绩效评价[J]. 北方园艺,(14):191－196.

涂张焕,丰文庆,徐唐奇,2020. 土壤板结原因分析及其对作物吸水性的影响研究[J]. 陕西农业科学,66(12):71－73.

汪洪,李录久,王凤忠,等,2007. 人工湿地技术在农业面源水体污染控制中的应用[J]. 农业环境科学学报,(S2):441－446.

汪劲,2014. 中国生态补偿制度建设历程及展望[J]. 环境保护,42(5):18－22.

汪远秀,黎德川,丁贵杰,2022. 赤水河流域森林生态补偿标准核算[J]. 生态科学,41(5):163－168.

王丹,2018. 洞庭湖生态经济区农田景观格局变化及其生态环境效应[D]. 长沙:湖南农业大学.

王宏利,董玟希,周鹏,2021. 跨省流域生态补偿长效机制研究:基于演化博弈的视角[J]. 北京联合大学学报(人文社会科学版),19(4):76－85.

王慧杰,毕粉粉,董战峰,2020. 基于AHP:模糊综合评价法的新安江流域生态补偿政策绩效评估[J]. 生态学报,40(20):7493-7506.
王蕾,张虎,2010. 中国稻谷供需平衡与安全研究[J]. 生态经济(学术版),(2):147-151.
王丽英,王勇,徐成林,2022. 农村土地生态补偿模式选择研究[J]. 新乡学院学报,39(7):18-24.
王萌,杨生光,耿润哲,2022. 农业面源污染防治的监测问题分析[J]. 中国环境监测,38(2):61-66.
王敏,张晖,曾惠娴,等,2022. 水体富营养化成因·现状及修复技术研究进展[J]. 安徽农业科学,50(6):1-6.
王芊,武永峰,罗良国,2017. 基于氮流失控制的种植结构调整与配套生态补偿措施:以竺山湾小流域为例[J]. 土壤学报,54(1):273-280.
王蕊,魏幼璋,杨肖娥,等,2004. 不同配比复混肥对柑橘产量和品质的影响[J]. 浙江农业科学,(5):9-11.
王思如,杨大文,孙金华,等,2021. 我国农业面源污染现状与特征分析[J]. 水资源保护,37(4):140-147.
王伟妮,2014. 基于区域尺度的水稻氮磷钾肥料效应及推荐施肥量研究[D]. 武汉:华中农业大学.
王新雨,2019. 湖南省矿产资源开发生态补偿政策研究[D]. 长沙:湖南大学.
王学,李秀彬,辛良杰,等,2016. 华北地下水超采区冬小麦退耕的生态补偿问题探讨[J]. 地理学报,71(5):829-839.
王艳分,倪兆奎,林日彭,等,2018. 洞庭湖水环境演变特征及关键影响因素识别[J]. 环境科学学报,38(7):2554-2559.
王奕淇,李国平,延步青,2022. 基于生态补偿的国家重点生态功能区居民可持续生计影响研究[J]. 生态经济,38(3):171-175.
王瀛旭,郭燕茹,陈东杰,2021. 基于层次熵分析法的森林公园生态旅游发展研究:以 30 个国家森林公园为例[J]. 林业经济,43(1):68-82.
王雨蓉,龙开胜,2015. 生态补偿对土地利用变化的影响:表现、因素与机制:文献综述及理论框架[J]. 资源科学,37(9):1807-1815.
王志超,李仙岳,史海滨,等,2015. 农膜残留对土壤水动力参数及土壤结构的影响[J]. 农业机械学报,46(5):101-106.
王作全,王佐龙,张立,等,2006. 关于生态补偿机制基本法律问题研究:以三江源国家级自然保护区生物多样性保护为例[J]. 中国人口·资源与环境,(1):101-107.
魏晋,2012. 成都平原人地系统协同性研究[D]. 成都:四川农业大学.
温建丽,2018. 昆嵛山自然保护区生态系统服务价值评估及生态补偿研究[D]. 济南:山东大学.

温美丽,杨龙,方国祥,等,2015. 新丰江水库上游氮磷污染的时空变化[J]. 热带地理,35 (1):103－110.

吴传钧,1991. 论地理学的研究核心:人地关系地域系统[J]. 经济地理,3(10):1－6.

吴传钧,1998. 人地关系与经济布局[M]. 北京:学苑出版社.

吴凤平,邵志颖,季英雯,2022. 新安江流域横向生态补偿政策的减排和绿色发展效应研究[J]. 软科学,36(9):65－71.

吴冠岑,刘友兆,付光辉,2008. 基于熵权可拓物元模型的土地整理项目社会效益评价[J]. 中国土地科学,22(5):40－46.

吴辉,刘永波,朱阿兴,等,2013. 流域最佳管理措施空间配置优化研究进展[J]. 地理科学进展,32(4):570－579.

吴乐,靳乐山,2018. 生态补偿扶贫背景下农户生计资本影响因素研究[J]. 华中农业大学学报(社会科学版),(6):55－61.

吴立文,2019. 协同理论视角下新型职业农民培育体系的构建[D]. 南京:南京农业大学.

吴丽丽,2016. 劳动力成本上升对中国农业生产的影响研究[D]. 武汉:华中农业大学.

吴联杯,张卫民,2022. 中国森林生态补偿研究脉络与展望:基于 CiteSpace 的可视化分析[J]. 中国国土资源经济,35(11):25－34.

吴萍,2019. 构建耕地轮作休耕生态补偿制度的思考[J]. 农村经济,(10):112－117.

吴中全,王志章,2022. 基于治理视角的生态保护红线、生态补偿与农户生计困境[J]. 重庆大学学报(社会科学版),26(5):230－243.

夏永秋,赵娣,严星,等,2022. 我国农业面源污染过程模拟的困境与展望[J]. 农业环境科学学报,41(11):2327－2337.

向霄,钟玲盈,王鲁梅,2013. 非点源污染模型研究进展[J]. 上海交通大学学报(农业科学版),31(2): 53－60.

谢春芳,余梅,赵庆,等,2020. 农业生态补偿对农用化学品减量、农户收入与农业产出的影响研究[J]. 生态经济,36(12):93－98.

谢高地,成升魁,于贵瑞,2002. 中国自然资源消耗与国家资源安全变化趋势[J]. 中国人口·资源与环境,(3):24－28.

谢花林,程玲娟,2017. 地下水漏斗区农户冬小麦休耕意愿的影响因素及其生态补偿标准研究:以河北衡水为例[J]. 自然资源学报,32(12):2012－2022.

谢花林,张道贝,王伟,2016. 鄱阳湖生态经济区城市土地利用效率时空差异及其影响因素分析[J]. 农林经济管理学报,15(4):464－474.

谢先雄,赵敏娟,康健,等,2021. 休耕能实现生态改善与农户增收的双赢吗:来自西北生态严重退化休耕试点区的准实验证据[J]. 农业技术经济,(12): 33－45.

熊凯，孔凡斌，陈胜东，2016. 鄱阳湖湿地农户生态补偿受偿意愿及其影响因素分析：基于CVM和排序Logistic模型的实证[J]. 江西财经大学学报，(1)：28－35.
徐彩瑶，王苓，潘丹，等，2022. 退耕还林高质量发展生态补偿机制创新实现路径[J]. 林业经济问题，42(1)：9－20.
徐国梅，王媛，辛培源，2018. 长白山国家级自然保护区生态补偿机制的探讨[J]. 环境保护科学，44(1)：18－22.
徐建新，郝守宁，付意成，2014. 流域水生态恢复优先序判定方法及应用[J]. 水电能源科学，32(1)：141－144.
徐晋涛，陶然，徐志刚，2004. 退耕还林：成本有效性、结构调整效应与经济可持续性：基于西部三省农户调查的实证分析[J]. 经济学(季刊)，(4)：139－162.
徐瑞璠，刘文新，赵敏娟，2021. 生态认知、生计资本及农户生态补偿支付意愿与水平的实证研究[J]. 农林经济管理学报，20(4)：449－457.
徐素波，王耀东，2022. 生态补偿问题国内外研究进展综述[J]. 生态济，38(2)：150－157.
徐晓甫，2013. 天津近岸海域生态环境特性及其空间决策支持系统研究[D]. 天津：天津大学.
徐新朋，2015. 基于产量反应和农学效率的水稻和玉米推荐施肥方法研究[D]. 北京：中国农业科学院.
许瑞恒，姜旭朝，袁保瑚，2022. 多元主体视域下海洋生态治理研究[J]. 宏观经济管理，(5)：32－37.
许瑞恒，林欣月，2022. 多元补偿主体、环境规制与海洋经济可持续发展[J]. 经济问题，(11)：58－67.
薛菲，唐家良，赵举，等，2017. 基于SWAT模型的紫色土丘陵区农业小流域非点源氮、磷输出模拟研究[J]. 西南农业学报，30(5)：1145－1152.
严鹏，2020. 泰州生态环境协同治理机制研究[D]. 南京：南京航空航天大学.
杨滨娟，李新梅，胡启良，等，2022. 不同轮作休耕模式对稻田土壤有机碳及其组分的影响[J]. 华中农业大学学报，41(6)：51－58.
杨光梅，闵庆文，李文华，等，2007. 中国生态补偿研究中的科学问题[J]. 生态学报，(10)：4289－4300.
杨桂华，2021. 基于流域生态补偿水质监测的质量保证分析[J]. 中国资源综合利用，39(10)：162－164.
杨林章，吴永红，2018. 农业面源污染防控与水环境保护[J]. 中国科学院院刊，33(2)：168－176.
杨明月，陈佳馨，2022. 生态旅游践行生态文明建设：理论逻辑与政策建议[J]. 价格理论与实践，(10)：87－91.

杨蕊菊,车宗贤,贺春贵,等,2021. 农田残膜对耕地土壤质量的影响简述[J]. 甘肃农业科技,52(12):88-92.

叶晗,方静,朱立志,等,2020. 我国牧区草原生态补偿机制构建研究[J]. 中国农业资源与区划,41(12):202-209.

易萍,麦思超,2022. 生态补偿视角下库区增益型农业生态补偿机制研究:以丹江口库区为例[J]. 农业经济,(11):103-106.

尹才,刘淼,孙凤云,等,2016. 基于增强回归树的流域非点源污染影响因子分析[J]. 应用生态学报,27(3):911-919.

尤立,2015. 不确定性条件下基于生态补偿机制的滨海湿地生态系统管理与规划[D]. 北京:华北电力大学.

余雷鸣,郝春旭,董战峰,2022. 中国跨省流域生态补偿政策实施绩效评估[J]. 生态经济,38(1):140-146.

余亮亮,蔡银莺,2015. 基于农户满意度的耕地保护经济补偿政策绩效评价及障碍因子诊断[J]. 自然资源学报,30(7):1092-1103.

俞振宁,谭永忠,练款,等,2019. 基于农户认知视角的重金属污染耕地治理式休耕制度可信度研究[J]. 中国农村经济,(3):96-110.

俞振宁,2019. 重金属污染耕地区农户参与治理式休耕行为研究[D]. 杭州:浙江大学,2019:94.

袁惊柱,2016. 水源涵养地农业生产化肥投入的面源污染与控制:基于微观数据的实证分析[J]. 生态经济,32(11):136-140.

曾维军,2014. 基于农户意愿的减施化肥生态补偿研究[D]. 昆明:昆明理工大学.

查雨璇,冉茂,周鑫斌,2022. 烟田土壤酸化原因及调控技术研究进展[J]. 土壤,54(2):211-218.

詹成,彭红霞,2021. 关于建立以国家公园为主体的自然保护地体系的思考[J]. 绿色科技,23(11):192-196.

詹琉璐,杨建州,2022. 生态产品价值及实现路径的经济学思考[J]. 经济问题,(7):19-26.

张佰林,张凤荣,曲宝德,等,2015. 山东省沂水县农村非农化程度差异及驱动力[J]. 地理学报,70(6): 1008-1021.

张炳江,2014. 层次分析法及其应用案例[M]. 北京:电子工业出版社.

张方圆,赵雪雁,2014. 基于农户感知的生态补偿效应分析:以黑河中游张掖市为例[J]. 中国生态农业学报,22(3):349-355.

张化楠,接玉梅,葛颜祥,等,2019. 流域禁止和限制开发区农户生态补偿受偿意愿的差异性分析[J]. 软科学,3(12):121-126.

张婕,苏秀秀,彭佩,2015. 基于适应性管理的水污染生态补偿体系框架[J]. 人民黄河,37(11):81-84.
张茂莎,周亚琦,盛茂银,2022. 建立以国家公园为主体的自然保护地体系的思考与建议综述[J]. 生态科学,41(6):237-247.
张瑞娟,孟庆国,2015. 农户种粮规模行为决策及其影响因素分析:基于全国4719份农户抽样调查数据[J]. 湖南农业大学学报(社会科学版),16(4):30-34.
张胜旺,徐继开,2015. 可持续发展视域下生态补偿的理论探析[J]. 山西高等学校社会科学学报,27(7):30-35.
张涛,成金华,2017. 湖北省重点生态功能区生态补偿绩效评价[J]. 中国国土资源经济,30(5):37-41.
张同斌,张琦,范庆泉,2017. 政府环境规制下的企业治理动机与公众参与外部性研究[J]. 中国人口·资源与环境,27(2):36-43.
张汪寿,耿润哲,王晓燕,等,2013. 基于多准则分析的非点源污染评价和分区:以北京怀柔区北宅小流域为例[J]. 环境科学学报,33(1):258-266.
张维理,徐爱国,冀宏杰,等,2004. 中国农业面源污染形势估计及控制对策Ⅲ. 中国农业面源污染控制中存在问题分析[J]. 中国农业科学,(7):1026-1033.
张维理,2004. 中国农业面源污染控制中存在问题分析. 中国农学会:全国农业面源污染与综合防治学术研讨会论文集[C]. 北京:中国农学会.
张印,周羽辰,孙华,2012. 农田氮素非点源污染控制的生态补偿标准:以江苏省宜兴市为例[J]. 生态学报,32(23):7327-7335.
张宇,张安录,2021. 基于生态安全视角的耕地生态补偿财政转移支付研究:以湖北省为例[J]. 中国农业资源与区划,(11):220-232.
张振旺,宋宇,2021. 粮食安全背景下食物浪费问题、样本分析及优化路径[J]. 河南农业,(7):55-57.
张治宇,2020. 晋祠泉域重点保护区内污水处理厂水环境影响分析[J]. 华北自然资源,(3):14-16.
赵健,籍瑶,刘玥,等,2022. 长江流域农业面源污染现状、问题与对策[J]. 环境保护,50(17):30-32.
赵晶晶,葛颜祥,李颖,等,2023. 基于生态系统服务价值的大汶河流域生态补偿适度标准研究[J]. 干旱区资源与环境,37(4):1-8.
赵力,张炜,刘楠,等,2021. 国家公园理念下区域生态旅游资源评价:以青海湖与祁连山毗邻区域为例[J]. 干旱区地理,44(6):1796-1809.
赵玲,2021. 中国海洋生态补偿的现状、问题及对策[J]. 大连海事大学学报(社会科学版),(1):68-74.
赵雪雁,2012. 生态补偿效率研究综述[J]. 生态学报,32(6):1960-1969.
郑国臣,支丽玲,张怡,等,2019. 基于贝叶斯网络技术诊断尼尔基水库水环境风险

[J]. 水利技术监督,(4):172－174.

郑密,吴忠军,侯玉霞,2021. 基于演化博弈的监测-约束-激励系统生态补偿机制研究:以旅游胜地漓江流域为例[J]. 生态经济,37(3):161－170.

中国生态补偿机制与政策研究课题组,2009. 中国生态补偿机制与政策研究[M]. 北京,科学出版社.

钟茂初,2018. "人与自然和谐共生"的学理内涵与发展准则[J]. 学习与实践,409(3):5－13.

钟瑜,张胜,毛显强,2002. 退田还湖生态补偿机制研究:以鄱阳湖区为案例[J]. 中国人口・资源与环境,(4):48－52.

周晨,李国平,2015. 流域生态补偿的支付意愿及影响因素:以南水北调中线工程受水区郑州市为例[J]. 经济地理,35(6):38－46.

周晨,丁晓辉,李国平,等,2015. 南水北调中线工程水源区生态补偿标准研究:以生态系统服务价值为视角[J]. 资源科学,37(4):792－804.

周慧平,高超,朱晓东. 关键源区识别:农业非点源污染控制方法[J]. 生态学报,2005(12):3368－3374.

周俊俊,杨美玲,樊新刚,等,2019. 基于结构方程模型的农户生态补偿参与意愿影响因素研究:以宁夏盐池县为例[J]. 干旱区地理,42(5):1185－1194.

周雪娇,李群,张宝学,2020. 基于混合正态模型的居民收入分布的演化研究[J]. 统计与决策,(3): 21－26.

周颖,梅旭荣,杨鹏,等,2021. 绿色发展背景下农业生态补偿理论内涵与定价机制[J]. 中国农业科学,54(20):4358－4369.

周志华,2016. 机器学习[M]. 北京:清华大学出版社.

周忠宝,2006. 基于贝叶斯网络的概率安全评估方法及应用研究[D]. 长沙:国防科学技术大学.

朱春雨,曹建生,2022. 生态旅游研究进展与展望[J]. 中国生态农业学报(中英文),30(10):1698－1708.

朱凯宁,陆昱蓉,靳乐山,2021. 农户参与市场化生态补偿意愿及影响因素分析[J]. 中国农业资源与区划,42(7):192－199.

朱燕,2017. 中国矿产资源开发生态补偿制度研究[D]. 咸阳:西北农林科技大学.

祝晓芸,2021. 生态环境监测助力绿色发展:以新安江流域生态补偿机制为例[J]. 安徽科技,(10):31－33.

ABBASPOUR K C,YANG J,MAXIMOV I,et al. ,2007. Modelling of hydrology and water quality in the pre-alpine/alpine thur watershed using SWAT[J]. Journal of Hydrology,333(2－4): 413－430.

ABBASPOUR K C, 2014. SWAT-CUP12: SWAT calibration and uncertainty programs-a user manual[M]. Swiss: Swiss Federal Institute of Aquatic Science and Technology, Eawag.

ABDULLAH O D, PREM B P, YING O, et al., 2016. Evaluating the impacts of crop rotations on groundwater storage and recharge in an agricultural watershed[J]. Agricultural Water Management, 163－170.

ADU J T, KUMARASAMY M V, 2018. Assessing non-point source pollution models: a review[J]. Polish Journal of Environmental Studies, 27(5): 228－238.

AFARISEFA V, YIRIDOE E K, GORDON R, et al, 2008. Decision considerations and cost analysis of beneficial management practice implementation in Thomas Brook Watershed, Nova Scotia[J]. Journal of International Farm Management, 4(3): 1－32.

AGUILAR F X, OBENG E A, CAI Z, 2018. Water quality improvements elicit consistent willingness-to-pay for the enhancement of forested watershed ecosystem services[J]. Ecosystem Services, 30: 158－171.

AKE SIVERTUN, LARS PRANGE, 2003. Non-point source critical area analysis in the Gisselö watershed using GIS[J]. Environmental Modelling and Software, 18(10).

ANDRAS BARDOSSY, LUCIEN DUCKSTEIN, 1995. Fuzzy rule-based modelling with applications to geophysical, biological and engineering systems [M]. Boca Raton: CRC Press.

ARIANNA A, LORIS C, SILVIA L, et al., 2019. Groundwater diffuse pollution in functional urban areas: the need to define anthropogenic diffuse pollution background levels[J]. Science of the Total Environment, 656(MAR. 15): 1207－1222.

ARNOLD, JEFFREY G, 2012. SWAT: model use, calibration, and validation [J]. Transactions of the ASABE.

BARTKOWSKI B, DROSTE N, et al., 2020. Payments by modelled results: a novel design for agri-environmental schemes[J]. Land Use Policy, 105－230.

BARTON D N, KUIKKA S, VARIS O, et al., 2012. Bayesian networks in environmental and resource management[J]. Integrated Environmental Assessment & Management, 8(3): 418－429.

BENGTSSON J, AHNSTROM J, WEIBULL A C, 2005. The effects of organic agriculture on biodiversity and abundance: a meta-analysis[J]. Journal of Applied Ecology, 42(2): 261－269.

BENNETT D E, GOSNELL H, 2015. Integrating multiple perspectives on payments for ecosystem services through a social-ecological systems framework

[J]. Ecological Economics,116(8):172 - 181.

BORGATT S P,CARBONI I,2007. On measuring individual knowledge in organizations [J]. Organizational Research Methods,10(3):449 - 462.

BOTELHO A, LINA LOURENÇO-GOMES, LIGIA M, et al. , 2018. Discrete-choice experiments valuing local environmental impacts of renewables: two approaches to a case study in portugal[J]. Environment Development and Sustainability,20(6):1 - 18.

BREMER L L, FARLEY K A, LOPEZ-CARR D, 2014. What factors influence participation in payment for ecosystem services programs? An evaluation of ecuador's SocioPáramo program[J]. Land Use Policy,36:122 - 133.

CARRIGER J F,BARRON M G,NEWMAN M C,2016. Bayesian networks improve causal environmental assessments for evidence-based policy[J]. Environmental Science & Technology,50(24): 13195 - 13205.

CHAIKAEW P,HODGES A W,GRUNWALD S,2017. Estimating the value of ecosystem services in a mixed-use watershed: a choice experiment approach [J]. Ecosystem Services,23:228 - 237.

CHATTERJEE S,KRISHNA S A P,2013. Geospatial assessment of soil erosion vulnerability at watersheds level in some sections of the upper Subarnarekha River basin Jharkhand India[J]. Environ Earth Sci,71:357 - 374.

CHEN Y H,WEN X W,WANG B,et al. ,2017. Agricultural pollution and regulation: how to subsidize agriculture [J]. Journal of Cleaner Production,164 (10):258 - 264.

CHERRY K A,SHEPHERD M ,WITHERS P ,et al. ,2008. Assessing the effectiveness of actions to mitigate nutrient loss from agriculture: a review of methods[J]. Science of the Total Environment, 406(1 - 2):1 - 23.

CONG R G, SMITH H G, OLSSON O, et al. , 2014. Managing ecosystem services for agriculture: will landscape-scale management pay[J]. Ecological Economics,99(3):53 - 62.

DAL FERRO N,QUINN C,MORARI F,2018. A Bayesian belief network framework to predict SOC dynamics of alternative management scenarios[J]. Soil and Tillage Research,179: 114 - 124.

DANG K B, WINDHORST W, BURKHARD B, et al. , 2018. A Bayesian belief network: based approach to link ecosystem functions with rice provisioning ecosystem services[J]. Ecological Indicators, (4).

DUDA R, GASCHNIG J, HART P, 1979. Model design in the prospector consultant system for mineral exploration[J]. Readings in Artificial Intelligence, 334 - 348.

DUDLEY N,2008. Guidelines for applying protected area management categories [M]. Gland,Switzerland:IUCN.

ENGEL S, PAGIOLA S, WUNDER S, 2008. Designing payments for environmental services in theory and practice: an overview of the issues [J]. Ecological Economics,65(4): 663 - 674.

ERNOULT A,ALARD D,2012. Species richness of hedgerow habitats in changing agricultural landscapes: are alpha-and gamma-diversity shaped by the same factors? [J]. Landscape Ecology,26(5):683 - 696.

FAHRIG L,BAUDRY J,LLUIS B,et al. ,2011. Functional landscape heterogeneity and animal biodiversity in agricultural landscapes. [J]. Ecology Letters, 14(2):101 - 112.

FAYÇAL B,GRIZZETTI B,2013. Modelling mitigation options to reduce diffuse nitrogen water pollution from agriculture[J]. Science of The Total Environment,468:1267 - 1277.

FERRARO D O,2009. Fuzzy knowledge-based model for soil condition assessment in Argentinean cropping systems [J]. Environmental Modelling&Software, 24 (3):359 - 370.

FINLAYSON M,CRUZ R D,DAVIDSON N,et al. ,2005. Millennium ecosystem assessment: ecosystems and human well-being: wetlands and water synthesis [J]. Data Fusion Concepts & Ideas, 656(1):87 - 98.

FIRBANK L,BRADBURY R B,MCCRACKEN D I,et al. ,2013. Delivering multiple ecosystem services from enclosed farmland in the UK[J]. Agriculture Ecosystems & Environment,166(66):75.

GIORDANO R,D'AGOSTINO D,APOLLONIO C,et al. ,2013. Bayesian belief network to support conflict analysis for groundwater protection: the case of the Apulia region[J]. Journal of Environmental Management,115(1):136 - 146.

GONZALEZREDIN J,LUQUE S,POGGIO L,et al. ,2016. Spatial Bayesian belief networks as a planning decision tool for mapping ecosystem services tradeoffs on forested landscapes[J]. Environmental Research,144(Pt B):15 - 26.

GRAFIUS D R,CORSTANJE R,WARREN P H,et al. ,2019. Using GIS-linked Bayesian belief networks as a tool for modelling urban biodiversity[J]. Landscape and Urban Planning,189:382 - 395.

GROELJ P, HODGES D G, STIRN L Z, 2016. Participatory and multi-criteria analysis for forest (ecosystem) management: a case study of Pohorje, Slovenia [J]. Forest Policy & Economics, 71:80 - 86.

GROOT J, JELLEMA A, ROSSING W, 2010. Designing a hedgerow network in a multifunctional agricultural landscape: balancing trade-offs among ecological quality, landscape character and implementation costs[J]. European Journal of Agronomy, 32(1):112 - 119.

GROSS-CAMP N D, MARTIN A, MCGUIRE S, et al., 2012. Payments for ecosystem services in an African protected area: exploring issues of legitimacy, fairness, equity and effectiveness[J]. Oryx, 46(1):24 - 33.

GURR G M, WRATTEN S D, LUNA J M, 2003. Multi-function agricultural biodiversity: pest management and other benefits[J]. Basic & Applied Ecology, 4(2):107 - 116.

HAAS M B, GUSE B, FOHRER N, 2017. Assessing the impacts of best management practices on nitrate pollution in an agricultural dominated lowland catchment considering environmental protection versus economic development[J]. Journal of Environmental Management, 196(JUL. 1):347 - 364.

HUANG P, ZHANG J B, XIN X L, et al., 2015. Proton accumulation accelerated by heavy chemical nitrogen fertilization and its long-term impact on acidifying rate in a typical arable soil in the Huang-Huai-Hai plain[J]. Journal of lntegrative Agriculture, 14 (1) :148 - 157.

ISIK S, KALIN L, SCHOONOVER J E, et al., 2013. Modeling effects of changing land use/cover on daily streamflow: an artificial neural network and curve number-based hybrid approach[J]. Journal of Hydrology, 485:103 - 112.

JIAN D, SUN P, ZHAO F, et al., 2016. Analysis of the ecological conservation behavior of farmers in payment for ecosystem service programs in eco-environmentally fragile areas using social psychology models[J]. Science of the Total Environment, 550(4):382 - 390.

JOHN TALBERTH, MINDY SELMAN, et al., 2015. Pay for performance: optimizing public investments in agricultural best management practices in the chesapeake bay watershed[J]. Ecological Economics, 118:252 - 261.

KNOOK J, DYNES R, PINXTERHUIS I, et al., 2020. Policy and practice certainty for effective uptake of diffuse pollution practices in a light-touch regulated country[J]. Environmental Management, 65(1).

KRISTIN N, JENS J, 2014. How Does paying for ecosystem services contribute to sustainable development? Evidence from case study research in germany and the UK[J]. Sustainability,6(5): 3019 – 3042.

KUMAR S, MISHRA A, 2015. Critical erosion area identification based on hydrological response unit level for effective sedimentation control in a river basin[J]. Water Resources Management,29(6):1749 – 1765.

KWAYU E J,SALLU S M,PAAVOLA J,2014. Farmer participation in the equitable payments for watershed services in Morogoro,Tanzania[J]. Ecosystem Services,7:1 – 9.

LANDIS D A,2016. Designing agricultural landscapes for biodiversity-based ecosystem services[J]. Basic & Applied Ecology,18:1 – 12.

LANDUYT D,BROEKX S,GOETHALS P L M,2016. Bayesian belief networks to analyse trade-offs among ecosystem services at the regional scale[J]. Ecological Indicators, 71(12):327 – 335.

LANGEMEYER J,GÓMEZ-BAGGETHUN E,HAASE D,et al. ,2016. Bridging the gap between ecosystem service assessments and landuse planning through multi-criteria decision analysis[J]. Environm-ental Science & Policy, 62: 45 – 56.

LIU B,2007. Uncertainty theory[M]. Berlin: Springer-Verlag.

SHAN M A,SWINTON S M,LUPI F,et al. ,2012. Farmers' willingness to participate in payment-for-environmental-services programmes[J]. Journal of Agricultural Economics,63(3),604 – 626.

MAMO K H M,JAIN M K,2013. Runoff and sediment modeling using swat in gumera catchment,ethiopia[J]. Open Journal of Modern Hydrology,3(4):196 – 205.

MONIOUDI I N,KARDITSA A,CHATZIPAVLIS A,et al. ,2016. Assessment of vulnerability of the eastern cretan beaches (Greece) to sea level rise[J]. Regional Environmental Change,16(7):1951 – 1962.

MORIASI D N,GITAU M W,PAI N,et al. ,2015. Hydrologic and water quality models: performance measures and evaluation criteria[J]. Transactions of the Asabe,58(6): 1763 – 1785.

NENDEL C,2009. Evaluation of best management practices for n fertilisation in regional field vegetable production with a small-scale simulation model[J]. European Journal of Agronomy,30(2):110 – 118.

NIRAULA R,MEIXNER T,NORMAN L M,2015. Determining the importance of model calibration for forecasting absolute/relative changes in streamflow from LULC and climate changes[J]. Journal of Hydrology,522:439 – 451.

OH C O,LEE S,KIM H N,2019. Economic valuation of conservation of inholdings in protected areas for the institution of payments for ecosystem services

[J]. Forests,10(12):1122.

OSTROM E,2009. A general framework for analyzing sustainability of socialeco-logical systems[J] Science,325(24):419 - 422

PAGIOLA S,RIOS A R,ARCENAS A,2010. Poor household participation in payments for environmental services: lessons from the silvopastoral project in Quindío,Colombia[J]. Environmental & Resource Economics, 47(3):371 - 394.

PANAGOPOULOS Y,MAKROPOULOS C,MIMIKOU M,2012. Decision support for diffuse pollution management[J]. Environmental Modelling and Software,30(5):57 - 70.

PETERSON G D,CUMMING G S,CARPENTER S R,2003. Scenario planning: a tool for conservation in an uncertain world[J]. Conservation Biology,17(2): 358 - 366.

PLANTINGA A J,ALIG R ,CHENG H T,2001. The supply of land for conservation uses: evidence from the conservation reserve program[J]. Ressources Conservation & Recycling,31(3):199 - 215.

QUAN R C,WEN X J,YANG X J,2002. Effect of human activities on migratory waterbirds at Lashihai Lake,China[J]. Biological Conservation,108(3):273 - 279.

REIMER A P,GRAMIG B M,PROKOPY L S,2013. Farmers and conservation programs: explaining differences in environmental quality incentives program applications between states[J]. Journal of Soil & Water Conservation,68(2): 110 - 119.

RODRIGUEZ L C,REID R,2012. Private farmers' compensation and viability of protected areas: the case of nairobi national park and kitengela dispersal corridor[J]. International Journal of Sustainable Development & World Ecology,19 (1):34 - 43.

SCHOMERS S,MEYER C,MATZDORF B,et al. ,2021. Facilitation of public payments for ecosystem services through local intermediaries: an institutional analysis of agri-environmental measure implementation in germany[J]. Environmental Policy and Governance,50(18):120 - 136.

SHARPLEY A N,KLEINMAN P,FLATEN D N,et al. ,2011. Critical source area management of agricultural phosphorus: experiences,challenges and opportunities[J]. Water Science & Technology A Journal of the International Association on Water Pollution Research,64(4):945.

SILVA R M,MONTENEGRO S,SANTOS C,2012. Integration of GIS and remote sensing for estimation of soil loss and prioritization of critical sub-catchments: a case study of Tapacurá catchment[J]. Natural Hazards,62(3):953 - 970.

SMITH L E D,SICILIANO G,2015. A comprehensive review of constraints to improved management of fertilizers in China and mitigation of diffuse water pollution from agriculture[J]. Agriculture,Ecosystems & Environment,209: 15 - 25.

STASSOPOULOU A,PETROU M,KITTLER J,2018. Application of a Bayesian network in a GIS decision making system[J]. International Journal of Geographical Information Science,(12)23 - 45.

STELLA DE L T,CHARLES T S,MONSERRAT B,2000. Effects of humanactivities on wild pygmy marmosets in ecuadorian amazonia[J]. Biological Conservation,94(2):153 - 163.

STRAND J,CARSON R T,NAVRUD S,et al. ,2017. Using the Delphi method to value protection of the Amazon rainforest[J]. Ecological Economics,131 (1):475 - 484.

TEKLWOLD H,KASSIE M,SHIFERAW B,et al. ,2013. Cropping system diversification,conservation tillage and modern seed adoption in ethiopia:impacts on household income,agrochemical use and demand for labor[J]. Ecological Economics,93(6):85 - 93.

VAN DIJK W F A,LOKHORST A M,BERENDSE F,et al. ,2016. Factors underlying farmers' intentions to perform unsubsidized agri-environmental measures[J]. Land Use Policy, 59:207 - 216.

WUNDER S,ENGEL S,PAGIOLA S,2008. Taking stock: a comparative analysis of payments for environmental services programs in developed and developing countries [J]. Ecological Economics,65(4): 834 - 852.

XIE H,LIAN Y,2013. Uncertainty-based evaluation and comparison of SWAT and HSPF applications to the illinois river basin[J]. Journal of Hydrology,481 (4):119 - 131.

YUAN Y,YANXU L,HU YI'NA,et al. ,2017. Identification of non-economic influencing factors affecting farmer's participation in the paddy landto-dry land program in Chicheng County,China[J]. Sustainability, 9(3) :366.

ZHENG H,ROBINSON B E,LIANG Y C,et al. ,2013. Benefits,costs,and livelihood implications of a regional payment for ecosystem service program[J]. Proceedings of the National Academy of Sciences of the United States of America,110(41): 16681 - 16686.